全国注册城乡规划师考试丛书

4

城乡规划实务
真题详解与考点速记

（第三版）

白莹　魏鹏　成敏莹　主编

中国建筑工业出版社

图书在版编目（CIP）数据

城乡规划实务真题详解与考点速记／白莹，魏鹏，
成敏莹主编. — 3 版. — 北京：中国建筑工业出版社，
2023.5
（全国注册城乡规划师考试丛书；4）
ISBN 978-7-112-28585-3

Ⅰ. ①城… Ⅱ. ①白… ②魏… ③成… Ⅲ. ①城乡规
划—中国—资格考试—自学参考资料 Ⅳ. ①TU984.2

中国国家版本馆 CIP 数据核字(2023)第 058652 号

图书策划：陆新之
责任编辑：刘丹　徐冉
责任校对：王烨

全国注册城乡规划师考试丛书
4　城乡规划实务真题详解与考点速记
（第三版）
白莹　魏鹏　成敏莹　主编
*
中国建筑工业出版社出版、发行（北京海淀三里河路 9 号）
各地新华书店、建筑书店经销
北京红光制版公司制版
天津翔远印刷有限公司印刷
*
开本：787 毫米×1092 毫米　1/16　印张：14¾　字数：356 千字
2023 年 5 月第三版　　2023 年 5 月第一次印刷
定价：**56.00** 元（含增值服务）
ISBN 978-7-112-28585-3
（41006）

编　委　会

编委会主任：宋晓龙

主　　　编：白　莹　魏　鹏　成敏莹

副　主　编：魏易芳　黄　玲　许　琳　彭雨晗　蔡昌秀

编　　　委：孙　易　袁思敏　高　爽　王苗苗

前　言

　　自 1999 年原人事部、原建设部印发《注册城市规划师执业资格制度暂行规定》确定国家开始实施城市规划师执业资格制度，至今已有二十余年。2008 年《中华人民共和国城乡规划法》开始实施，2009 年《全国注册城市规划师职业资格考试大纲》修订工作启动，随后经历多次修订，从 2014 年至 2020 年考试一直沿用《全国注册城市规划师执业资格考试大纲》（2014 版）（以下简称"2014 版考试大纲"）。2014 版考试大纲中采用"掌握、熟悉、了解"三个不同要求程度的用词明确考试备考复习的侧重点，对考试备考辅助大。同时作为专业技术人员职业资格考试来说，每年考试会有 1～2 题考查国家新政策新动向，因此在大纲之外需要关注国家层面与规划相关的新政策和新动向。

　　2012 年，党的十八大从新的历史起点出发，提出大力推进生态文明建设，建设中国特色社会主义"五位一体"的总布局。2013 年，党的十八届三中全会通过《中共中央关于全面深化改革若干重大问题的决定》，提出"建立空间规划体系，划定生产、生活、生态空间开发管制界限，落实用途管制"。

　　2018 年，中共中央印发了《深化党和国家机构改革方案》，组建自然资源部，为统一履行全民所有自然资源资产所有者职责、国土空间用途管制和生态保护修复职责提供了制度基础。2019 年 1 月 17 日人力资源和社会保障部公布国家职业资格目录，明确注册城乡规划师职业资格实施单位为自然资源部、人力资源社会保障部、相关行业协会。同年 5 月《中共中央 国务院关于建立国土空间规划体系并监督实施的若干意见》《自然资源部关于全面开展国土空间规划工作的通知》发布，明确指出"按照自上而下、上下联动、压茬推进的原则，抓紧启动编制全国、省级、市县和乡镇国土空间规划（规划期至 2035 年，展望至 2050 年），尽快形成规划成果"，"各地不再新编和报批主体功能区规划、土地利用总体规划、城镇体系规划、城市（镇）总体规划、海洋功能区划等"。

　　为适应新时期新形势的要求，2019 年注册城乡规划师考试题目中出现若干关于国土空间规划政策或技术文件题目，题目整体沿用 2014 版考试大纲。2020 年，随着构建国土空间规划体系工作不断推进，相关政策、技术规范文件陆续颁布，8 月 3 日自然资源部国土空间规划局发布《关于增补注册城乡规划师职业资格考试大纲内容的函》（以下简称"增补大纲"），提出为深入贯彻党中央"多规合一"改革精神，进一步落实《中共中央 国务院关于建立国土空间规划体系并监督实施的若干意见》，推进注册城乡规划师职业资格考试与国土空间规划实践需求相适应，决定对注册城乡规划师职业资格考试大纲增补有关内容，明确要求：熟悉国土空间规划相关政策法规；掌握国土空间规划相关技术标准；了解国土空间规划与相关专项规划关系；掌握国土空间规划编制审批及实施监督有关要求。

　　2020 年注册城乡规划师职业资格考试正式进入国土空间规划时代，题目大部分跳出 2014 版考试大纲限定，规划原理、规划管理与法规、相关知识、规划实务题目均出现了 50%～70% 的新考点新内容。由于当前国土空间规划编制工作仍在推进中，适应国土空间规划的相关政策法规、技术标准目前仍在推进完善中，一定程度上给备考带来了较大的难度。

2022年注规考试大纲仍未变动，继续延续2020年考试大纲，即2014版考试大纲＋增补大纲，但实际上考题仍超出大纲范围。相比较2020年考试情况，2021年考题要稳定一些，四科考题有了相对清晰的区别：规划原理和规划实务出题考查城乡规划基础知识点，侧重于理解与运用；规划管理与法规考查法规政策文件，侧重于细节记忆，近三年新出法律法规政策文件出题量偏多；相关知识仍是考查规划相关学科的知识点，近几年行业应用新技术领域考点占比仍然较高。2022年考试考查的新文件知识增多，但大体考查框架未变。

因此，2020～2022年真题对当前复习备考至关重要。丛书今年的修订着重对2019～2021年真题进行整理和修订，修订相关题目的解析答案；同时对2022年真题进行整理，解析部分尽可能详尽，列明各题考查知识点出处，指明考题设置的错误陷阱，方便各位考生在复习备考时能快速抓住考题中的核心知识点与解题思路。

日常复习备考中，考生需要以2020～2022年真题为指引，构建起注规复习备考知识点体系。在2014版考试大纲的基础上，紧跟国土空间规划的知识体系新架构和政策标准新动向，识别出四科知识点中的变与不变是备考关键。

因此，关于注册城乡规划师考试的复习重点，有下列几项要着重说明。

1. 架构。充分了解国土空间规划体系建构要求，规划编制所涉及的不同学科、理念、诉求，规划审批、实施监督方面改革。在城乡规划学科知识架构基础上，横向拓展主体功能区制度、土地管理、自然资源管理等学科知识，尤其要以近2～3年自然资源部出台的政策法规、技术标准中涉及的内容为基准建构起国土空间规划知识架构。

规划原理、规划管理与法规、相关知识、规划实务四科的备考知识架构仍存在重合。在对这些重合内容进行整合的过程中，依据从基础理论到实际操作的层次进行分层排列，可以发现更清晰的架构，整体的架构分为三层：基础与相关理论体系、法律法规体系及工作体系。工作体系又分为编制体系和实施体系。读者在复习的过程中应重点围绕此架构对相关内容进行复习，以提高效率、加深理解。

注册城乡规划师考试的知识架构

层次		原理	相关	管理与法规	实务
基础与相关理论		城市与城市发展 城市规划的发展及主要理论与实践 国土空间规划体系 国土空间用途管制 土地管理 自然资源管理 双评价 双评估	建筑学 城市道路交通工程 城市市政公用设施 信息技术在城乡规划中的应用 城市经济学 城市地理学 城市社会学 城市生态与城市环境	国土空间规划体系 国土空间用途管制 土地管理 自然资源管理 双评价 双评估	—
工作体系	编制体系	省级国土空间规划 市级国土空间总体规划 详细规划 村庄规划及乡村振兴 城市综合交通规划、历史文化名城保护规划、市政公用设施规划等其他主要规划类型	第三次全国国土调查	省级国土空间规划 市级国土空间总体规划 详细规划 村庄规划及乡村振兴	市级国土空间总体规划 居住区规划 村庄规划 城市综合交通规划 历史文化名城保护规划

层次		原理	相关	管理与法规	实务
工作体系	实施体系	国土空间规划实施监督"多规合一""多证合一""多测合一"改革	土地利用计划管理、耕地保护占补平衡等土地资源管理工作,海洋资源管理工作等其他自然资源类型管理工作	国土空间规划实施监督 文化和自然遗产规划管理	国土空间规划实施监督 国土空间规划法律责任
法律法规体系		—	—	国土空间规划相关法律、法规 国土空间规划技术标准与规范 城乡规划法	—

2. 核心。 由于国土空间规划编制工作尚未结束,国土空间规划体系考试内容侧重考查新政策、规范和标准,而中心城区规划,城市综合交通规划、历史文化名城保护规划、市政公用设施等专项规划,控制性详细规划,居住区规划等编制技术仍为现有的城乡规划内容(教材及近十年新出技术标准导则),本书在后半部分增补了国土空间规划体系及其相关文件等内容,考生可以结合真题对其进行复习。

3. 真题。 对于任何考试,真题都是极为重要的,可以说知识架构是对考点的罗列,而考点的形式及重要性是在考题中具体呈现的。本书收集了包括最近三次大纲修订的历年真题(2011~2022 年,其中 2015~2016 年停考),将历年考试题目中涉及的考点进行表格化处理,放于真题后,并通过真题编号体系与考点表格建立检索关联,方便读者查阅考点表格时,直观看到真题出现的频率,了解其重要性,并可以即看即做,巩固所学考点,做到即时反馈、步步为营。

4. 互动。 为与读者形成良好的互动,本丛书开设了一个微信服务号。读者可通过此号进入"建工社规划师考试答疑群"。答疑群的目的旨在解答读者在看书过程中所产生的问题,并收集读者发现的问题,从而对本丛书进行迭代优化。欢迎大家加群,在共同学习的过程中发现问题、解决问题,并相互促进和提升!

微信服务号
微信号:JZGHZX

配套增值服务说明

中国建筑工业出版社为更好地服务于考生、满足考生需求，除了出版纸质教材书籍外，还同步配套准备了注册城乡规划师职业资格考试增值服务内容。考生可以选择适宜的方式进行复习。

一、兑换增值服务将会获得什么？

增值服务包括如下两大部分内容：

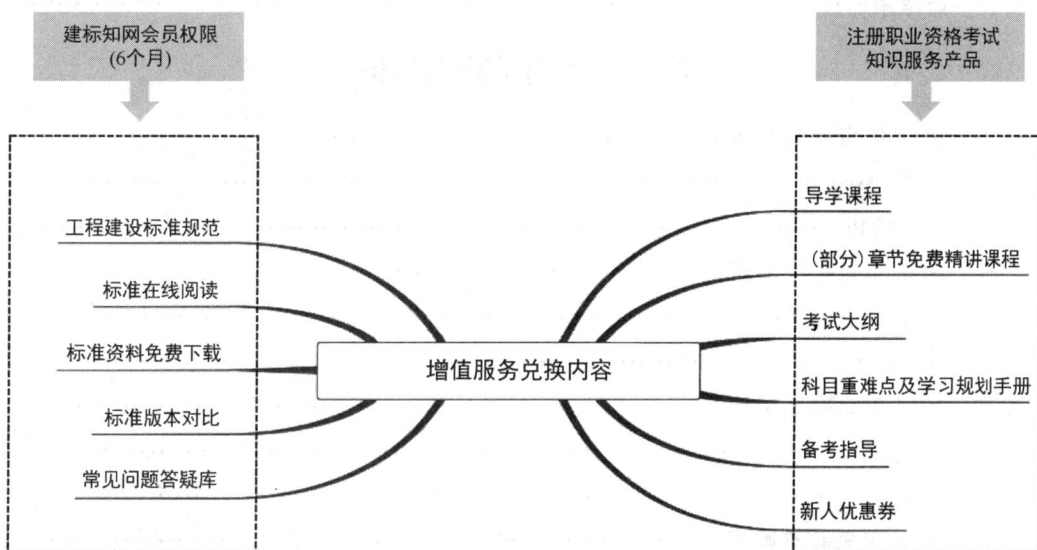

二、如何兑换增值服务？

扫描封面二维码，刮开涂层，输入兑换码，即可轻松享有上述免费增值服务内容。

注：增值服务自激活成功之日起生效，如果无法兑换或兑换后无法使用，请及时与我社联系。

客服电话：4008-188-688（周一至周五 9：00—17：00）

目　　录

第一章　考试趋势变化分析及复习建议

第二章　历年真题与解析

第三章　考　点　速　记

第一章

考试趋势变化分析及复习建议

01

第一节 科 目 特 点

城乡规划实务是指规划师所从事的实际业务工作，包括规划制定、实施管理、监督检查三大方面。"城乡规划实务"科目考试的目的是考核应试人员综合运用城乡规划原理、城乡规划相关知识、城乡规划管理与法规的能力，理解、把握技术标准规范和国家政策的能力，以及在实际工作中综合分析与协调的能力。具体地，要求考生掌握规划体系内各项规划编制内容、规划文本图纸，以及建筑工程设计方案的评析、规划主管部门对规划编制的管理工作及建设项目的审批工作内容、管理部门对建设项目全过程的监督检查工作内容，全面考查考生作为一名城乡规划师的综合能力。

城乡规划实务是注册城乡规划师考试中最为综合的科目，考试主要具有以下三大难点。

1. 简答题形式

城乡规划实务是注册城乡规划师考试中唯一一门简答题形式的考试科目，以城乡规划原理、城乡规划相关知识、城乡规划管理与法规的知识体系为基石，综合考查考生对规划相关知识内容从输入到输出、从理解到应用的能力。下表对比了四门科目考试大纲中"了解、熟悉、掌握"的知识点占比，其中实务需了解的知识点占比为4.17%、需熟悉的知识点占比为20.83%、需掌握的知识点占比为75%，意味着实务对于知识点从理解到掌握应用的能力要求最高，对知识内容的考查最为综合（表1-1-1）。

四科2014版考试大纲＋2020增补大纲知识点要求对比　　　　　　　表1-1-1

	城乡规划原理	城乡规划相关知识	城乡规划管理与法规	城乡规划实务
了解	16.28%	47.75%	23.53%	4.17%
熟悉	46.51%	40.54%	32.35%	20.83%
掌握	37.21%	11.71%	44.12%	75.00%

2. 得分标准高

城乡规划实务考试对答题语言的精准度要求高，考生往往容易出现专业术语没用对、精准形容不到位、作答没有重点等问题，使得实际得分与预估得分存在偏差。因此，实务考试要求考生掌握专业术语，熟悉最新法规，并能够在作答过程中精确用词（表1-1-2）。

答题语言规范要求示例　　　　　　　表1-1-2

	×	√
专业术语	绿化率、人均绿化面积	绿地率、人均绿地面积
最新法规	国务院土地行政主管部门统一负责全国土地的管理和监督工作	国务院自然资源主管部门统一负责全国土地的管理和监督工作
精准用词	历史文化名城，由建设主管部门和文物主管部门提交国务院审核发布	历史文化名城，由国务院建设行政主管部门会同国务院文物行政主管部门报国务院核定公布

3. 考试时间紧

城乡规划实务考试时间为 3 个小时，需回答 7 道简答题，平均 25 分钟回答一道题目，每题答案约 200～300 字，相当于考生需在 25 分钟内审题—思考答案—组织语言—规范答卷，时间较为紧张。因而需要考生熟练掌握各类型题目的答题步骤，并在平时定时定量练习，以保证考场上能够合理安排好时间。

第二节 考 情 变 化

1. 管理部门变更

2018 年中共中央印发了《深化党和国家机构改革方案》，将国土资源部的职责，国家发展和改革委员会的组织编制主体功能区规划职责，住房和城乡建设部的城乡规划管理职责，水利部、农业部、国家林业局的部分职责，以及国家海洋局、国家测绘地理信息局的职责整合，组建了自然资源部。注册城乡规划师考试的直接管理部门由住房和城乡建设部变更为自然资源部职业技能鉴定指导中心，2022 年底，该中心又被合并到自然资源部人力资源开发中心。管理部门变化，意味着出题人变更，出题风格变化。但由于自然资源部接手注册城乡规划师考试后尚在摸索当中，因而近四年考试的整体难度并不是很大，但出题风格与考查侧重点变化较大。

2. 考试大纲调整

近十年来注册城乡规划师考试大纲共有三次调整。第一次是 2011 年与教材同时期所出的 2011 年版考试大纲，第二次是 2014 年的考试大纲修订版，第三次是 2020 年在 2014 年版考试大纲的基础上，四个科目统一增补了十份国土空间相关政策文件，并未针对每一科目进行具体调整。针对实务考试来说，2020 年考试题目根据同年增补大纲进行了一些调整，侧重考查国土空间规划的新文件、新政策。但 2021 年考试又"回归初心"，着重考查了相对传统的城乡规划知识点，因此，新大纲的出台将影响考试的方向，建议考生密切关注今年大纲出台情况。

3. 常考题型变化

2020 年，实务考试在题目类型上有所调整，以往每年第七题考查的"违法处罚"2020 年并未考查，而是根据增补的国土空间相关政策文件考查了"村庄规划"的内容；2021 年考题又向"城乡规划"靠拢；2022 年考试题型与 2021 年相似，但考查的内容更加灵活。因而考生在复习过程中不能仅仅关注往年固定考查的题目类型，而应根据知识内容的调整灵活应对。

4. 2019～2022 年通过率

由于规划行业变革，出题还处于摸索期，这三年的考试题型和风格变化较大，从各省份合格人数的对比就可以看出考试的难易程度，但是整体通过率的比例却是相对稳定的。有条件控分的只能是四科里面唯一的主观题考试科目——"城乡规划实务"了。2019 年是自然资源部接手考试命题工作的第一年，整体考试题目比较常规简单，但其实整体的通过率也不算太高，一方面是阅卷人对于答题的准确率要求变高，另一方面题目简单了考生们间的分差也变小了。2020 年是考题题型变化最大的一年，有点"步子迈大了"的感觉，通过率可谓是惨淡。2021年当大家猜测规划实务题型会不会延续2020年的时候，考试题型又回归经典，让人措手不及。不过考试实际难度不大，且对于国土空间规划内容的考查仍相对较浅。2022年在10月和11月分别举行了两次考试，但仍有多地停考，实际参与考试人数不多，通过率也比较低。但总的来说，2023年的备考我们必须"两手抓，两手都要硬"，国土空间规划新知识与传统城乡规划知识，都要认真准备（图1-2-1）。

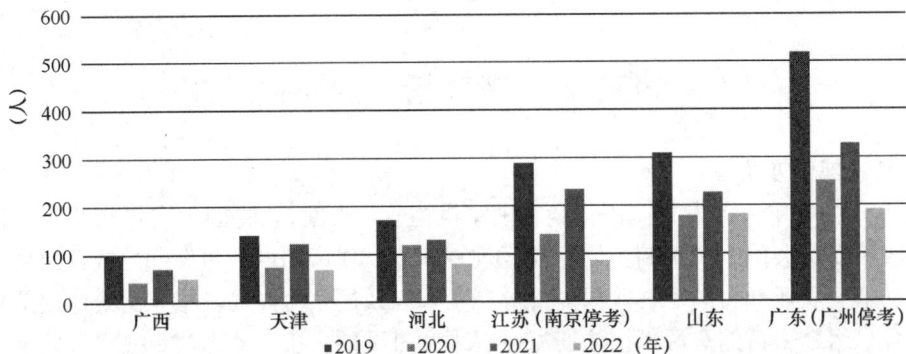

图 1-2-1 部分地区近四年注册城乡规划师考试合格人数对比

第三节 真 题 类 型

1. 知识点类型

城乡规划实务考试共有7道简答题，主要涉及城镇体系规划、总体规划、修建性详细规划、建设项目选址、道路交通专项规划、历史文化保护专项规划、村庄规划、城乡规划的制定与修改、城乡规划的实施管理、城乡规划的监督审查等方面，存在考查单一类型和多种类型综合两种形式。其中城镇体系规划、总体规划及居住区修建性详细规划方案评析、违法管理、项目选址考查较多，涉及综合交通知识点的题目较多但分值较低，历史保护常与其他知识点综合考查（表1-3-1）。

历年真题知识点类型分布（单位：分） 表 1-3-1

年份	试题一	试题二	试题三	试题四	试题五	试题六	试题七
2011	城镇体系（15）	总规评析（15）	住区评析（15）	综合交通（10）	历史保护＋规划条件（15）	项目选址（15）	违法管理（15）
2012	总规编制（15）	总规评析（15）	住区评析（15）	综合交通（10）	规划修改（15）	项目选址（15）	违法管理（15）
2013	城镇体系（15）	总规评析（15）	住区评析（15）	产业与项目选址（15）	综合交通（15）	历史保护＋项目选址（10）	违法管理（15）
2014	城镇体系（15）	总规评析（15）	住区评析（15）	项目选址＋规划管理（10）	规划修改（15）	项目选址（15）	违法管理（15）

年份	试题一	试题二	试题三	试题四	试题五	试题六	试题七
2017	总规评析 (15)	总规评析 (15)	住区评析 (15)	综合交通 (10)	历史保护＋ 规划管理 (15)	项目选址 (15)	违法管理 (15)
2018	城镇体系 (15)	总规评析 (15)	住区评析 (15)	建设项目评析 (10)	历史保护 (15)	规划条件 (15)	违法管理 (15)
2019	城镇体系 (15)	总规评析 (15)	住区评析 (15)	综合交通 (10)	历史保护 (15)	历史保护＋ 规划条件 (15)	违法管理 (15)
2020	城镇体系 (15)	总规评析 (15)	住区评析 (15)	综合交通 (10)	历史保护 (15)	土地管理 (15)	村庄规划 (15)
2021	城镇体系 (15)	总规评析 (15)	住区评析 (15)	综合交通 (10)	历史保护 (15)	规划条件 (15)	违法管理 (15)
2022	城镇体系 (15)	总规评析 (15)	住区评析 (15)	综合交通 (10)	历史保护 (15)	规划条件 (15)	违法管理 (15)

2. 提问形式

除考题涉及的知识点类型外，还可归纳出五种主要的提问形式，包括：问题＋理由、优缺＋优选、程序＋条件、行为＋法规、原因＋处理。具体题目中常涉及多种提问形式的综合考查（表 1-3-2）。

问题＋理由：试从空间布局、用地布局、资源保护和交通组织等方面分析总体规划存在的主要问题，并说明理由。(2019-02)

优缺＋优选：请就 3 处选址方案逐一进行优缺点分析，并选一处为推荐选址。(2017-06)

程序＋条件：为落实市政府要求，市城乡规划部门应依法履行哪些工作程序？(2014-05)

行为＋法规：该建设单位哪些行为违反了《城乡规划法》？(2019-07)

原因＋处理：建设单位逾期未拆除理由是否合理？为什么？应该如何处理？(2019-07)

历年真题提问形式汇总　　　　　　　　　　　　　　　　表 1-3-2

年份	试题一	试题二	试题三	试题四	试题五	试题六	试题七
2011	评析问题	[限定范围] 问题＋理由	问题＋理由	[限定范围] 分析优缺点＋ 推荐	是否；理由； 若可＋工作程 序/若不可＋ 是否	比选＋理由； 选址＋理由	问题
2012	[限定范围] 考虑因素	[限定范围] 问题＋理由	问题＋理由	[限定范围] 问题； 选址＋理由	问题	选址工作＋ 遵循原则	违法行为； 处理

年份	试题一	试题二	试题三	试题四	试题五	试题六	试题七
2013	简述问题	问题＋理由	[限定范围] 评析优缺点	[限定范围] 问题； 改进措施	哪个较好； 优缺点； 哪个较好； 优缺点	不当之处	[限定范围] 问题＋原因； 能否
2014	问题＋理由	[限定范围] 问题＋原因	问题＋理由	分析；是否； 问题	工作程序	分析不合理	违反法规＋ 规定；处理
2017	问题＋理由	不合理＋理由 及依据	问题＋理由	简述问题； 选址＋理由	规划程序； 事项	[逐一] 优缺点分析＋ 推荐	是否； 理由＋处理
2018	[限定范围] 问题＋理由	不当＋理由	问题＋理由	不足之处	[限定范围] 内容	提意见	可以吗；原因； 措施
2019	问题＋原因	[限定范围] 问题＋理由	问题＋原因	问题＋理由	问题＋原因	说明考虑 方面＋理由	违法行为； 部门；是否＋ 原因；处理
2020	问题＋理由	问题＋理由	问题＋理由	问题＋理由	问题＋理由	是否＋哪些 涉及＋理由	问题＋理由
2021	问题＋理由	[限定范围] 问题	问题＋理由	问题； 更优＋理由	问题＋理由	考虑内容	问题＋理由； 处理
2022	问题＋理由	[限定范围] 问题	问题＋理由	[限定范围] 问题＋理由	问题＋理由	补充规划条件	问题＋理由； 部门

第四节　解题思路与答题技巧

1. 审题不漏

答题的第一步也是能够正确作答的基础，便是看清题目，理解题意，识别关键词和关键信息点，并初步在脑海中对应与之相关的规划知识。具体的审题步骤包括三个部分：读清题干信息、看清图中要素、明确提问形式，需耐心、仔细、全面，不可忽视任何要素（图 1-4-1）。

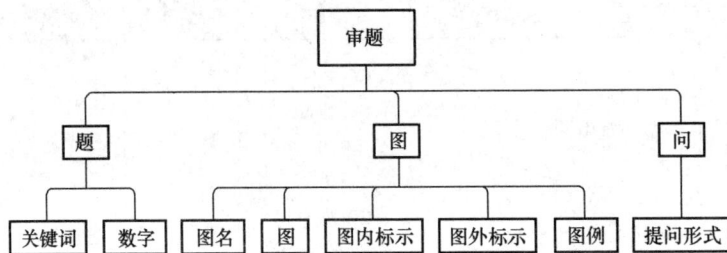

图 1-4-1　审题关键要素

2. 考点找全，难点辨析

答题的第二步是根据题目问题，将题目中的关键信息点与考点对应，包括：

① 重要考点：多为常考知识点，如基础且核心的规划概念、重要法规等；

② 一般考点：关键词或图内标识提到的，但无法立即确定的考点；

③ 可疑考点：没有把握需要进一步分析的考点。

同时，需注意的是，在明确哪些信息是考点的同时，也需注意辨别哪些不是考点，在考场上切忌对图中没有标示的信息进行过多额外的延伸，如题目中没有出现污水处理厂等，尽管不合情理，也不必过多考虑。

3. 角度正确，答题到位

答题的最后一步便是整理答案，并准确作答。在整理答案的过程中需按照要求梳理回答顺序，注意语言的组织，力求条理清晰，重点突出，同时找准考点回答角度，并精准用词。一般来说，可先回答重要的、明确的考点，再补充可能的考点。

4. 合理安排时间

每道题目的解题步骤时间分配建议为审题 3～5 分钟、寻找考点 5～8 分钟、整理答案 5～8 分钟、作答 5～10 分钟，一道题目花费 25 分钟左右。

第五节 备 考 策 略

1. 知识体系梳理

掌握完整的知识体系是实务题目作答的基础，建议在进行实务复习前首先应彻底掌握其他三门科目的相关知识，特别是原理和法规的相关内容，有助于考生构建整体的规划知识框架体系，掌握其中与实务考试相关的知识点。其中，原理的相关内容可看注册规划师考试教材或中国建筑工业出版社出版的《城市规划原理》（第四版），法规的相关内容可将下表中列出的实务常考相关法律法规、技术标准、技术规范的原文及条文说明通篇阅读了解，并记忆重点的条文内容（表 1-5-1～表 1-5-3）。

实务常考法律、法规（★为重点）   表 1-5-1

类别	法律规范和规章名称	颁布或修订日期
法律	★《城乡规划法》	2019.4.23
	★《土地管理法》	2019.8.26
	★《文物保护法》	2017.11.4
	《民法典》	2020.5.29
	《行政许可法》	2019.4.23
	★《行政复议法》	2017.9.1
	《行政处罚法》	2021.1.22
	《行政诉讼法》	2017.6.27
	《城市房地产管理法》	2019.8.26
	《环境保护法》	2014.4.24

类别	法律规范和规章名称	颁布或修订日期
法律	《水污染防治法》	2017.6.27
	《土壤污染防治法》	2018.8.31
	《森林法》	2019.12.28
	《湿地保护法》	2021.12.27
	《黑土地保护法》	2022.6.25
	《防洪法》	2016.7.2
行政法规	★《土地管理法实施条例》	2014.7.29
	★《历史文化名城名镇名村保护条例》	2017.10.7
	★《风景名胜区条例》	2016.2.6
	《自然保护区条例》	2017.10.7
	《基本农田保护条例》	2011.1.8
部门规章与规范性文件	《城市规划编制办法》	2006.1.1
	《城市、镇控制性详细规划编制审批办法》	2010.12.2
	《历史文化名城名镇名村街区保护规划编制审批办法》	2014.10.16
	《城市绿线管理办法》	2011.1.26
	★《城市紫线管理办法》	2011.1.26
	《城市黄线管理办法》	2011.1.26
	《城市蓝线管理办法》	2011.1.26
	《城市国有土地使用权出让转让规划管理办法》	2011.1.26
	《城乡规划编制单位资质管理规定》	2016.10.20

实务常考技术标准、技术规范（★为重点）　　表 1-5-2

序号	规范名称	规范编号
1	★《城市居住区规划设计标准》	GB 50180—2018
2	★《城市综合交通体系规划标准》	GB/T 51328—2018
3	★《历史文化名城保护规划标准》	GB/T 50357—2018
4	★《社区生活圈规划技术指南》	TD/T 1062—2021
5	★《国土空间规划城市体检评估规程》	TD/T 1065—2021
6	《城区范围确定规程》	TD/T 1064—2021
7	★《城市轨道交通线网规划标准》	GB/T 50546—2018
8	《城市对外交通规划规范》	GB 50925—2013
9	《城市道路交叉口规划规范》	GB 50647—2011
10	《城市道路工程设计规范》	CJJ 37—2012（2016 年版）
11	《城市停车规划规范》	GB/T 51149—2016
12	《城市用地分类与规划建设用地标准》	GB 50137—2011
13	《城市综合防灾规划标准》	GB/T 51327—2018
14	《城市防洪规划规范》	GB 51079—2016
15	《城市公共设施规划规范》	GB 50442—2008

序号	规范名称	规范编号
16	《城市排水工程规划规范》	GB 50318—2017
17	《城市给水工程规划规范》	GB 50282—2016
18	《城市环境卫生设施规划标准》	GB/T 50337—2018
19	★《民用建筑设计统一标准》	GB 50352—2019
20	★《建筑设计防火规范》	GB 50016—2014（2018 年版）
21	★《中小学校设计规范》	GB 50099—2011
22	★《托儿所、幼儿园建筑设计规范》	JGJ 39—2016（2019 年版）
23	《汽车加油加气加氢站技术标准》	GB 50156—2021
24	《综合医院建筑设计规范》	GB 51039—2014
25	《体育建筑设计规范》	JGJ 31—2003
26	《文化馆建筑设计规范》	JGJ/T 41—2014
27	《展览建筑设计规范》	JGJ 218—2010
28	《博物馆建筑设计规范》	JGJ 66—2015
29	《图书馆建筑设计规范》	JGJ 38—2015
30	《老年人照料设施建筑设计标准》	JGJ 450—2018
31	《旅馆建筑设计规范》	JGJ 62—2014
32	《乡镇集贸市场规划设计标准》	CJJ/T 87—2020
33	《城市消防站设计规范》	GB 51054—2014

国土空间规划相关政策文件（★为重点）　　　　　表 1-5-3

类别		文件名称	颁布日期
目标与战略		《生态文明体制改革总体方案》	2015.9.21
		《中华人民共和国国民经济和社会发展第十四个五年规划和 2035 年远景目标纲要》	2021.3.12
顶层设计与全面通知		★《中共中央国务院关于建立国土空间规划体系并监督实施的若干意见》（中发〔2019〕18 号文）	2019.5.23
		★《自然资源部关于全面开展国土空间规划工作的通知》（自然资发〔2019〕87 号）	2019.5.28
编制体系	省级	★《省级国土空间规划编制指南（试行）》	2020.1.17
	市级	★《市级国土空间总体规划编制指南（试行）》	2020.9.22
		《市级国土空间总体规划制图规范（试行）》	2021.3
	村庄规划	★《自然资源部办公厅关于加强村庄规划促进乡村振兴的通知》（自然资办发〔2019〕35 号）	2019.5.29
		《农业农村部 自然资源部关于规范农村宅基地审批管理的通知》（农经发〔2019〕6 号）	2019.12.12
		《自然资源部 农业农村部关于保障农村村民住宅建设合理用地的通知》	2020.7.29
		《自然资源部办公厅关于进一步做好村庄规划工作的意见》	2020.12.15
		《自然资源部 国家发展改革委 农业农村部关于保障和规范农村一二三产业融合发展用地的通知》（自然资办发〔2021〕16 号）	2021.1.28

类别		文件名称	颁布日期
技术支撑	"双评估"	《市县国土空间开发保护现状评估技术指南（试行）》	2019.7.18
	"双评价"	★《资源环境承载能力和国土空间开发适宜性评价指南（试行）》	2020.1.19
	"一张图"	《国土空间规划"一张图"建设指南（试行）》	2019.7.18
自然资源管控	"三线"	★中共中央办公厅 国务院办公厅印发《关于在国土空间规划中统筹划定落实三条控制线的指导意见》	2019.11.1
	永久基本农田	《自然资源部 农业农村部关于加强和改进永久基本农田保护工作的通知》（自然资规〔2019〕1 号）	2019.1.3
		《关于严格耕地用途管制有关问题的通知》（自然资发〔2021〕166 号）	2021.11.27
	城镇开发边界	《城镇开发边界划定指南（试行）》	2019.6
	生态保护红线	《自然资源部 生态环境部 国家林业和草原局关于加强生态保护红线管理的通知（试行）》（自然资发〔2022〕142 号）	2022.8.15
	自然保护地	★中共中央办公厅 国务院办公厅印发《关于建立以国家公园为主体的自然保护地体系的指导意见》	2019.6.16
	用途管制	★《国务院关于授权和委托用地审批权的决定》（国发〔2020〕4 号）	2020.3.13
		《自然资源部关于 2022 年土地利用计划管理的通知》（自然资发〔2022〕95 号）	2022.5.24
		★《自然资源部关于积极做好用地用海要素保障的通知》（自然资发〔2022〕129 号）	2022.8.2
		《自然资源部等 7 部门关于加强用地审批前期工作积极推进基础设施项目建设的通知》（自然资发〔2022〕130 号）	2022.8.3
	用地用海分类	★《国土空间调查、规划、用途管制用地用海分类指南（试行）》	2020.11.17
	历史文化保护	《自然资源部国家文物局关于在国土空间规划编制和实施中加强历史文化遗产保护管理的指导意见》	2021.3.17
	滨海湿地	《关于加强滨海湿地保护严格管控围填海的通知》国发〔2018〕24 号	2018.7.25
	防洪排涝	《国务院办公厅关于加强城市内涝治理的实施意见》（国办发〔2021〕11 号）	2021.4.8
实施监督	监督管理	★《自然资源部办公厅关于加强国土空间规划监督管理的通知》（自然资办发〔2020〕27 号）	2020.5.22
	规划许可制度	★《自然资源部关于以"多规合一"为基础推进规划用地"多审合一、多证合一"改革的通知》（自然资规〔2019〕2 号）	2019.9.17
	资质管理	《自然资源部办公厅关于深入推进城乡规划编制单位资质认定"放管服"改革的通知》（自然资办函〔2022〕450 号）	2022.3.16

2. 历年真题练习

真题训练是整个复习过程中最为重要的一部分，不仅仅是将真题全部做一遍并对照参考答案订正便可过关，而是应该将每一道真题彻底剖析开来，将其中的重点和难点内容熟练掌握。这里建议考生可主要关注本书收录的近十年实务考试的 10 套真题，共 70 道大题。同时，在进行真题训练时切忌审完题稍作思考后直接对照参考答案，考生往往在看完参考答案后便认为自己已经掌握了这道题目的考查点，而实际上看懂和真正落笔答对之间还有着漫长的过程。因而在进行真题训练的过程中建议首先计时自行作答，然后翻看相关教材或规范标准自行调整答案，最后再对照参考答案进行订正。

3. 答题技巧总结

在自行作答过一遍近十年真题后，可将同类型题目进行归纳，总结每一类型题目考查的知识框架、解题思路与技巧，具体可参考本书第三章考点速记。

第二章

历年真题与解析

第一节 2011年真题与解析

一、真题

（一） 2011-01 试题一 （15分）

图 2-1-1 所示为西南内陆地区某县县域城镇体系规划示意图。该县县域面积 1316km²，西北部为丘陵山区，东南部为平原，邻近区域中心城市甲，北江是它们共同的水源地。

2009 年底，该县县域城镇化水平为 42%，人均 GDP 为 21240 元，经济发展水平略低于全国平均水平。

规划提出 2020 年县域总人口 80 万，其中县城人口 30 万；重点镇 5 个，每个镇驻地人口 2.6 万；一般镇 13 个，每个镇驻地人口 1 万左右。规划确定城镇主导职能为：县城为综合服务，重点镇 A 为农产品加工，重点镇 B 为商贸和旅游，重点镇 C 为旅游及建材，重点镇 D 为商贸服务，重点镇 E 为化工和物流。

试对该规划存在的主要问题进行评析。

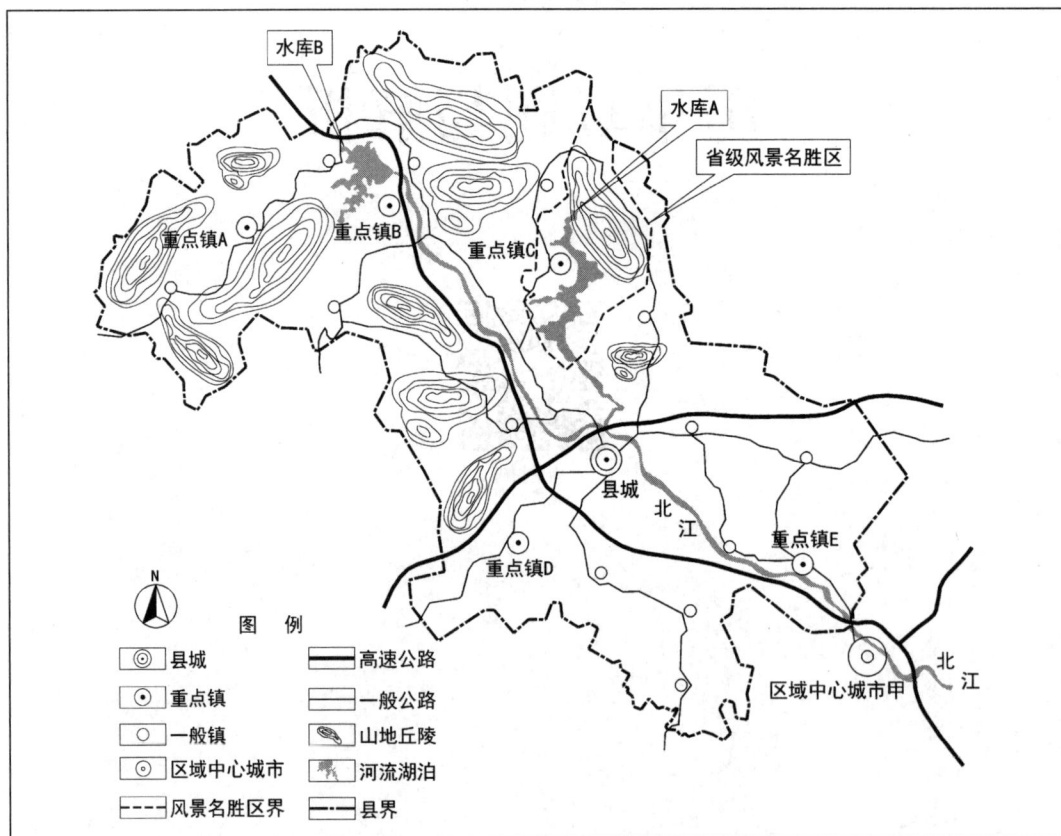

图 2-1-1 某县县域城镇体系规划示意图

（二）2011-02　试题二（15分）

某镇位于我国西部某大河沿岸，邻近国家重要的高山林业水源涵养区。该镇对外交通便捷、旅游资源丰富。作为传统的农业城镇，近年来在国家扶贫开发、生态移民、重点培育旅游服务基地等政策的支持下，经济、社会发展迅速。该镇近期拟依托水电资源优势，发展电解铝等产业。

镇区 2009 年现状人口 2860，建设用地 49.2hm²，人均 172m²。规划预测到 2020 年人口规模达到 6000 左右，建设用地为 89.4hm²，人均 149m²。镇区空间发展主要向东、西两翼拓展，规划布局简图如图 2-1-2 所示。

试指出该镇总体规划中在城镇规模、产业发展及其布局、道路、市政设施等方面存在的主要问题并阐明理由。

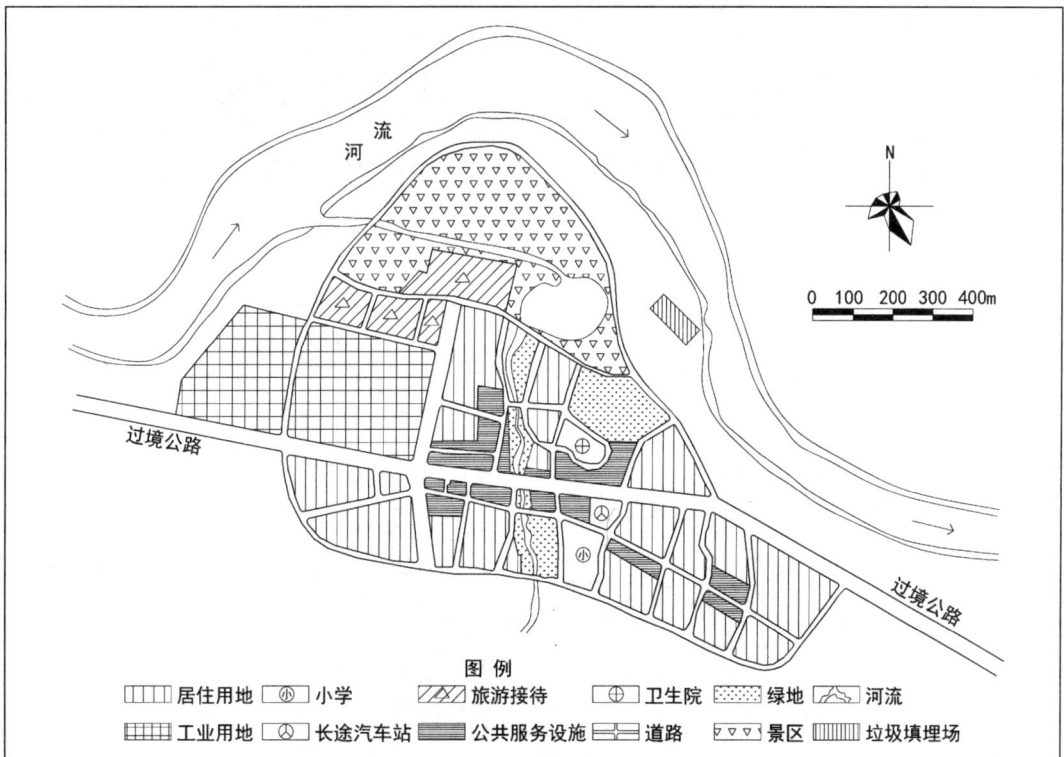

图 2-1-2　某镇总体规划用地布局示意图

（三）2011-03　试题三（15分）

图 2-1-3 所示为北方寒冷地区某城市的某居住小区规划，基地面积含代征道路用地共计 15.1hm²。用地北侧为城市快速路，东侧为主干路，南侧为次干路，西侧为支路。根据控制性详细规划，地段内配建幼儿园、小学各一座，以及一定数量的地区商业服务设施。当地日照间距系数为 1.7。规划方案中，住宅层高 2.7m，层数如图 2-1-3 所示。经评审，该方案环境良好、市政设施齐备。

试分析该方案存在哪些主要问题，并简述其理由。

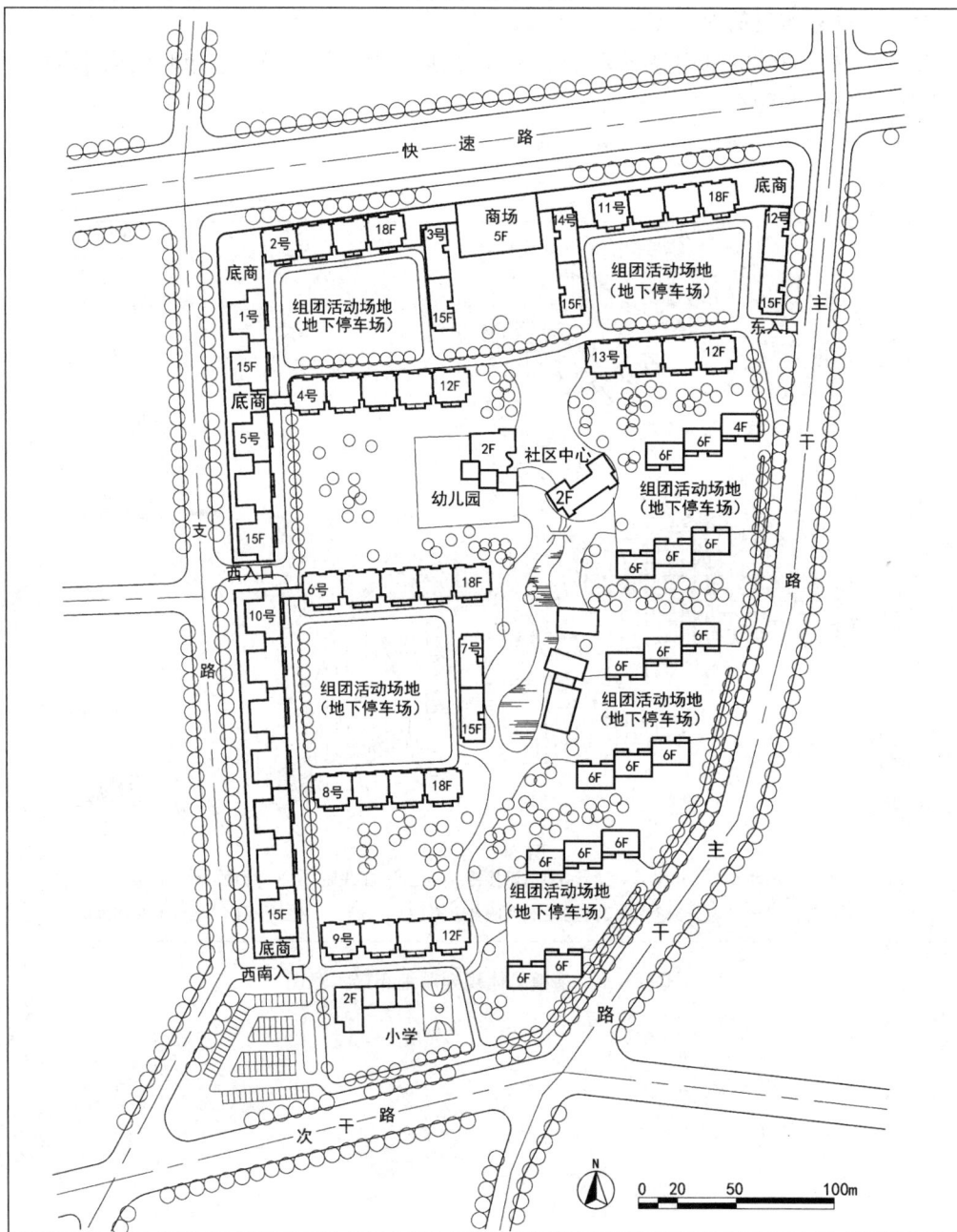

图 2-1-3　某居住小区规划方案示意图

某发达地区的中等城市，东侧有高速公路Ⅰ和高速公路Ⅱ平行通过，并各有两个出入口（分别为A、B和C、D）与城市主要交通性干路相接。该城市背靠北山、西邻海湾，近年来城市发展空间受到了一定的限制，市政府决定城市跨越高速公路Ⅰ发展，建设新区。为此，城乡规划主管部门提出了高速公路Ⅰ的两个改造方案（图2-1-4）。

方案一：将高速公路Ⅰ在城区段改造为高架路，并将出入口A、B分别迁移至E、F点，原路段改造为城市干路并与其他垂直向干路平交，高速公路两侧设置防护绿地。

方案二：将高速公路Ⅰ外移至高速公路Ⅱ的西侧，部分路段共用一个交通走廊，并将出入口A、B分别迁移至G、H点高速公路Ⅰ的原线位改造为城市主干路。

试结合现状用地条件，从新区开发、建设成本、与道路系统关系以及对景观环境的影响方面，分析两个方案的优缺点，并提出推荐方案。

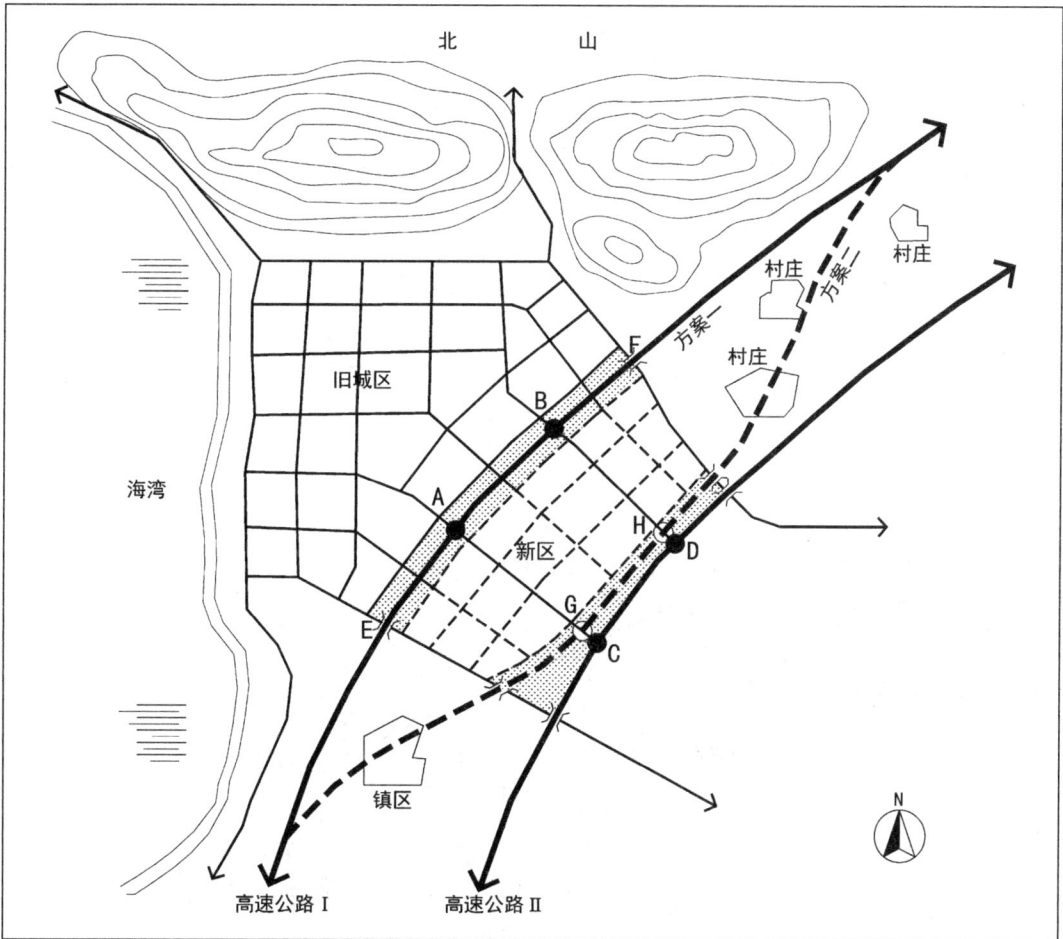

图 2-1-4 某城市高速公路选线方案示意图

某县城一地块北依北山风景区，南临南湖，现状东、西侧均为二类居住用地。控制性详细规划确定该地块用地性质为二类居住用地，建筑高度不高于 15m，容积率不大于 1.5，建筑密度不大于 35%，根据控制性详细规划制定的规划条件已包含在土地出让合同中。A 公司经土地市场取得该地块土地使用权（规划建设用地范围如图 2-1-5a 所示）。规划行政主管部门已核发《建设用地规划许可证》和《建设工程规划许可证》。A 公司依法开工后，在基础施工过程中发现基地内有宋代墓葬。文物管理部门经考古勘探，确定其为县级文物保护单位，会同规划行政主管部门划定并公布了文物保护范围和建设控制地带。县政府办公会会议纪要确定，文物保护范围的用地性质调整为对社会开放的街头游园，要

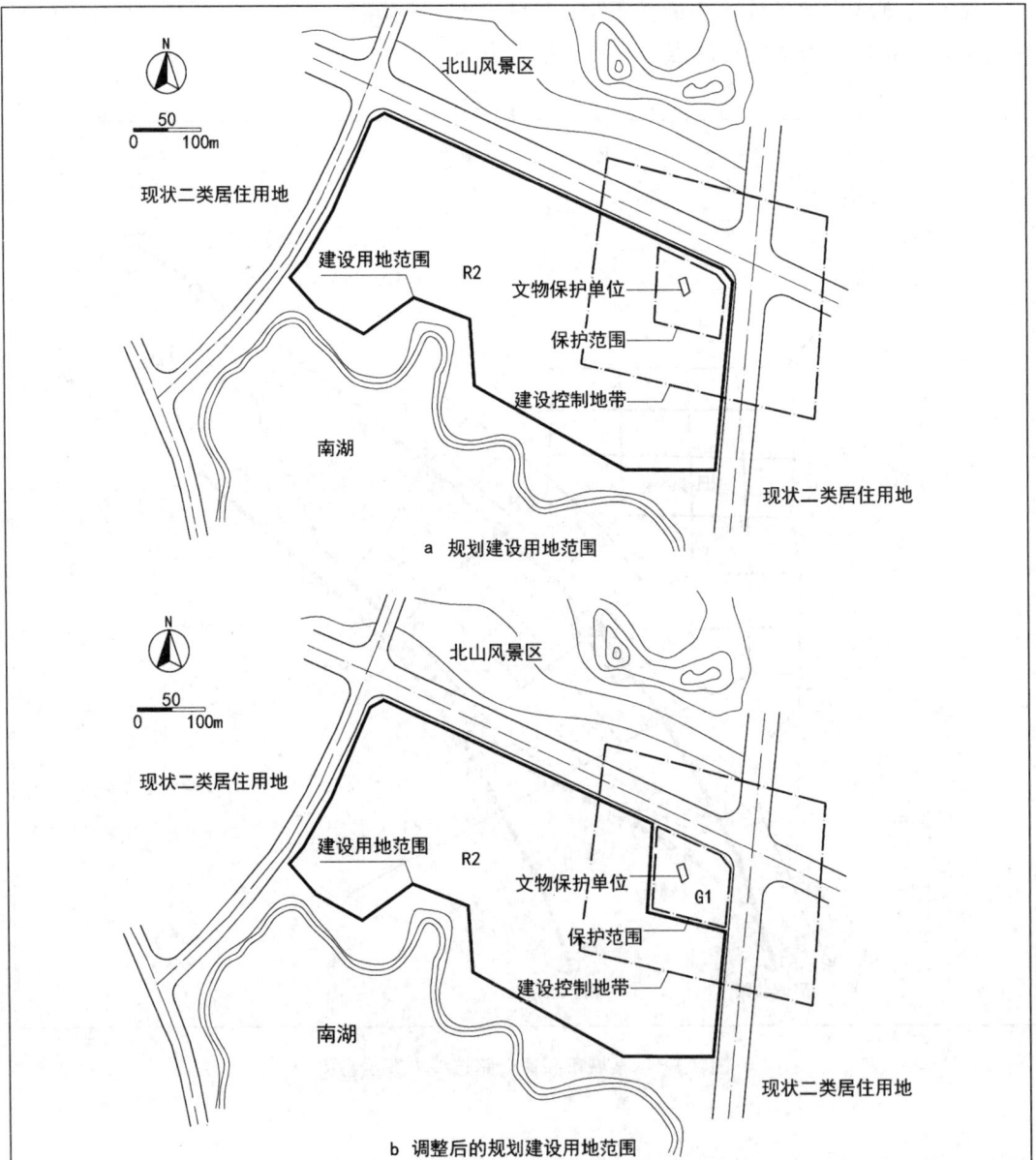

a　规划建设用地范围

b　调整后的规划建设用地范围

图 2-1-5　调整前及调整后的规划建设用地范围示意图

求 A 公司调整建设方案（调整后的建设用地范围如图 2-1-5b 所示）。由于建设用地范围调整后造成 A 公司的损失，A 公司向规划行政主管部门提出申请，要求将规划容积率调整为 1.6，其他规划条件不变。为补偿该公司的损失，规划行政主管部门经初步分析，原则上同意了该要求。

试问：1. 该出让地块的规划条件是否可以变更？并简述其理由。

2. 若规划条件可以变更，在核发新的《建筑工程规划许可证》前，规划管理部门须经过哪些基本工作程序？若规划条件不可以变更，是否需要核发新的《建设用地规划许可证》和《建设工程规划许可证》？

（六）2011-06 试题六（15 分）

某县城总体规划结构如图 2-1-6 所示。现有三个发展机会，需在县城范围内选址建设三项工程：一是随着三级航道的煤炭和建材等杂件货运量快速上升，需选择路径建设铁路专用线，以实现公铁水联运；二是随着物流量的上升，拟选址建设物流商务园（物流企业管理和物流信息管理中心）；三是随着社会主义新农村建设的推进，农副产品产量和质量快速提升，拟选址建设农副产品交易市场。

试根据图 2-1-6 所示结构，对 A、B 两条专用线选线进行比选，并阐明理由；在 1～8 号地段中选址物流商务园和农副产品交易市场，并阐明理由。

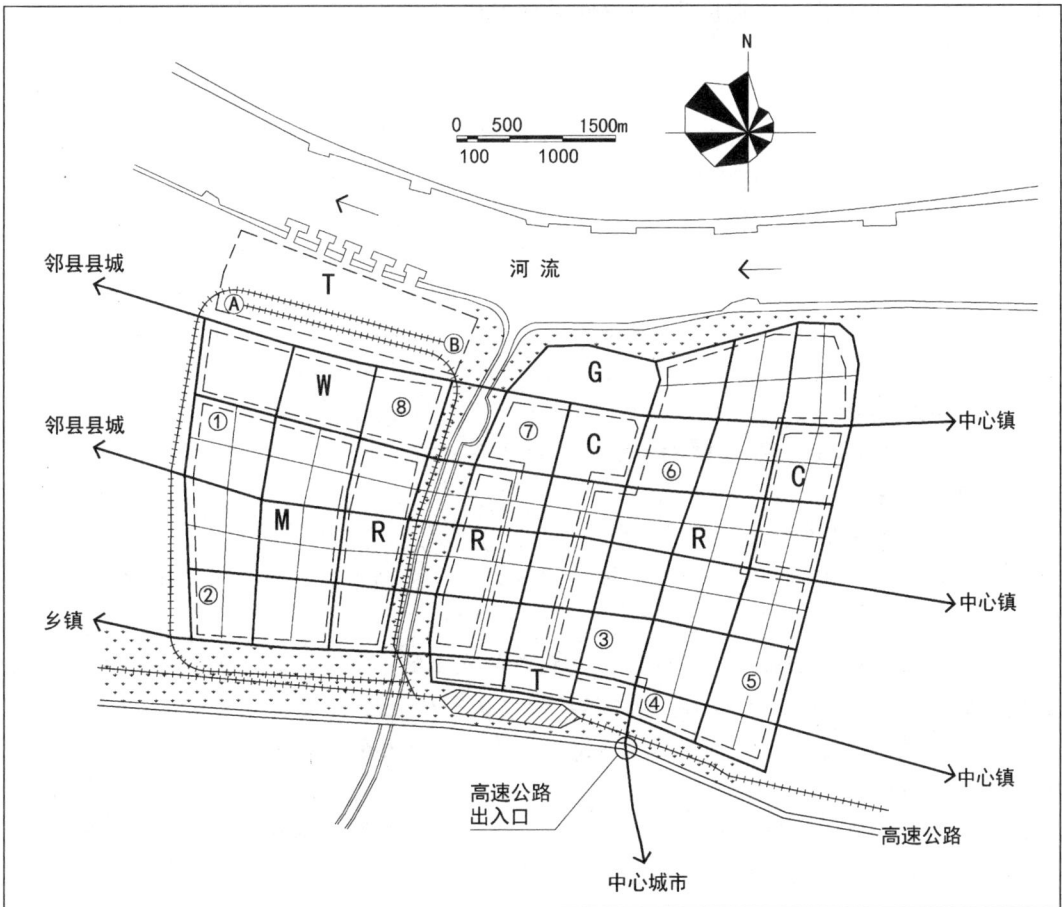

图 2-1-6　某县城总体规划结构示意图

某市规划局在对一宗违法建设案进行处理时，认定该项目可采取改正措施消除对规划实施的影响，发出如下《违法建设行政处罚决定书》。

试指出该《违法建设行政处罚决定书》中存在的主要问题。

规决〔2010〕第700号

违法建设行政处罚决定书

违法建设单位：某市经济发展有限公司
地址：东大街与南大街交汇处西北角
责任人：张某某

经查，你单位位于东大街与南大街交汇处西北角的办公楼项目未办理《建设用地规划许可证》，于2009年期间擅自施工，总建筑面积7707m²，现已完工，上述行为违反了《中华人民共和国行政许可法》第四十条、第六十四条有关规定，构成违法建设行为。

我局根据《中华人民共和国行政处罚法》第六十四条的有关规定对你单位处以罚款，罚款金额按建设工程造价700元/m²，建筑面积7707m²、总造价的20%计算，即罚款人民币1078980元。

……

如不服本处罚决定，可在接到本处罚决定书之日起60日内，向市人民政府或省建设行政主管部门投诉，或在接到本处罚决定书之日起30日内向人民法院起诉……

（盖章）

二〇一〇年十一月十一日

二、真题解析

（一）2011-01　试题一（15分）

【参考答案】

1. 城镇等级与职能定位

① 重点镇A地处西北丘陵山区，交通不便，距县城与中心城市较远，不宜发展农产品加工。

② 重点镇C位于省级风景名胜区内，且在县城上游水库边上，不应发展建材业，因为该产业对水资源污染较严重，对周边环境景观也有影响。

③ 重点镇E位于中心城市甲水源地上游边上，不应发展污染严重的化工业。

2. 人口与城镇化水平预测

④ 根据现状地理与经济条件，该县规划城镇化率为70%，不符合城镇化发展规律。

⑤ 各镇的人口规模过于统一，应根据各镇现状人口与实际情况进行合理预测。

3. 空间布局

⑥ 由于西北为丘陵、东南为平原，且中心城市甲在县域东南部，县域城镇整体发展方向为向东南平原地区发展。因此，重点镇与一般镇的分布数量也应向东南部倾斜。且交通不便的重点镇A和位于风景名胜区内的重点镇C不宜作为重点镇。

⑦ 南北向高速公路在县城西部经过，应往东更靠近县城，提高县城的交通便利性。

⑧ 部分一般公路翻越山体，破坏环境，增加施工难度，应适当改变道路线形绕开山体。

> 提示：
>
> 1. 重点镇应分布均衡，但不绝对平均，应综合考虑自然条件、交通区位、城镇发展方向等因素。
>
> 2. 规划2035年城镇化率为 $100\% \times (30 + 2.6 \times 5 + 1 \times 13)/80 = 70\%$。

（二）2011-02 试题二（15分）

【参考答案】

1. 城市规模

① 该镇邻近国家重要的高山林业水源涵养区，为近年来受到国家扶贫开发、生态移民政策支持下的传统农业城镇，2009年现状人口为2860，2020年达到6000，年平均增长率为7%，人口增长过快，不符合该镇镇情。

② 该镇位于西北，邻近高山林业水源涵养区，土地资源珍贵，规划人均建设用地面积149m² 过大。

2. 产业发展

③ 该镇发展铝电解业不合理，铝电解业对环境污染大、能耗高，与该镇位于水源涵养区敏感的生态环境冲突，且与该镇重点培育旅游服务基地的政策定位不相符。

3. 用地布局

④ 工业用地位于上风上水向，紧邻景区且并未设置防护绿地，易对周边环境造成干扰；同时，邻近河岸布置，占据岸线资源。

⑤ 旅游接待用地侵占景区范围，违反《风景名胜区条例》中禁止在核心景区内建设与风景名胜资源保护无关的其他建筑物的相关规定。

⑥ 公共服务设施不集中，应集中设置公共服务中心；小学与汽车客运站直接相邻不合理，易造成交通的相互干扰且存在安全隐患。

⑦ 沿高速公路布置大量公共服务设施和居住用地不合理，一方面公路对两侧用地功能有大气及噪声干扰，另一方面影响交通性干路的通行能力。

4. 道路交通

⑧ 城市路网结构混乱，道路等级划分不明确，丁字路口较多且部分交叉口间距过小。

⑨ 过境公路穿越镇区不合理，且与城市道路交叉口过多，影响交通性干路的通行能力。

⑩ 汽车客运站紧邻高速公路不合理，易造成交通的相互干扰。

5. 市政设施

⑪ 垃圾填埋场距离城镇建成区、景区及河流过近，且未设置防护绿地，易对周边环

境造成污染。

⑫ 规划中缺少公用设施用地（U）的布局。

> **提示：**
>
> 根据《城市用地分类与规划建设用地标准》GB 50137—2011 中表 4.2.1：除特殊地区，如边远地区、少数民族地区城市（镇）等，人均城市建设用地面积上限不得大于 115m²。

（三）2011-03　试题三（15 分）

【参考答案】

1. 建筑布局

① 3 号、14 号、12 号、7 号住宅建筑东西向围合式布局，不利于北方气候冬季采光。

② 2 号、3 号、11 号、12 号住宅建筑被南侧建筑遮挡，不符合当地的日照间距要求。

③ 北侧与西侧沿街建筑长度超过 150m，应设置穿过建筑物的消防车道或环形消防车道，超过 80m 应设置人行通道。

2. 交通组织

④ 东入口、小区地下车库出入口不宜设置在城市主干路一侧，易造成交通隐患。

⑤ 小区西入口正对丁字路口折线段，视线有遮挡，存在安全隐患。

3. 配套设施

⑥ 小学未设置 200m 环形跑道和 60m 直跑道；小学与地面停车场和居住区共用西南侧出入口，互相干扰并存在安全隐患。

⑦ 幼儿园应有独立出入口与小区道路相连，且不应与水系直接相连，不符合相关规范要求；幼儿园被南侧住宅建筑遮挡，不满足日照间距要求。

⑧ 大型商业服务设施不宜布置在城市快速路一侧，交通互相干扰并存在一定的安全隐患。

> **提示：**
>
> 1. 《建筑设计防火规范》GB 50016—2014（2018 年版）中 7.1.1：当建筑物沿街道部分的长度大于 150m 或总长度大于 220m 时，应设置穿过建筑物的消防车道，确有困难时应设置环形消防车道。
>
> 2. 《城市道路工程设计规范》CJJ 37—2012（2016 年版）中 3.1.1：快速路、主干路两侧不应设置吸引大量车流、人流的公共建筑物的出入口。

（四）2011-04　试题四（10 分）

【参考答案】

推荐方案一，主要从以下几个方面考虑得出结论。

1. 投资成本

方案一为原址改建高架路，相较于地面铺设，成本较高，但是不需要拆迁。

方案二涉及城南、城北的部分村镇拆迁，成本远高于方案一；且城市未来需再次扩张时，高速公路仍需调整，增加未来建设成本。

2. 新城建设

方案一原址改建高架路后，相当于城市按两个组团发展，相互比较独立，受高速公路的干扰较小。

方案二有利于新旧城区的充分联系，整体空间结构完整，不会造成城市景观空间的分割，但未来城市再次向东发展受限。

3. 交通联系

方案一原址改为城市道路，并与其他垂直向道路平交，便于城区道路交通的组织，且高速公路出入口向两侧偏移，符合高速公路出入口位于城市边缘的规划要求。

方案二四个高速公路出入口距离过近，不利于组织交通。

4. 景观环境

方案一高速公路高架影响城区景观环境，且易造成大气和噪声干扰。

方案二不受影响。

综上所述，虽然方案一对景观影响大，城市形态还受高速公路影响，但是考虑到开发成本和城市未来的发展，结合城市的实际情况，方案一是比较合理的选择。

提示：

建设项目选址需综合考虑不同方案的经济可行性及环境适宜性，包括建设成本、对用地布局及对景观环境的影响。

1. 相同条件下，依托原线路改建相对于新建线路具有较低成本。

2. 道路选线须尽可能减少拆迁，避免大规模拆除集镇、村庄等。

3. 需考虑建设项目对周边用地布局及景观环境造成的影响。

（五）**2011-05** **试题五（15分）**

【参考答案】

1. 可以变更规划设计条件，理由如下。

根据《城乡规划法》第五十条，在《建设用地规划许可证》发放后，因依法修改城乡规划给被许可人合法权益造成损失的，应当依法给予补偿。本项目中因文物保护单位保护需求而修改城乡规划，修改后造成 A 公司的损失，适当提高容积率是补偿方式之一。

2. 规划局应经过以下基本工作程序。

① 修改控制性详细规划，组织编制机关应当对修改的必要性进行论证，征求规划地段内利害关系人的意见，并向原审批机关提出专题报告，经原审批机关同意后，委托规划编制单位修改方案，规划方案公示 30 日听取公众意见，经本级人民政府批准后，报本级人民代表大会常务委员会和上一级人民政府备案。

② 依据修改后的控制性详细规划重新拟定规划条件，并将变更后的规划条件通报县级土地管理部门并公示。

③ 土地管理部门依据新的规划条件与建设单位重新签订国有土地使用权出让合同。

④ 建设单位根据新出具的规划条件重新编制修建性详细规划。

⑤ 审查修建性详细规划方案，并征求县级文物保护部门的意见。

⑥ 核发新的《建筑用地规划许可证》。

（六）2011-06　试题六（15分）

【参考答案】

1. 专用线选 B 线

① 选线 B 从城市边缘经过，对河流等生活岸线、居住用地影响较小。

② 选线 B 沿线用地为工业用地和物流仓储用地，能够较好地满足其对外运输需求。

2. 物流商务园选 8 号地块

① 选址⑧靠近物流仓储用地，便于管理以及处理相关的商务事务。

② 选址⑧沿生活岸线，环境优美，适合办公。

3. 农副产品交易市场选 4 号地块

① 选址④距离高速公路出入口和铁路专用线站点较近，又在站点的侧面，既能够满足运输需求又不干扰站点周边的交通。

② 选址④位于城市边缘，符合农产品交易市场宜布置在城市边缘的要求。

（七）2011-07　试题七（15分）

【参考答案】

1. 违法原因是未办理《建设工程规划许可证》。

2. 上述违法行为违反的是《城乡规划法》，并应依据《城乡规划法》的有关规定进行处理。

3. 罚款金额按总造价的 20% 计算过高，应处建设工程造价 5% 以上、10% 以下的罚款，并应写明罚款地址。

4. 如不服本处罚决定，可在知道该具体行政行为之日起 60 日内向本级人民政府或上一级主管部门提出行政复议申请，而非投诉。

5. 提出诉讼时间不对，若对行政复议决定不服，可再向人民法院提起行政诉讼，可自收到不予受理决定书之日起或者行政复议期满之日起 15 日内，依法向人民法院提起行政诉讼。

6. 应告知处罚单位逾期仍不履行行政决定，且无正当理由的，行政机关可以作出强制执行决定。

提示：

1.《城乡规划法》第四十条：在城市、镇规划区内进行建筑物、构筑物、道路、管线和其他工程建设的，建设单位或者个人应当向城市、县人民政府城乡规划主管部门或者省、自治区、直辖市人民政府确定的镇人民政府申请办理《建设工程规划许可证》。

2.《城乡规划法》第六十四条：未取得《建设工程规划许可证》或者未按照《建设工程规划许可证》的规定进行建设的，由县级以上地方人民政府城乡规划主管部门责令停止建设。尚可采取改正措施消除对规划实施的影响的，限期改正，处建设工程造价百分之五以上、百分之十以下的罚款。

3.《行政复议法》第九条：公民、法人或者其他组织认为具体行政行为侵犯其合法权益的，可以自知道该具体行政行为之日起六十日内提出行政复议申请；但是法律规定的申请期限超过六十日的除外。

4.《行政复议法》第十九条：法律、法规规定应当先向行政复议机关申请行政复议、对行政复议决定不服再向人民法院提起行政诉讼的，行政复议机关决定不予受理或者受理后超过行政复议期限不作答复的，公民、法人或者其他组织可以自收到不予受理决定书之日起或者行政复议期满之日起十五日内，依法向人民法院提起行政诉讼。

第二节　2012 年真题与解析

一、真题

(一) 2012-01　试题一 (15 分)

A 市为某省的地级市，地处该省最发达地区与内陆山区的缓冲地带，是国家历史文化名城，水、陆、空交通枢纽，和邻近的 B 市、C 市共同构成该省重要的城镇发展组群，经相关部门批准，目前要对 A 市现行城市总体规划进行修编。

试问，在新版城市总体规划编制过程中，分析研究 A 市城市性质时应考虑哪些主要因素？

(二) 2012-02　试题二 (15 分)

图 2-2-1 所示为某县级市中心城区总体规划示意图，规划人口为 36 万，规划城市建设用地面积为 43km²。该市确定为以发展高新技术产业和产品物流为主导的综合性城市，规划工业用地面积占总建设用地面积的 35%。铁路和高速公路将城区分为三大片区，即铁西区，中部城区、东部城区。铁西区主要规划为产品物流园区和居住区，中部城区包括老城区和围绕北湖规划建设的金融、科技、行政等多功能的新城区，东部城区规划为高新化工材料生产、食品加工为主导的工业组团。

试问：该总体规划在用地规模、用地布局和交通组织方面存在哪些主要问题，为什么？

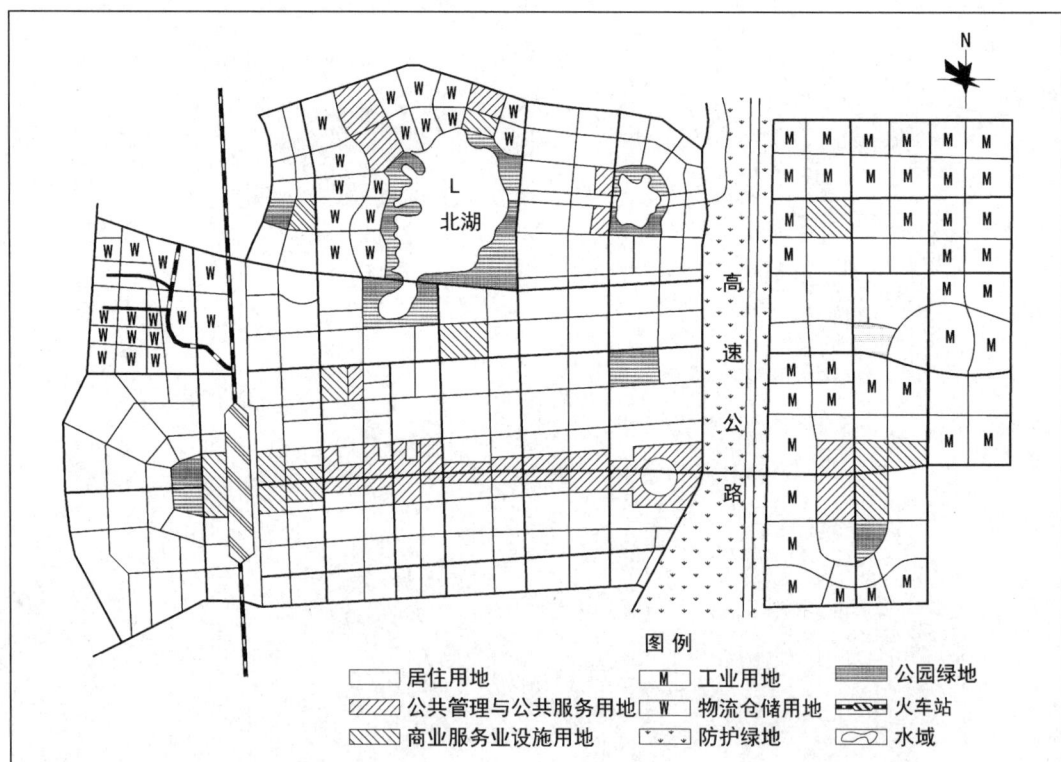

图 2-2-1　某县级市中心城区总体规划示意图

图 2-2-2 所示为某市大学科技园及教师住宅区详细规划方案示意图。规划总占地面积 51hm²。地块西边为城市主干路，道路东侧设置 20m 宽城市公共绿带。地段中部的东西向道路为城市次干路，道路的北侧为大学科技园区，南侧为教师住宅区。

科技园区内保留市级文物保护单位一处，结合周边广场绿地，拟通过文物建筑修缮和改扩建作为园区的综合服务中心。

教师住宅区的居住建筑均能符合当地日照间距的要求。设置的小学、幼儿园以及商业中心等公共服务设施和市政设施均能满足小区需求。

在规划建设用地范围内未设置机动车地面停车场的区域，均通过地下停车场满足停车需求。

试问：该详细规划方案中存在哪些主要问题，为什么？

图 2-2-2　某市大学科技园及教师住宅区详细规划方案示意图

(四) 2012-04 试题四（10分）

图 2-2-3 所示为某县城道路交通现状示意图，城区现有人口约 15 万，建成区面积约 17km²。规划至 2020 年，城区人口约 21 万，远景可能突破 30 万。

火车站东侧是老城区和市中心，城市南部为工业区，城市东部为新建的住宅区。贯穿城区南北的是一条老国道，新国道已外迁至老城区东侧。城市东西向有 3 条主干路。现状路网密度约 3.3km/km²，其中主干路网密度 1.2km/km²，次干路网密度 1.5km/km²，支路网密度 0.6km/km²。

根据相关上位规划，未来将有一条南北走向的重要城际铁路在城市东侧选线经过，并拟在该城区设城际铁路车站，有两个车站选址方案可供比选。

试问：1. 该县城现状道路网及其交通运行组织存在哪些主要问题？

2. 城际铁路车站选址适宜的位置是哪个，为什么？

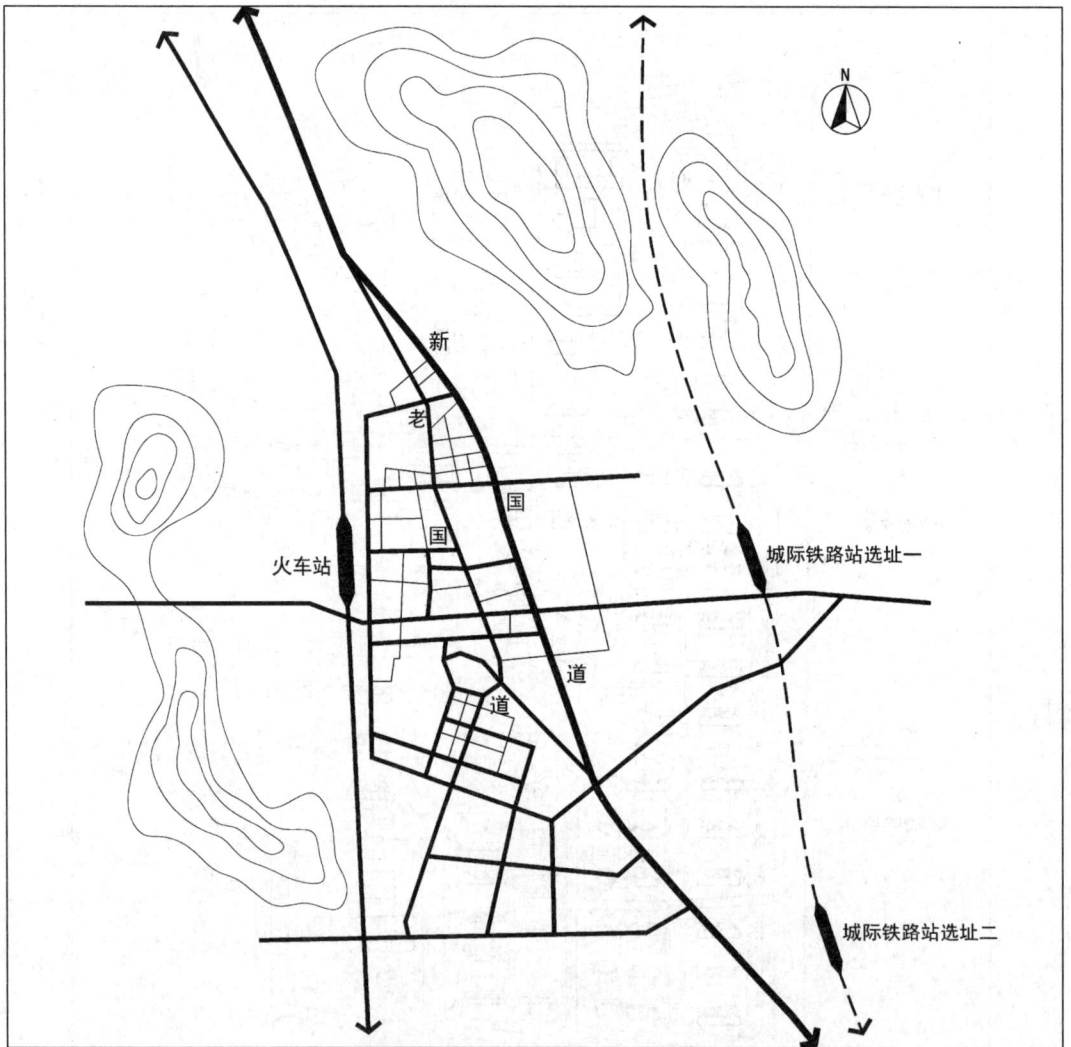

图 2-2-3 某县城道路交通现状示意图

（五）**2012-05** 试题五（15分）

某市规划局按领导要求，组织有关部门在两周内就某地块的控制性详细规划修改完成如下工作：由规划院对控制性详细规划修改的必要性进行论证，规划院将论证情况口头向规划局进行了汇报，经规划局同意后，规划院修改了控制性详细规划，规划局将修改后的控制性详细规划报市人民政府批准，并报市人大常委会和上级人民政府备案。

试问：该地块的控制性详细规划修改工作主要存在哪些问题？

（六）**2012-06** 试题六（15分）

某国家历史文化名城，为纪念近代发生在该市的一起重大历史事件，市政府拟规划建设一座历史专题博物馆。

试问：作为该市规划管理人员，在该专题博物馆的选址工作中，应重点做好哪些工作和遵循什么原则？

（七）**2012-07** 试题七（15分）

经批准，某公司在城市中心区与新区之间的绿化隔离地区内建设植物栽培基地，总占地 100 亩（1 亩＝666.67m²）。该公司种植了一些乔木和灌木后，以管理看护为名，擅自建设了几十栋经营用房。

试指出该公司的具体违法行为，规划行政主管部门对此应如何处理？

二、真题解析

（一）**2012-01** 试题一（15分）

【参考答案】

1. 上位规划对 A 市的职能分工与规模控制。

2. 在与 B 市、C 市共同构成的该省城镇发展组群中的职能分工。

3. 作为省最发达地区与内陆山区之间的缓冲地带所承接的产业转移。

4. 作为水、陆、空交通枢纽和国家历史文化名城的发展优势与特征。

提示：

城市性质的确定方法：

1. 从城市在国民经济中所承担的职能方面确定（城镇体系规划规定了区域内城镇的合理分布、城镇的职能分工和相应规模）

① 上位规划所确定的职能分工与规模控制。

② 在所属城镇群中的职能分工。

2. 从城市形成与发展的基本因素中去研究、认识城市形成与发展的主导因素

① 自然资源条件。

② 区位产业特征。

③ 其他发展条件（历史文化名城等）。

（二）**2012-02** 试题二（15分）

【参考答案】

1. 用地规模

① 规划人均建设用地$119m^2$，超过$115m^2$的上限，违反《城市用地分类与规划建设用地标准》。

2. 用地布局

② 规划工业用地面积占总建设用地面积的35％（过高），违反《城市用地分类与规划建设用地标准》中15％～30％的指标规定。

③ 中部围绕北湖建设的金融、科技、行政等多功能新城区布置大量物流仓储用地不合理，一方面与片区功能定位不符，另一方面对外交通不便捷。

④ 物流仓储用地与居住用地之间未设置防护绿地，工业用地与居住用地间未设置卫生防护带，均易对居住环境造成影响。

⑤ 公园绿地占比较低，人均公园绿地面积应不小于$8.0m^2/人$。

⑥ 规划中缺少公用设施用地（U）的布局。

3. 交通组织

⑦ 三大片区交通联系不便，中部片区与东部片区间仅有一条道路相连，不满足各相邻片区之间宜有2条以上干线道路的规范要求。

> 提示：
> 1. 《城市用地分类与规划建设用地标准》GB 50137—2011中4.2.1：除特殊地区，如边远地区、少数民族地区城市（镇）等，人均城市建设用地面积上限不得大于$115m^2$。
> 2. 《城市综合交通体系规划标准》GB/T 51328—2018中12.3.7：分散布局的城市，各相邻片区、组团之间宜有2条以上城市干线道路。

（三）**2012-03** 试题三（15分）

【参考答案】

1. 总体布局

① 市级文物保护单位应予以保护，划定紫线管控范围，禁止改变文物建筑用途。

2. 交通组织

② 北侧科技园片区与次干路南侧南北向道路形成三个错位丁字路口，交通流线复杂。

③ 西侧居住街坊出入口不宜直接向城市主干路开口，影响主干路的通行效率。

④ 应采取地面停车和地下停车相结合的形式。

3. 配套设施

⑤ 幼儿园不应临干路布置，应设于阳光充足、接近公共绿地、便于家长接送的地段；幼儿园缺少南向室外活动场地，且活动场地应有不少于1/2的活动面积在标准的建筑日照阴影线之外。

⑥ 住区缺少集中的公共中心和公共服务中心。

4. 居住环境

⑦ 公共绿地较为分散，对住区的服务性不好。

（四）2012-04 试题四（10分）
【参考答案】

1. 现状路网及交通组织存在的问题

① 县城南北向除老国道外无主干路，南北疏通性差，交通组织不合理。

② 县城整体道路网密度过低，南部工业区和东部住宅新区缺少支路，严重影响地块的可达性，造成主、次干路交通阻力。

③ 支路直接搭接主干路和对外公路不合理，主干路网、次干路网、支路网密度不协调。

④ 新国道选线不合理。从地形条件来看新国道以东仍有较大的城市发展空间，新国道走线对县城未来扩张发展仍造成影响。

⑤ 新国道在建成区东南部与城市干路相交，形成一个五岔路口，交叉口流线复杂，会影响道路通行能力。

⑥ 路网组织形成过多斜交丁字路口（小于45°）。

2. 城际铁路选址一较合理

① 选址一站址和建成区之间有干路连接，交通联系性好。

② 选址二远离城区，无城市道路衔接，不利于服务客流集散。

③ 选址一与县城用地布局（居住、商业、公共服务设施等人口密集区）距离合适，可达性及服务性好。

④ 选址一与现有火车站联系便捷，符合城市发展方向。

> **提示：**
> 1.《城市综合交通体系规划标准》GB/T 51328—2018 中 12.7.3：支线道路不宜直接与干线道路形成交叉连通。
> 2.《城市道路交叉口规划规范》GB 50647—2011 中 4.1.1：新建道路交通网规划中，规划干路交叉口不应规划超过4条进口道的多路交叉口、错位交叉口、畸形交叉口；相交道路的交角不应小于70°，地形条件特殊困难时，不应小于45°。

（五）2012-05 试题五（15分）
【参考答案】

1. 组织编制机关（规划局）对修改规划的必要性进行论证，而不是编制单位（规划院）。

2. 必要性论证报告应该以书面形式提交，且应组织专家进行审查。

3. 未征求规划地段内利害关系人的意见。

4. 未向原审批机关（市政府）提交专题报告，且未经控制性详细规划原审批机关同意，擅自修改。

5. 如控制性详细规划的修改涉及总体规划强制性内容的修改，应先组织修改总体规划。

6. 修改后的控制性详细规划方案在上报审批前，未依法将城乡规划草案予以公告，并采取论证会、听证会或者其他方式征求专家和公众的意见。

7. 公告时间不少于三十日，两周内完成达不到法定程序及法定时间。

（六）2012-06　试题六（15分）

【参考答案】

1. 相关工作

① 了解该历史专题博物馆相关的历史事件及其性质。

② 了解并确定项目的建设主体、建设规模、用地大小、用地性质等建设基本工程信息。

③ 判断项目选址是否符合规划原则和要求，进行必要的多方案比选，包括各影响要素的权重分析、优缺点比较、实施管理难度比较等。

2. 选址遵循原则

① 选址应符合城乡规划和文化设施布局的要求。

② 选址自然条件、街区环境、人文环境应与博物馆的类型及其收藏、教育、研究的功能特征相适应，基地面积应满足博物馆的功能要求，并宜有适当发展余地。

③ 选址应与周边环境相协调，远离易燃易爆场所、噪声源、污染源。

④ 选址应与周边设施相衔接，应交通便利，公用设施完备。

⑤ 选址可靠近历史事件原址，但应遵守文物管理和城乡规划管理的有关法律和规定。

（七）2012-07　试题七（15分）

【参考答案】

1. 该公司违反了《城市绿线管理办法》《城乡规划法》，其具体的违法行为包括：

① 未依法办理相关审批手续，擅自侵占城市绿线进行违法建设；

② 未取得《建设用地规划许可证》《建设工程规划许可证》进行违法建设。

2. 规划行政主管部门应给予如下处理：

责令该公司停止违法建设、限期拆除，并处建设工程造价 5%～10% 的罚款。

2.《城乡规划法》第三十八条：以出让方式取得国有土地使用权的建设项目，建设单位在取得建设项目的批准、核准、备案文件和签订国有土地使用权出让合同后，向城市、县人民政府城乡规划主管部门领取《建设用地规划许可证》。

《城乡规划法》第四十条：在城市、镇规划区内进行建筑物、构筑物、道路、管线和其他工程建设的，建设单位或者个人应当向城市、县人民政府城乡规划主管部门或者省、自治区、直辖市人民政府确定的镇人民政府申请办理《建设工程规划许可证》。

3.《城乡规划法》第六十四条：未取得《建设工程规划许可证》或者未按照《建设工程规划许可证》的规定进行建设的，由县级以上地方人民政府城乡规划主管部门责令停止建设；① 尚可采取改正措施消除对规划实施的影响的，限期改正，处建设工程造价百分之五以上、百分之十以下的罚款；② 无法采取改正措施消除影响的，限期拆除，不能拆除的，没收实物或者违法收入，可以并处建设工程造价百分之十以下的罚款。

第三节 2013 年真题与解析

一、真题

（一）2013-01 试题一（15 分）

西北地区某县处于国家功能区划的限制发展区，南、北均为丘陵及山地，城镇在河谷地带布局（图 2-3-1）。北部为水源地与生态涵养区，现状总人口 41 万，城镇化水平 31%；县城人口 9 万；东、西均为人口为 100 万的大城市甲、乙。规划 20 年后总人口 64 万，城镇化水平 62%，县城人口 15 万。布局一个中心城市、6 个重点镇、9 个一般镇。并在中心城市东部规划了 20km² 的工业园区。

请论述此规划存在哪些问题。

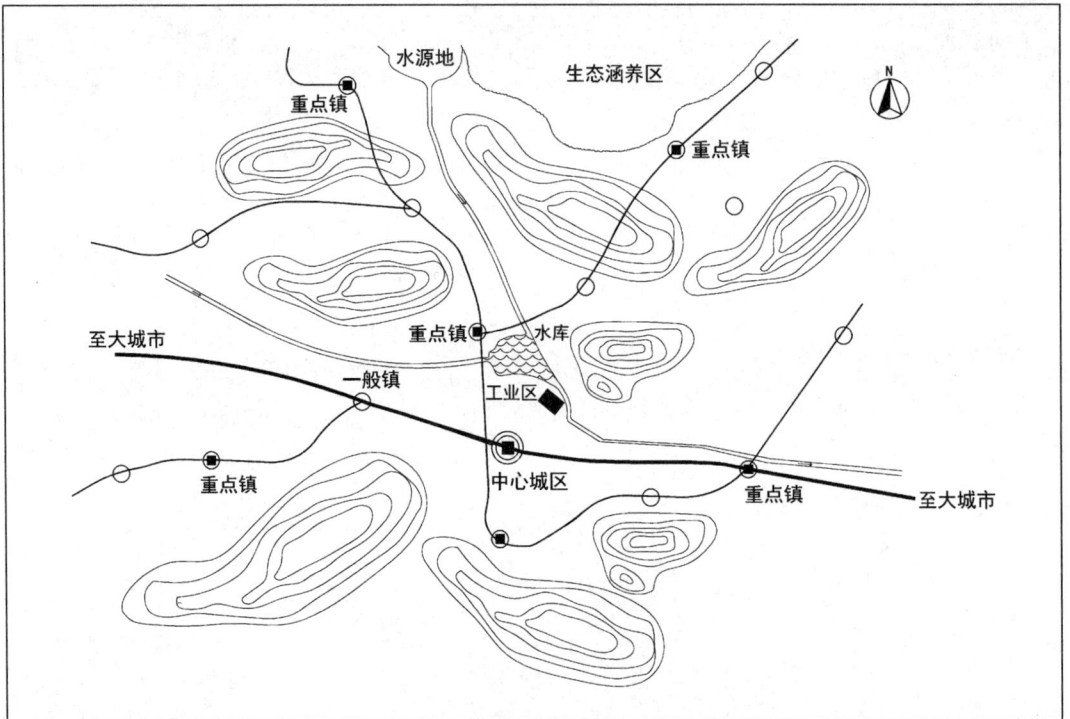

图 2-3-1 某县域城镇体系示意图

（二） 2013-02 试题二（15分）

某县级市人口为 25 万，中间高、四周低，南、西、北侧均有河流通过，西侧有铁路客运站和货运站，南侧有一条一级公路。规划向南发展，并在铁路东、西规划了工业和仓储用地，结合北侧的水系规划了湿地公园，并有 15hm² 的广场用地（图 2-3-2）。

请论述规划存在哪些问题，为什么？

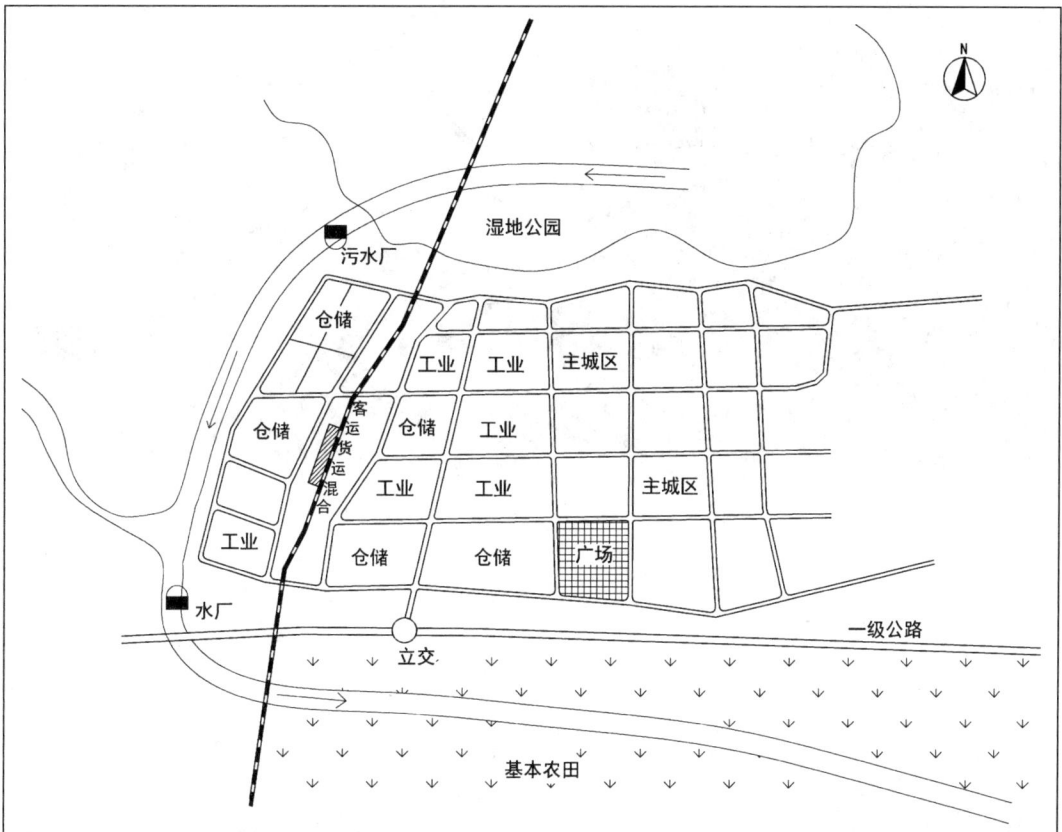

图 2-3-2　某县级市中心城区总体规划示意图

图 2-3-3 所示为某大城市开放性小区重建的两个规划方案。该规划用地 24hm²。东北侧为城市次干路，西北、东南、西南侧为支路，相邻地块均为居住区。两个方案均满足控制性详细规划给定的基本条件。

请从建筑布局、道路交通、公建配套设施、街道空间方面分别评析方案一和方案二各自的主要优缺点。

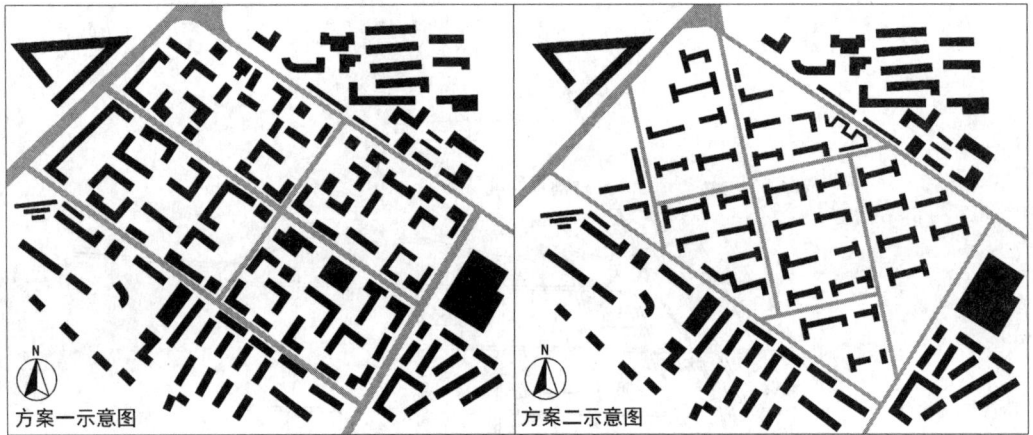

图 2-3-3　某城市居住小区规划示意图

（四）2013-04　试题四（15分）

某县城位于省级风景名胜区东南方向，依山傍水，环境优美，文化底蕴深厚，民居富有特色，地方经济以农业为主。为了改变落后的面貌，县政府提出了大力发展二三产业的政策。通过招商引资引入农副产品加工企业A，电子产品拆解企业B以及房地产业C。规划局按照领导意见，给上述企业发了《选址意见书》（选址位置如图2-3-4所示）。

试问：该县的产业选择和项目选址管理阶段存在哪些问题，应采取哪些改进措施？

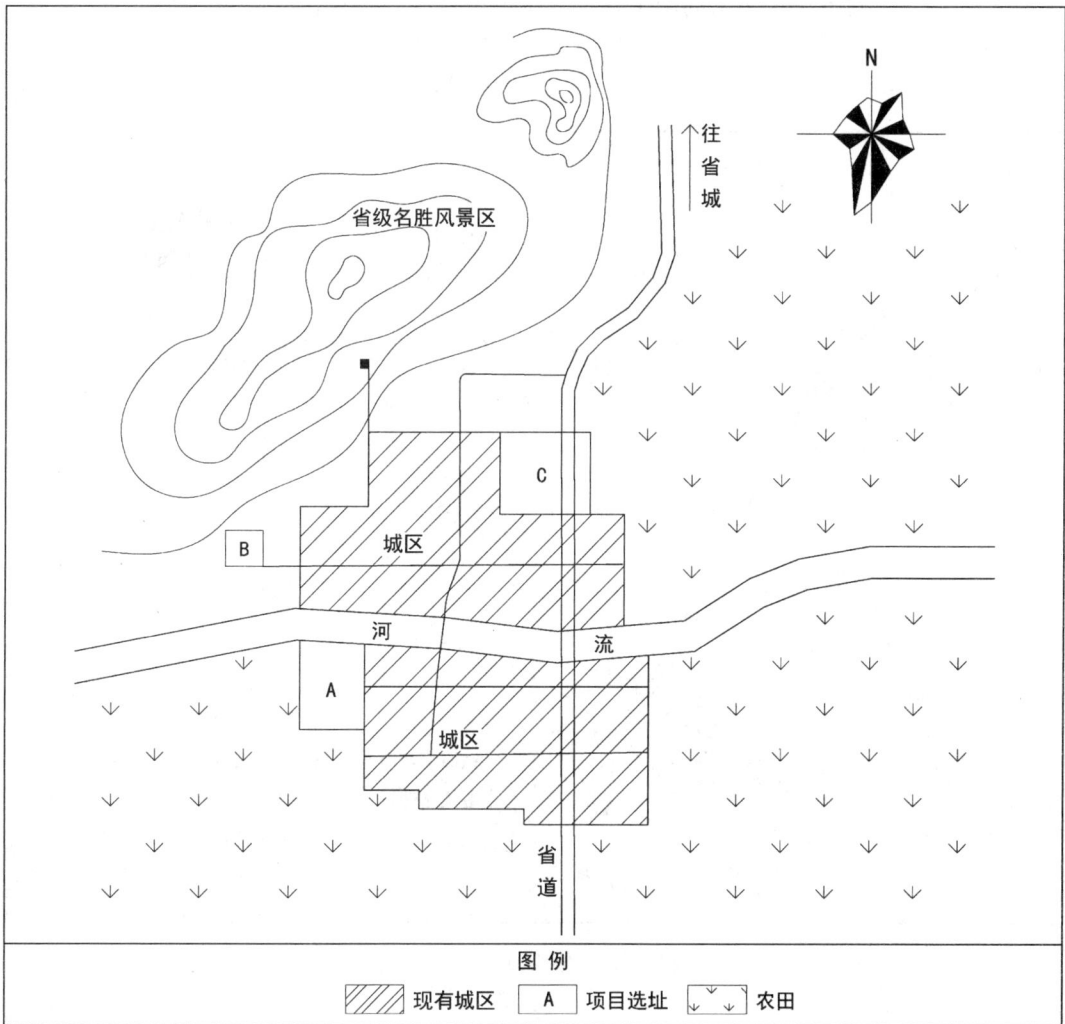

图2-3-4　某县城建设项目选址示意图

(五) 2013-05　**试题五（15分）**

某省会城市市郊铁路小镇规划人口规模 5.5 万，省会城市总体规划中确定的 3 个铁路货运站场之一即位于该镇，年货运量为 100 万吨，主要为本市生产、生活服务，兼为周边县市服务（图 2-3-5）。为落实上位规划，解决好该镇的对外交通，市政府责成有关部门专题研究铁路货场的对外交通组织和镇公共汽车客运站的选址。有关部门分别提出 A、B 两个货运通道选址方案和甲、乙两个客运站选址方案，其中选线 A 利用现有国道，选线 B 为新建道路。

　　试问：1. 铁路货场的两个对外货运通道的选线方案哪个较好，各有什么优缺点？

　　　　　2. 公共汽车客运站的两个选址方案哪个较好，各有什么优缺点？

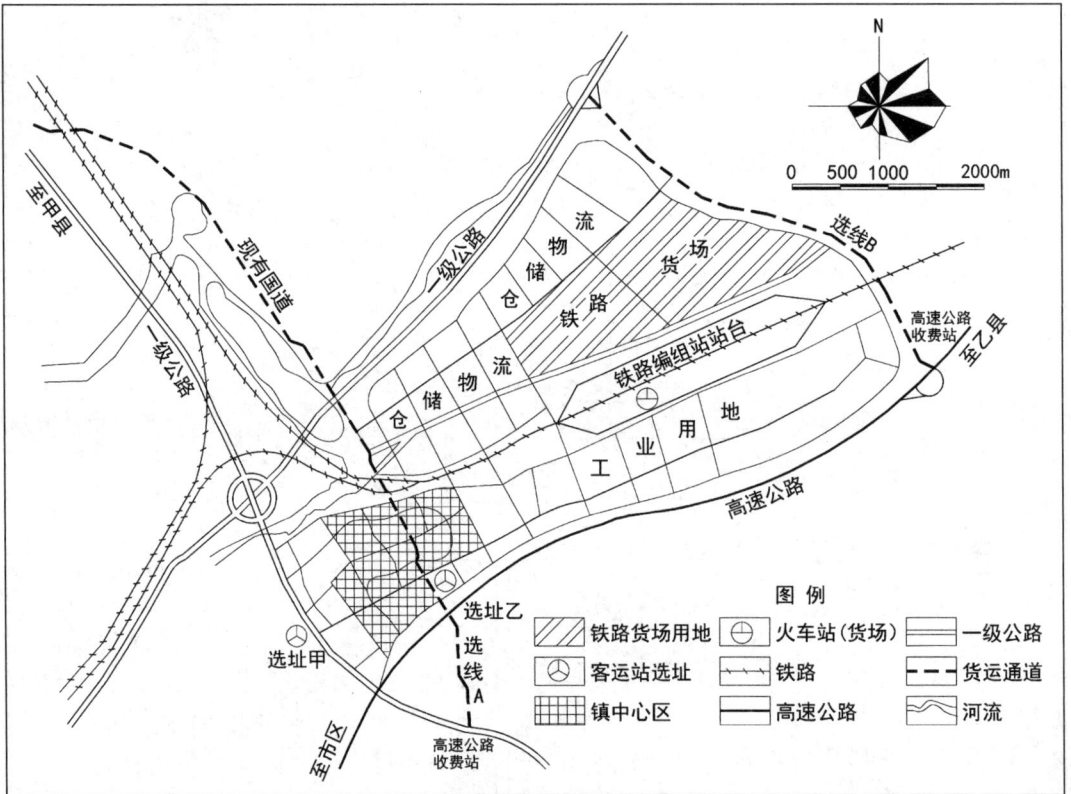

图 2-3-5　镇区用地布局示意图

（六）**2013-06**　试题六（10分）

某市远郊山区乡镇拟选址建设一处现代化的高档宾馆，规划总用地面积约 2.4hm²，总建筑面积约 4.8 万 m²，拟建高度 45m。拟选用地的西、北侧为山丘，东侧为一现状历史文化村庄，南侧为河道和 7m 宽沥青路（图 2-3-6）。

试问：该项目选址存在哪些不当之处？

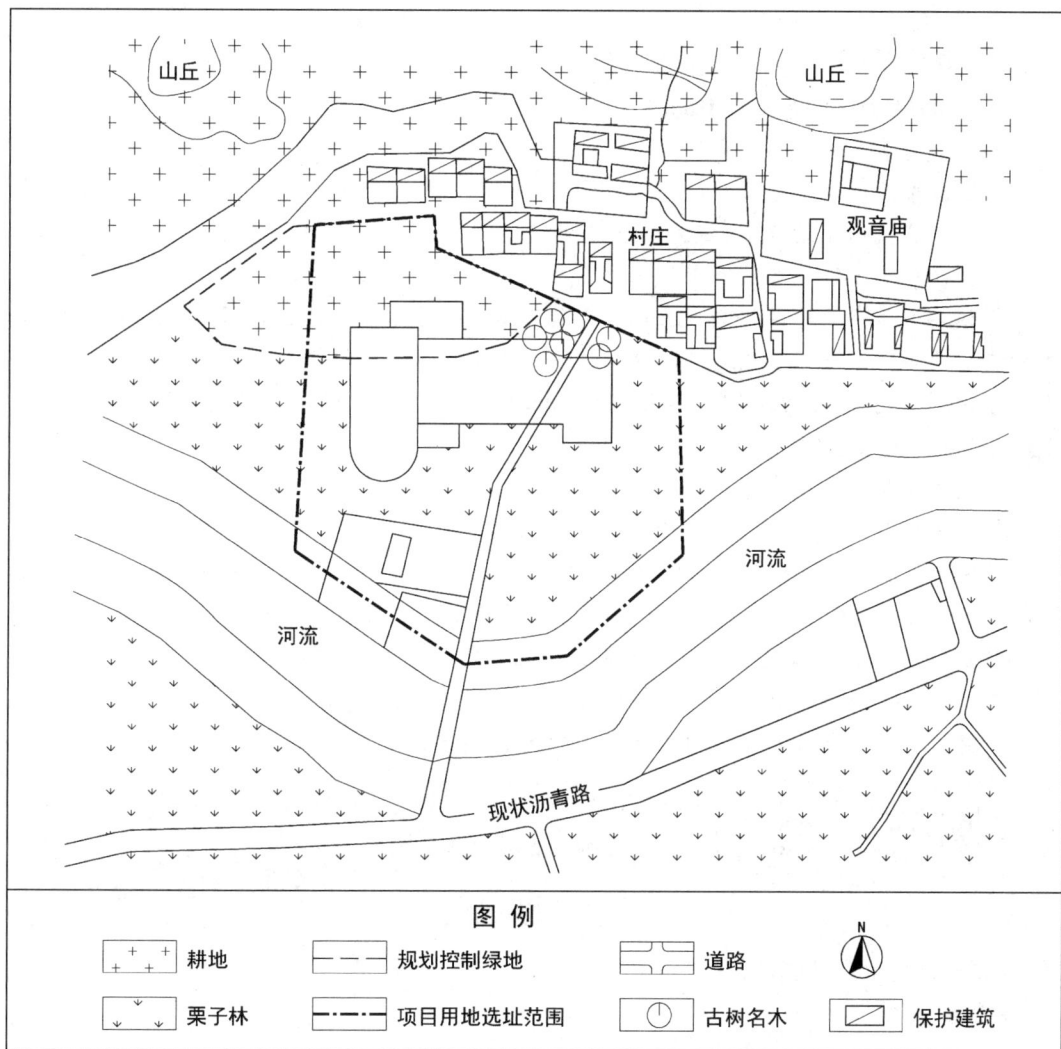

图 2-3-6　拟建宾馆模拟示意图

某建设单位计划建设一处厂房，于 2010 年 2 月向规划局申请办理了《建设用地规划许可证》，并于 4 月开工建设，7 月底竣工验收，并于 8 月初请规划局进行验收，8 月初收到规划局寄来的《行政处罚决定书》，后建设单位不服，9 月初向规划局提请行政复议，规划局不予处理。

试问：双方在程序上和内容上存在什么问题？并说明原因。规划局能否撤销或者收回《行政处罚决定书》？

二、真题解析

（一）2013-01　试题一（15分）

【参考答案】

1. 城镇等级与职能定位

① 规划城镇体系结构不合理，6 个重点镇过多。

2. 人口与城镇化水平预测

② 该县位于西北地区，南、北均为丘陵山地且位于限制发展区，规划 20 年后总人口为 64 万，年平均增长率为 2.3％，增长过快，不符合该县发展情况。

③ 该县规划 20 年后城镇化率由 31％增长到 62％，增长过快，不符合该县发展情况及我国城镇化发展规律。

3. 空间布局

④ 重点镇分布不合理，县域南、北均为丘陵山地且北侧为水源地与生态涵养区，中部为河谷地带且与大城市交通联系便捷，重点镇应结合自然条件及交通区位特征更多地选取在中部。其中，中心城市西侧一般镇位于河谷地带交通要道上，应规划为重点镇。

⑤ 20km² 工业区规模过大，且选址不合理，对外交通联系不便。

⑥ 部分公路穿越山体不合理，应尽量减少建设工程量，沿等高线布置。

⑦ 东北侧一般镇无公路联系不合理，对外交通出行不便。

> 提示：
> 重点镇应分布均衡，但不绝对平均，应综合考虑自然条件、交通区位、城镇发展方向等因素。

（二）2013-02　试题二（15分）

【参考答案】

1. 空间布局

① 规划向南发展不合理，南侧有一级公路和基本农田等限制要素，向南发展空间受限。

2. 用地布局

② 工业面积过大，占比超过 30％，违反《城市用地分类与规划建设用地标准》。

③ 仓储用地布局不合理，该铁路站点为客货两用，物流仓储用地应相对集中在铁路货运站一侧，与工业用地便捷联系。

④ 15hm² 广场用地过大，违反建规〔2004〕29 号文件对城市游憩集会广场规模的有关规定。

⑤ 工业用地、物流仓储用地与城区其他用地之间应设置防护绿地，减少干扰。

3. 基础设施配套

⑥ 城市路网密度较低，铁路两侧用地交通联系不便，铁路客运站布置远离主城区且仅有一条道路相联系，出行不便。

⑦ 污水处理厂位于河流上游，供水厂位于河流下游不合理，应考虑调换选址位置。

提示：

建规〔2004〕29 号文件《关于清理和控制城市建设中脱离实际的宽马路、大广场建设的通知》规定：城市游憩集会广场规模，原则上，小城市和镇不得超过 1hm²，中等城市不得超过 2hm²，大城市不得超过 3hm²，特大城市不得超过 5hm²。

（三）2013-03　试题三（15分）

【参考答案】

方案一：

1. 优点

① 建筑布局与城市道路平行，与周边城市肌理相协调，且住区道路与周边城市道路正交有利于交通组织。

② 配套设施位于住区内部，便于居民使用。

③ 内部空间围合式布局，错落有致，易形成有特色的公共空间体系，并具有较强的归属感。

2. 缺点

① 大量非正南北向布局的住宅建筑难以满足日照采光要求。

② 居住街坊尺度较大，且内部交通难以组织。

方案二：

1. 优点

① 住宅建筑均为正南北向布局，便于日照采光条件的满足。

② 与城市道路形成了若干三角形公共空间，易产生丰富的街道空间场所。

2. 缺点

① 住区内部道路与城市道路斜交，不利于住区对外交通的组织。

② 配套设施布置在不规则地块内部，难以满足面积、规模等用地需求。

（四）2013-04　试题四（15分）

【参考答案】

1. 产业选择方面

① 大力发展第二产业不合理。县城靠近省级风景名胜区，依山傍水、环境优美且建筑风貌独具特色，应大力发展第三产业，适度开发符合条件的第二产业。

② 废旧家电拆解企业环境污染严重，环保成本高，不应引进。

③ 县城现状建筑独具特色，应限制房地产开发，以免破坏城市风貌。

2. 选址管理方面

① A、B、C 企业均不符合以划拨方式提供国有土地使用权的条件，规划部门不应办理《选址意见书》。

② 农副产品加工企业 A 选址不合理。选址位于城区西侧，远离省道，农副产品加工企业应强调对外交通联系，应靠近省道并远离风景名胜区。

③ 废旧家电拆解企业 B 选址不合理。企业污染严重，应远离河道和风景名胜区。

④ 房地产企业 C 选址不合理。选址跨越省道、侵占农田不符合相关要求，应避开省道选址，可适当向北发展。

> **提示：**
>
> 根据《土地管理法》第五十四条，建设单位使用国有土地，应当以出让等有偿使用方式取得，但是下列建设用地，经县级以上人民政府依法批准，可以以划拨方式取得。
>
> ① 国家机关用地和军事用地。
> ② 城市基础设施用地和公益事业用地。
> ③ 国家重点扶持的能源、交通、水利等基础设施用地。
> ④ 法律、行政法规规定的其他用地。

（五）2013-05 试题五（15 分）

【参考答案】

1. 货运通道选线 B 较好。

选线 A

① 优点：利用现有国道，建设成本及实施难度较低。

② 缺点：远离铁路货场，与货场连接不便，货物运输成本增加。

线路穿过镇区，货运交通和镇区交通相互干扰。

与一级公路和高速公路连接距离较远，货物运输不便。（不确定）

选线 B

① 优点：靠近货场便于货物运输。

与一级公路和高速公路直接连接，形成良好的货运通道。

② 缺点：新建公路，初期建设成本及实施难度较大。

2. 公共汽车客运站选址乙较好。

选址甲

① 优点：靠近对外公路，对城区交通干扰较少。

位置相对独立，便于建设。

② 缺点：车站与客流间联系被一级道路分割，对公路交通和人流安全均造成影响。

与镇区（客源密集区）距离较远，乘车不便。

选址乙

① 优点：靠近镇区中心（客源密集区），紧邻城区主干路，乘车方便，车站与客源流联系紧密，服务性好。

② 缺点：对城区用地发展略有干扰。

（六）2013-06 试题六（10分）

【参考答案】

1. 上位规划

① 选址占用耕地、林地，在非建设用地上选址建设，违反相关法律法规规定。

② 选址占用部分规划控制绿线，违反《城市绿线管理办法》中城市绿线内用地不得改作他用的相关要求。

2. 外部环境分析

③ 选址占用进村道路，对村内交通组织造成影响。

④ 选址占用部分古树名木，违反《历史文化名城名镇名村保护条例》中不得改变与其相互依存的自然景观和环境的相关要求。

3. 用地条件分析

⑤ 拟建建筑容积率、建筑高度过大，且建筑形体及风格较为现代，与历史文化名村的传统风貌不相协调。

（七）2013-07 试题七（15分）

【参考答案】

一、建设单位和规划局双方在程序和内容上存在的问题

1. 建设单位方面

① 建设单位未申请办理《建设工程规划许可证》，属于违法建设。

② 应先请规划局进行规划核实再组织竣工验收。未经核实或者经核实不符合规划条件的，建设单位不得组织竣工验收。

③ 申请行政复议的机关不符合规定，对具体行政行为不服的，应向做出该具体行政行为的本级人民政府或上一级主管部门申请复议。

2. 规划局方面

④ 对符合条件但不属于本部门受理复议的申请，应在决定不受理的同时，告知申请人向有关行政复议机关提出申请，规划局不予处理程序不对。

⑤《行政处罚决定书》应按规定送达到违法建设单位或个人并签字，规划局寄送《行

政处罚决定书》不符合程序。

二、规划局可以撤销或收回《行政处罚决定书》

规划局做出《行政处罚决定书》的程序不合法，可以给予撤销或收回，但应该以正式文件撤销该《行政处罚决定书》，并从行政相对人处收回该《行政处罚决定书》。然后重新履行行政处罚告知程序，重新制作并送达《行政处罚决定书》给行政相对人。

> **提示：**
>
> 1.《城乡规划法》第四十条：在城市、镇规划区内进行建筑物、构筑物、道路、管线和其他工程建设的，建设单位或者个人应当向城市、县人民政府城乡规划主管部门或者省、自治区、直辖市人民政府确定的镇人民政府申请办理《建设工程规划许可证》。
>
> 2.《城乡规划法》第四十五条：县级以上地方人民政府城乡规划主管部门按照国务院规定对建设工程是否符合规划条件予以核实。未经核实或者经核实不符合规划条件的，建设单位不得组织竣工验收。
>
> 3.《行政复议法》第十二条：对县级以上地方各级人民政府工作部门的具体行政行为不服的，由申请人选择，可以向该部门的本级人民政府申请行政复议，也可以向上一级主管部门申请行政复议。

第四节 2014年真题与解析

一、真题

(一) 2014-01 试题一（15分）

西部某县属严重干旱缺水地区，县域生态环境脆弱，东北部山区蕴藏有较为丰富的煤矿资源，经济发展水平较低。2013年，县域常住人口30万，呈现负增长态势，城镇化水平38%，辖9个乡镇。规划期为2013～2030年，规划大力发展煤化工业，预测2030年县域常住人口55万，城镇化水平75%，县域形成1个中心城区、5个重点镇、3个一般乡镇组成的城镇体系结构。规划城镇布局、饮用水源保护区、省级风景名胜区、矿产开采及煤化工业区分布如图2-4-1所示。

根据提供的示意图和文字说明，指出该规划存在的主要问题并说明理由。

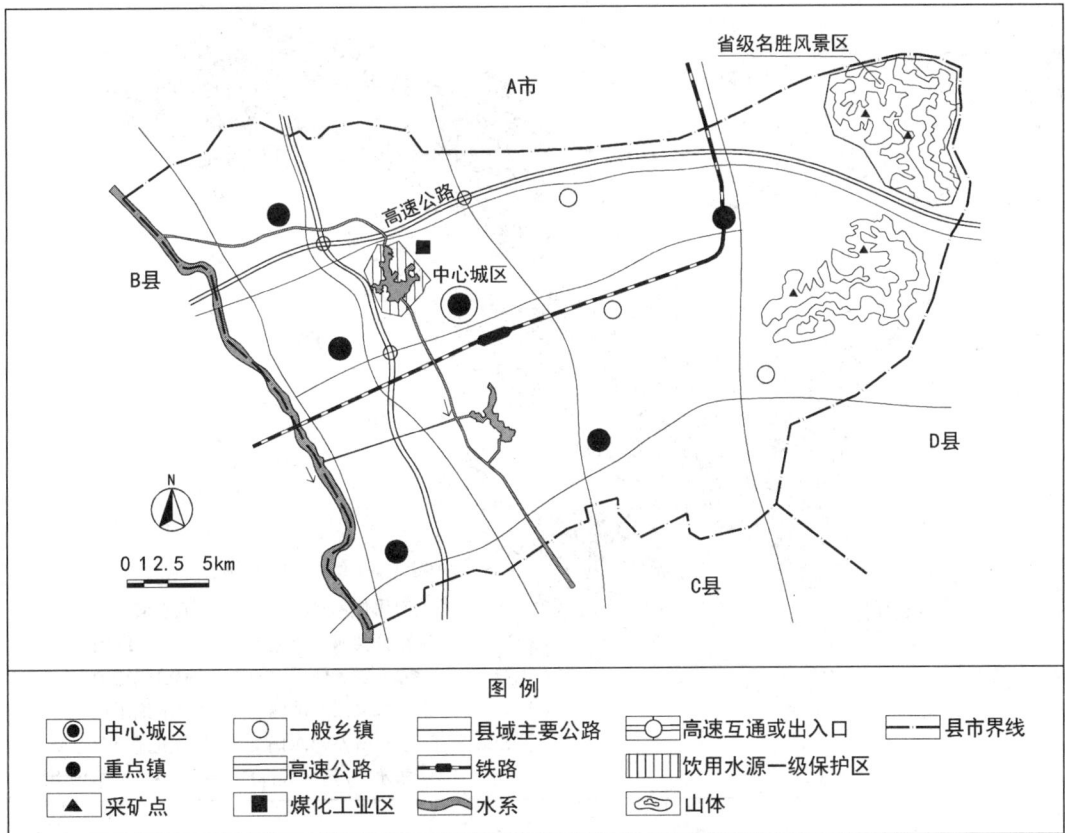

图2-4-1 某县城镇空间布局规划示意图

(二) 2014-02　试题二（15分）

北方某县生态环境良好、资源丰富。高速铁路、高速公路的规划建设，为该县产业升级、发展商贸物流业创造了条件。县城位于县域中部的山间盆地，2012年底，县城常住人口14.7万，城市建设用地15.6km²，人均建设用地106.1m²；经规划预测到2030年人口规模达到25万左右，建设用地为27km²，人均建设用地108m²。县城老城区继续完善传统商贸服务业；在老城区东侧依托高速铁路站规划建设高铁新区及高新技术产业基地；加强西南部已有传统产业园区的升级与更新，规划布局如图2-4-2所示。

请指出该总体规划在城镇规模、规划布局、道路交通等方面存在的主要问题并阐明原因。

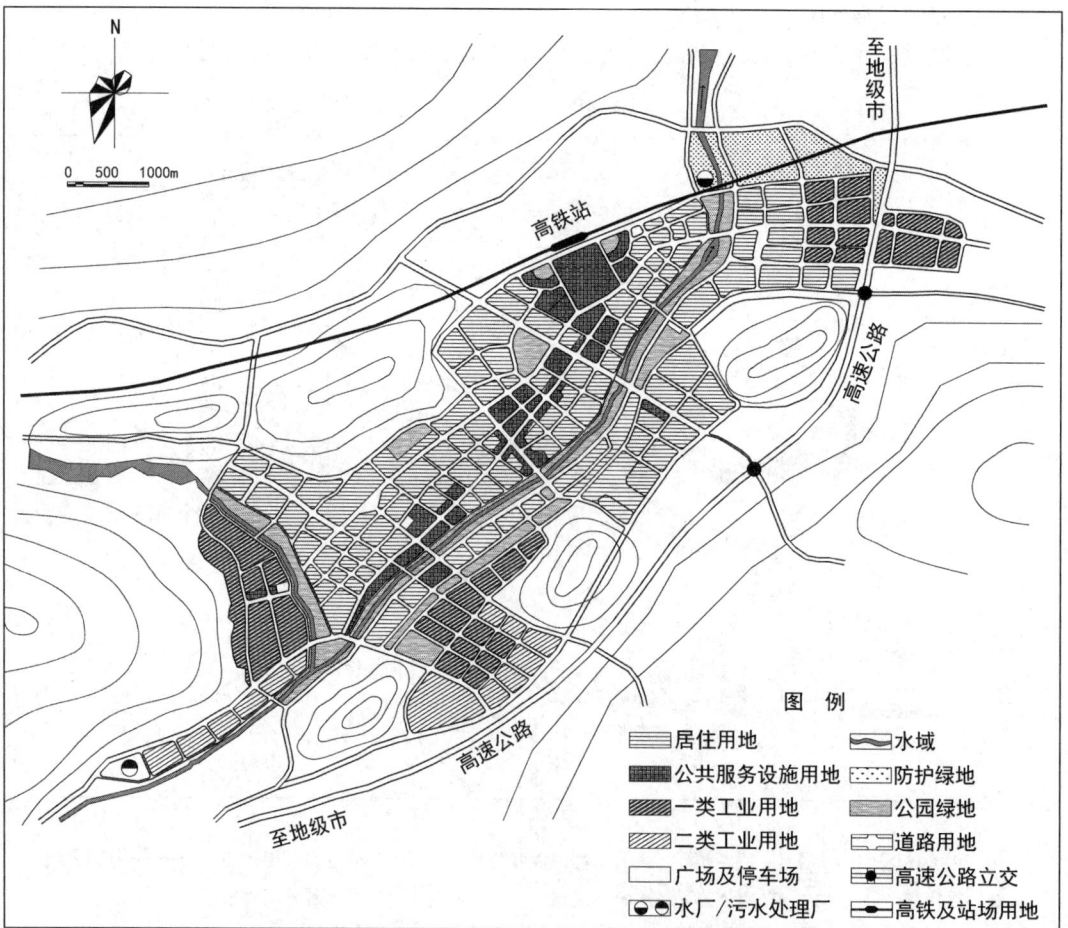

图2-4-2　某县总体规划示意图（2013～2030年）

图 2-4-3 所示为中国北方某城市一个居住小区规划，基地面积含代征道路用地共计 15hm² 。用地西侧为主干路，北侧为次干路，南侧和东侧为支路，用地内为高层住宅。沿东侧支路设置商业配套设施，另设片区中心小学一所和全日制幼儿园一所，市政设施齐全。地段内还有一处省级文物保护单位。居住小区采用地下停车，车位符合相关规范。地段规划建筑限高 45m，当地住宅日照间距系数约为 1.3，规划住宅层高 2.95m，层数如图 2-4-3 所示。

试分析该方案存在的主要问题及其理由。

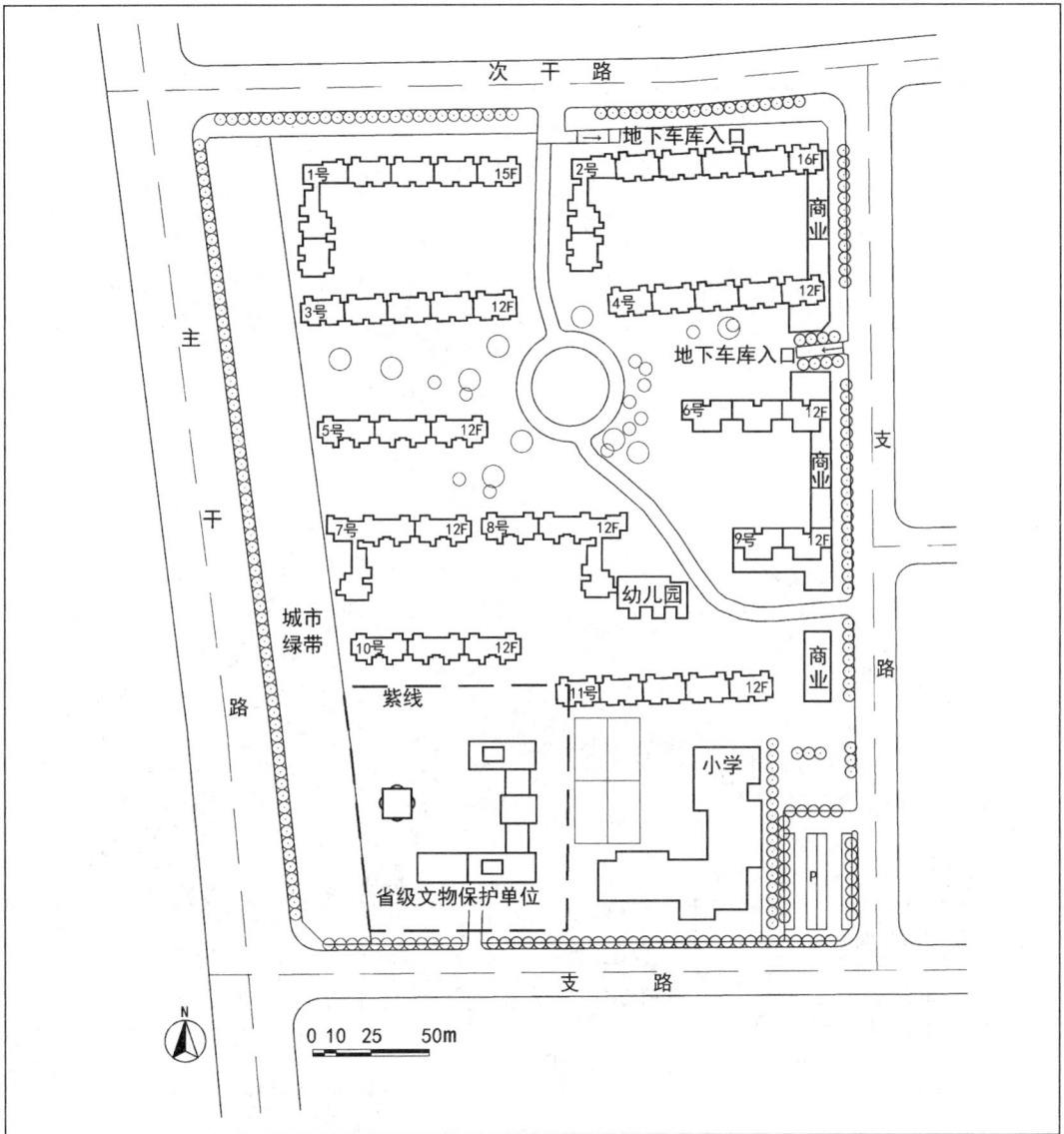

图 2-4-3 某城市居住小区规划示意图

某建制镇地理位置优越，对外交通便利，距省城 80km、县城 50km、邻市 20km。镇域现状人口 2.8 万，镇区人口 1.5 万。规划到 2030 年，镇域人口达 3.5 万，镇区人口 2.3 万。该镇有一个四级公路客运站（如图 2-4-4 所示站址 A），目前日输送旅客量 500 人次，占地 0.5hm²，位于老镇区中心位置，周围为商业用地，再外围是居住用地。公路穿过镇区，公路局拟将现状公路客运站搬迁新建。其理由是该公路客运站规模偏紧、秩序混乱、影响镇的形象。预测到 2030 年发送旅客 1000 人次左右。拟建新站如图 2-4-4 所示站址 B，客运站仍为四级站，占地 1.5hm²。

试问：分析该公路客运站主要旅客流向。该公路客运站搬迁新建理由是否充分，拟建新站有什么主要问题？

图 2-4-4 某镇公路客运站选址示意图

（五）**2014-05** 试题五（15分）

某房企经土地拍卖取得一块约60hm²的居住用地的土地使用权，办理了相关规划许可，但搁置了3年未动工建设。市政府决定依法收回该幅土地并采纳市人大代表建议，为改善城市生态环境和招商引资条件，适当增加绿地和商业用地，重新入市，尽快实施建设。

为落实市政府要求，市城乡规划部门应依法履行哪些工作程序？

（六）**2014-06** 试题六（15分）

某大城市在城市中心区外围规划有一处独立建设组团，主要功能为居住和公共服务，可容纳居住人口约4万。组团整体地势北高南低，南临城市主要行洪河道，北倚山地林区，有东西方向的轻轨和干路与东部城市中心区联系，有三条南北向干路向北通往山地林区，其中，中间的南北向干路是通往市级风景区的主要通道。

根据市卫生主管部门的要求，为完善城市中心区现状综合医疗中心的功能，在该组团选址建设一处综合医疗中心分院，服务人口约6万，设置标准按40床/万人，用地规模按115m²/床。

医院建设单位提出如下选址方案：拟建综合医疗中心分院占地约5hm²，将原规划居住、绿化用地调整为医疗卫生用地，保留地块内行洪河道要求，具体位置如图2-4-5所示。

试分析该选址方案不合理之处。

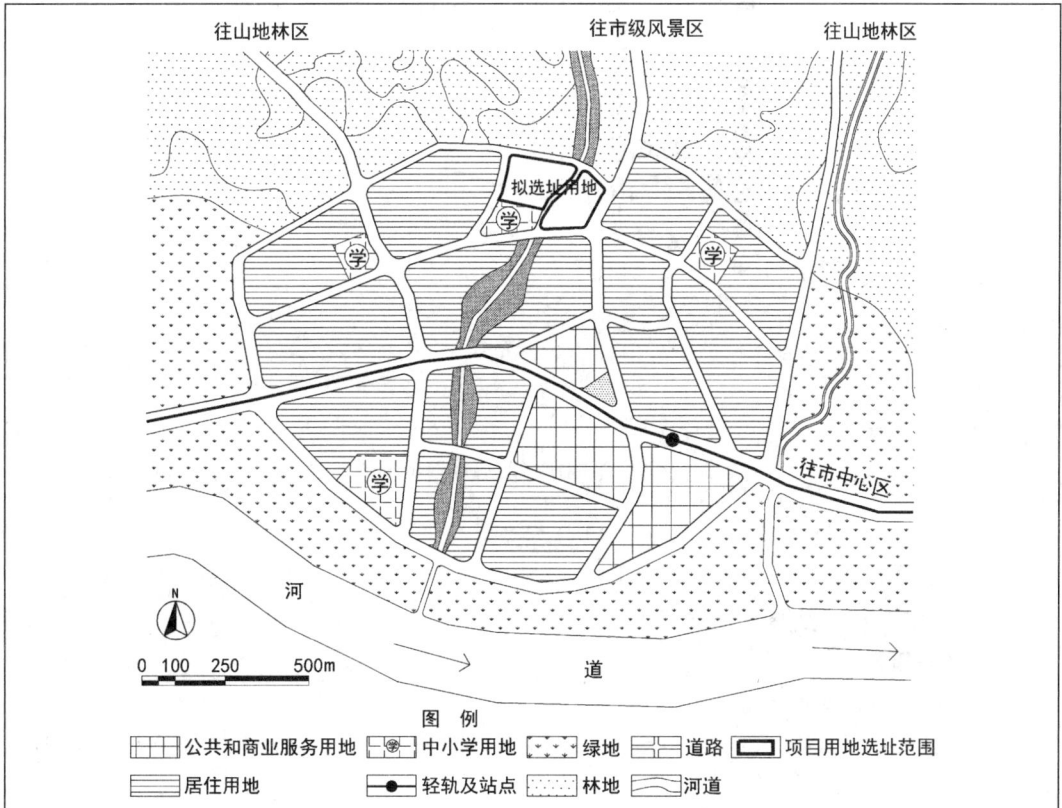

图 2-4-5 拟建医疗设施选址示意图

某国家历史文化名城的市政府决定进行棚户区改造，棚改区西临历史文化保护街区，北侧与已经建成入住的 6 层楼居住小区相邻（图 2-4-6）。市城乡规划部门依法确定了规划建设四栋商住楼的规划条件，某建设单位通过土地招拍挂取得了棚改区的土地使用权，并进行了开发建设。市城乡规划部门在竣工时发现，四栋楼都突破了市城乡规划主管部门批准的方案，存在层高增加 50cm 的现象，致使每栋楼增高了 3m。

该建设单位违反了哪些法规和规定，对该建设单位和这四栋楼应如何依法提出处理方案？

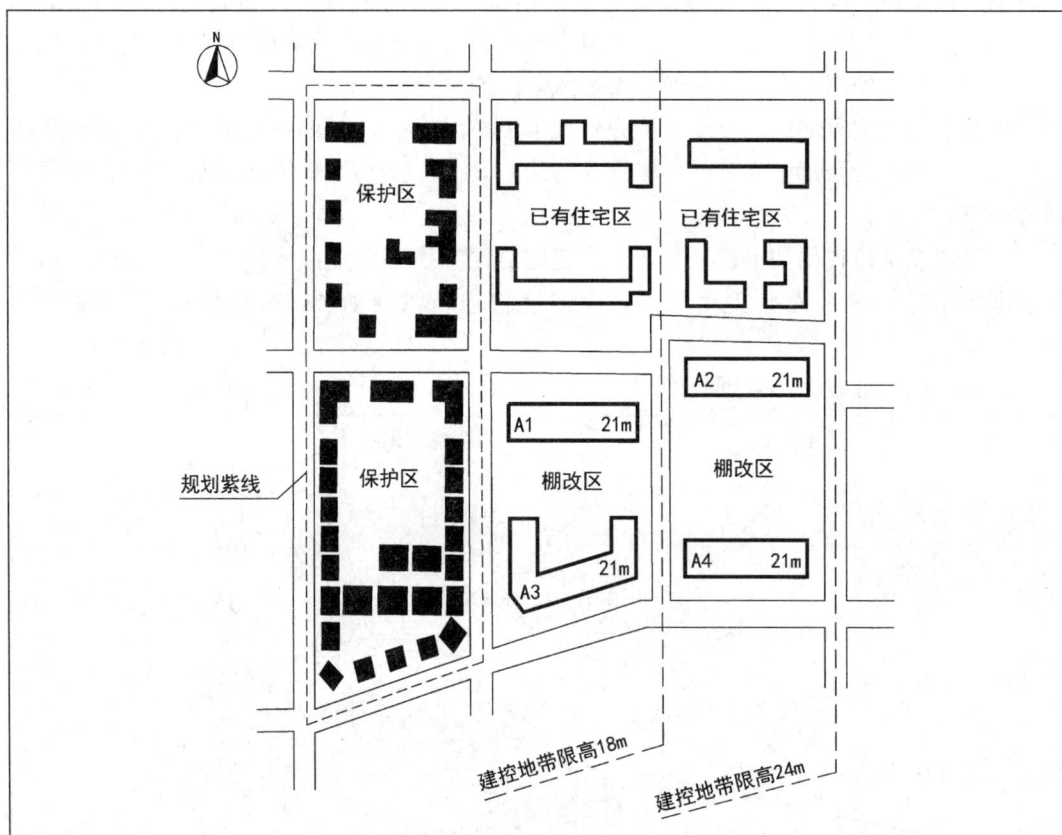

图 2-4-6 某棚户区改造规划示意图

二、真题解析

（一）**2014-01** 试题一（15 分）

【参考答案】

1. 城镇等级与职能定位

① 该县属于严重缺水地区，生态环境脆弱，不应规划大力发展耗水量极大的煤化工业。

② 规划的县域城镇体系结构不合理，5 个重点镇过多。

2. 人口与城镇化水平预测

③ 该县经济发展水平较低，人口呈负增长态势，规划县域常住人口 2030 年 55 万，年平均增长率为 3.6%，人口增长过快，不符合该县现状实际发展情况。

④ 根据该县的自然、社会与经济环境现状，规划 2030 年城镇化水平 75%过高，不符合我国城镇化发展规律。

3. 空间布局

⑤ 煤化工业区位于饮用水源一级保护区上游，且远离采矿点及铁路站点，既存在污染水源的风险，也不能很好地结合原材料产地和利用铁路运输优势。

⑥ 高速公路无专用的入城道路与中心城区联系，且没有在省级风景名胜区和西南部重点镇附近设置出入口。

⑦ 铁路线路穿越东部重点镇，对重点镇的内部空间联系造成分隔。

⑧ 铁路站点选址不合理，如设置铁路客运站，应布置在中心城区边缘，不应被县域主要公路分隔；如设置铁路货运站，应结合需要重大件货物运输的煤化工区和采矿点布置。

⑨ 县域主要公路网结构不合理，中心城区仅有一条东西向的主要公路对外联系，而一般乡镇之间无主要公路联系，对外交通联系不便。

4. 资源利用与环境保护

⑩ 在省级风景名胜区内设置采矿点，违反《风景名胜区条例》。

> 提示：
> 《风景名胜区条例》第二十六条：在风景名胜区内<u>禁止</u>进行下列活动：开山、采石、<u>开矿</u>、开荒、修坟立碑等破坏景观、植被和地形地貌的活动。

（二）**2014-02** 试题二（15分）

【参考答案】

1. 城镇规模

① 县城 2012 年常住人口 14.7 万，规划 2030 年 25 万，年平均增长率为 3%，人口规模预测偏高。

② 2012 年人均建设用地 106.1m²，规划允许调整幅度为负值，即规划指标只能减少，而 2030 年规划为 108m² 不合理，不符合《城市用地分类与规划建设用地标准》的规定。

③ 县城位于山间盆地，其空间本底特征决定其城镇建设承载规模，规划建设用地偏大，未集约用地发展。

2. 规划布局

④ 依托高速铁路站规划建设高新技术产业基地不合理：

（a）两者无直接联系。

（b）县城无高新技术产业依托的强大科研实力，如大学园区和科研机构等。

（c）高速铁路站周边的公共服务设施用地与高新技术产业用地类型不符。

⑤ 东北部一类工业用地跨越高速公路布置，交通联系不便。

⑥ 西南部二类工业用地位于上风上水位置，且县城位于山间盆地，静风频率往往很高，容易造成有害气体和污染物排放对县城和水资源的危害。

⑦ 规划广场公园与停车场用地布局不均衡，东北部与西南部缺少广场公园与停车场用地，且部分设置在建设用地边缘，交通可达性较差。

⑧ 县城规划大量工业用地，却未规划与其配套的物流仓储用地。

⑨ 污水处理厂位于河流上游，供水厂位于河流下游不合理，可考虑调换选址位置。

3. 道路交通

⑩ 东南部城市道路翻越山体，增加施工难度，应适当改变道路线形绕开山体。

⑪ 高速公路出入口距离过近，且与高速公路衔接的城市道路等级较低，不符合《城市对外交通规划规范》GB 50925—2013 的规定。

⑫ 西南部 Ⅰ 类工业用地路网密度偏低，不便于货物运输。

> **提示：**
>
> 1. 《城市对外交通规划规范》GB 50925—2013 中 7.4.1：干线公路应与城市主干路及以上等级的道路衔接。
>
> 2. 规划人均城市建设用地面积指标，查看《城市用地分类与规划建设用地标准》GB 50137—2011 中表 4.2.1：现状人均城市建设用地面积指标在 105.1~115m²，规划人口规模 20 万~50 万，允许调整幅度为负值。

（三）2014-03 试题三（15分）

【参考答案】

1. 经济技术指标

① 2 号楼 16 层，建筑高度为 47.2m，超过地段规划建设限高 45m。

2. 总体布局

② 11 号楼侵占省级文物保护单位和紫线，违反《文物保护法》和《城市紫线管理办法》。

3. 建筑布局

③ 1 号、2 号、7 号楼东西向布局不利于北方气候冬季采光，且 1 号、7 号东西向住宅、5 号楼与南侧建筑距离太近，不符合当地日照间距要求。

④ 2 号、4 号和东侧商业建筑围合总建筑长度超过 220m，未设置穿过建筑物的消防车道或环形消防车道，不符合灭火救援设施要求。

⑤ 7 号和 8 号、1 号和 3 号楼之间建筑间距小于 13m，不满足防火间距要求。

4. 交通组织

⑥ 居住区内路网密度过小，缺少居住街坊附属道路，且不满足消防车道要求；居住街坊人行出入口间距不宜超过 200m。

⑦ 东侧居住区出入口与支路交叉口距离太近，不满足机动车出入口控制要求。

⑧ 东侧地下车库出入口直接连接城市支路，其缓冲段长度不足 7.5m，不满足标准要求。

⑨ 社会停车场面积计算约 1500m²，可停超过 50 辆车，应设置 2 个出入口。

5. 配套设施

⑩ 幼儿园不应与居住建筑合建，应独立设置；幼儿园被南侧 11 号楼遮挡，不满足日照间距要求；还应设室外活动场地。

⑪ 小学校园应设置 2 个出入口，应设 200m 环形跑道和 60m 直跑道，教室的外窗与室外运动场地边缘间的距离不应小于 25m，东西向教学建筑不满足日照要求。

⑫ 该小区属于 5 分钟生活圈居住区等级，宜集中布置社区综合服务中心。

6. 居住环境

⑬ 居住区公园未设置体育活动场地，居住街坊内缺少集中绿地和宅旁绿地。

提示：

1.《建筑设计防火规范》GB 50016—2014（2018 年版）中 7.1.1：当建筑物沿街道部分的长度大于 150m 或总长度大于 220m 时，应设置穿过建筑物的消防车道，确有困难时应设置环形消防车道。

2.《民用建筑设计统一标准》GB 50352—2019 中 5.2.4：建筑基地内地下机动车车库出入口与连接道路间宜设置缓冲段，缓冲段应从车库出入口坡道起坡点算起，当出入口直接连接基地外城市道路时，其缓冲段长度不宜小于 7.5m。

（四）2014-04 试题四（15 分）

【参考答案】

1. 该公路客运站旅客主要客流方向为邻市。

① 出行距离最近，该镇距离邻市仅 20km，距离县城和省城分别为 50km 和 80km。

② 现状出行速度最快和单程时耗最短，该镇与邻市有高速公路直接连通，去往县城和省城只有公路连接。

③ 除公务出行需要去往县城和省城外，客流量规模更大的通勤出行和生活出行均可在邻市解决。

④ 未来去往县城有规划的市郊铁路分散客流。

2. 公路客运站搬迁理由不充分。

① 秩序混乱，影响镇的形象的理由不充分，可通过提升客运站内部与周边交通组织，以及建筑外立面整治的措施来改善。

② 客运站原址位于镇中心区边缘，邻近规划的市郊铁路站点，对外交通联系便捷，镇内交通可达性较好。

③ 用地规模偏紧的理由不成立。预测到 2020 年日发送旅客 1000 人次左右，应为三级车站（依照《汽车客运站级别划分和建设要求》JT/T 200—2004，仍为四级车站），客运站现状占地 0.5hm²，仍满足未来发展需求。

3. 拟建新站问题。

① 拟建新站选址远离镇中心区，可达性较差。

② 拟建新站用地面积远超三级车站（依照《汽车客运站级别划分和建设要求》JT/T 200—2004，为四级车站）规模，不节约集约用地。

③ 拟建新站邻近工业用地，易造成客运与货运交通组织混乱。

提示：

考试时按照旧规范作答，之后再考虑到应依照新规范作答。

《汽车客运站级别划分和建设要求》JT/T 200—2020：日发量在 300 人次及以上，不足 2000 人次的车站为三级车站。

（五）2014-05　试题五（15 分）

【参考答案】

1. 房企搁置 3 年未动工建设，市政府可以无偿收回土地使用权。

2. 自然资源主管部门（原城乡规划主管部门）公告撤销并收回相关规划许可及其附件。

3. 居住用地增加绿地和商业用地，需依法修改该地块的控制性详细规划。

① 组织编制机关应当对修改的必要性进行论证，征求规划地段内利害关系人的意见，并向原审批机关提出专题报告，经原审批机关同意后方可编制修改方案。

② 如涉及城市总体规划的强制性内容的，应当先修改总体规划。

③ 城乡规划组织编制机关应当委托具有相应资质等级的单位承担城乡规划的具体编制工作。

④ 城乡规划报送审批前，组织编制机关应当依法将城乡规划草案予以公告，并采取论证会、听证会或者其他方式征求专家和公众的意见，公告的时间不得少于三十日。

⑤ 组织编制机关应当充分考虑专家和公众的意见，并在报送审批的材料中附具意见采纳情况及理由。

⑥ 修改后的控制性详细规划，经本级人民政府批准后，报本级人民代表大会常务委员会和上一级人民政府备案。

4. 自然资源主管部门（原城乡规划主管部门）应当依据控制性详细规划，提出出让地块的规划条件，作为国有建设用地使用权出让合同（国有土地使用权出让合同）的组成部分，并将该地块重新入市。

提示：

《城市房地产管理法》（2019 年修正）第二十六条：以出让方式取得土地使用权进行房地产开发的，必须按照土地使用权出让合同约定的土地用途、动工开发期限开发土地。超过出让合同约定的动工开发日期满一年未动工开发的，可以征收相当于土地使用权出让金百分之二十以下的土地闲置费；满二年未动工开发的，可以无偿收回土地使用权；但是，因不可抗力或者政府、政府有关部门的行为或者动工开发必需的前期工作造成动工开发迟延的除外。

（六）2014-06　试题六（15 分）

【参考答案】

1. 上位规划

① 选址未经审批将原规划居住、绿化调整为医疗卫生用地，不符合法定规划要求。

② 选址占地面积约 5hm²，严重超过设置标准所需用地面积 2.76hm²（6×40×115＝2.76hm²），选址占地面积过大。

2. 外部环境分析

③ 选址不应邻近少年儿童活动密集的中小学用地，两者长期为邻对师生健康会造成不利影响。

④ 选址邻近通往市级风景名胜区干路，会受到干路对医院的大气与噪声干扰。

⑤ 分院需满足该组团及部分中心区居住人口就医需求，应考虑中心区就医人群的公共交通可达性，宜靠近轻轨站点设置。

⑥ 选址位于组团边缘，组团内交通可达性较差。

⑦ 综合医疗中心分院属于城市重要公共服务设施和应急保障基础设施，应优先考虑城市防洪安全性较高的区域，不应选址在防灾适宜性差的行洪河道穿越的地块。

3. 用地条件分析

⑧ 选址地块被行洪河道分割，地形不够规整，不适宜医院的功能布局，并增加建造成本。

> 提示：
>
> 1.《中小学校设计规范》GB 50099—2011 中 4.1.3：殡仪馆、医院的太平间、传染病院是病源可能集中之处，长期为邻，对师生健康会造成威胁。
>
> 2. 根据《综合医院建筑设计规范》GB 51039—2014 中 4.1.2：综合医院基地选择地形宜力求规整，适宜医院功能布局；环境宜安静，应远离污染源；不应邻近少年儿童活动密集场所。

(七) 2014-07 试题七（15分）

【参考答案】

1. 该建设单位违反的法规和规定。

① 4 栋商住楼都突破了市城乡规划部门批准的方案，违反《城乡规划法》。

② A1 和 A3 两栋楼突破建控地带限高要求，违反《历史文化名城名镇名村保护条例》和《城市紫线管理办法》。

③ A2 突破城乡规划部门批准的方案，增高了 3m，极大可能妨碍北侧已有住宅的通风、采光和日照，违反《民法典》。

2. 处理方案。

依照《城乡规划法》和《关于规范城乡规划行政处罚裁量权的指导意见》，4 栋楼未按照建设工程规划许可证的规定进行建设。

① 如尚可采取改正措施消除对规划实施的影响，处理方案如下。

（a）市自然资源主管部门（原城乡规划主管部门）责令建设单位停止建设。

（b）A1 和 A3：建筑高度 21m；超过建控地带限高 18m 的要求，突破了市城乡规划部门批准的方案，责令建设单位限期改正，拆除违法超高建设部分（将建筑高度降低到 18m 以下），处建设工程造价 5%～10% 的罚款。

（c）A2：突破了市城乡规划部门批准的方案，责令建设单位限期改正，组织听证会，征求北侧已有住宅利害关系人意见，处建设工程造价 5%～10% 的罚款。

（d）A4：突破了市城乡规划部门批准的方案，责令建设单位限期改正，处建设工程造价 5%～10% 的罚款。

② 如无法采取改正措施消除影响的，处理方案如下。

市自然资源主管部门（原城乡规划主管部门）责令建设单位停止建设；限期拆除，不能拆除的，没收实物或者违法收入，可以并处建设工程造价10%以下的罚款。

> **提示：**
>
> 考试时依照《物权法》，现在《物权法》失效，需依照《民法典》作答。
>
> 《民法典》第二百九十三条：建造建筑物，不得违反国家有关工程建设标准，妨碍相邻建筑物的通风、采光和日照。

第五节 2017 年真题与解析

一、真题

（一）2017-01 试题一（15分）

北方发达地区某县，地处平原，交通便利，南部与一特大城市接壤，县城西北部蕴藏有高品质、丰富的地热源。新编制的城市总体规划方案提出，2030 年县城总人口 65 万，其中县城城镇人口 30 万，建设用地 36km²，另外保留原有新兴产业示范区、物流产业园区、食品加工产业园区；在城镇建设用地以外新增北部、中部、南部 3 个产业园区，位置如图 2-5-1 所示，同时，为满足市场的需求，在县城西北部利用温泉资源规划 1 处温泉别墅区。

该规划在上述几个方面存在问题，并说明主要理由。

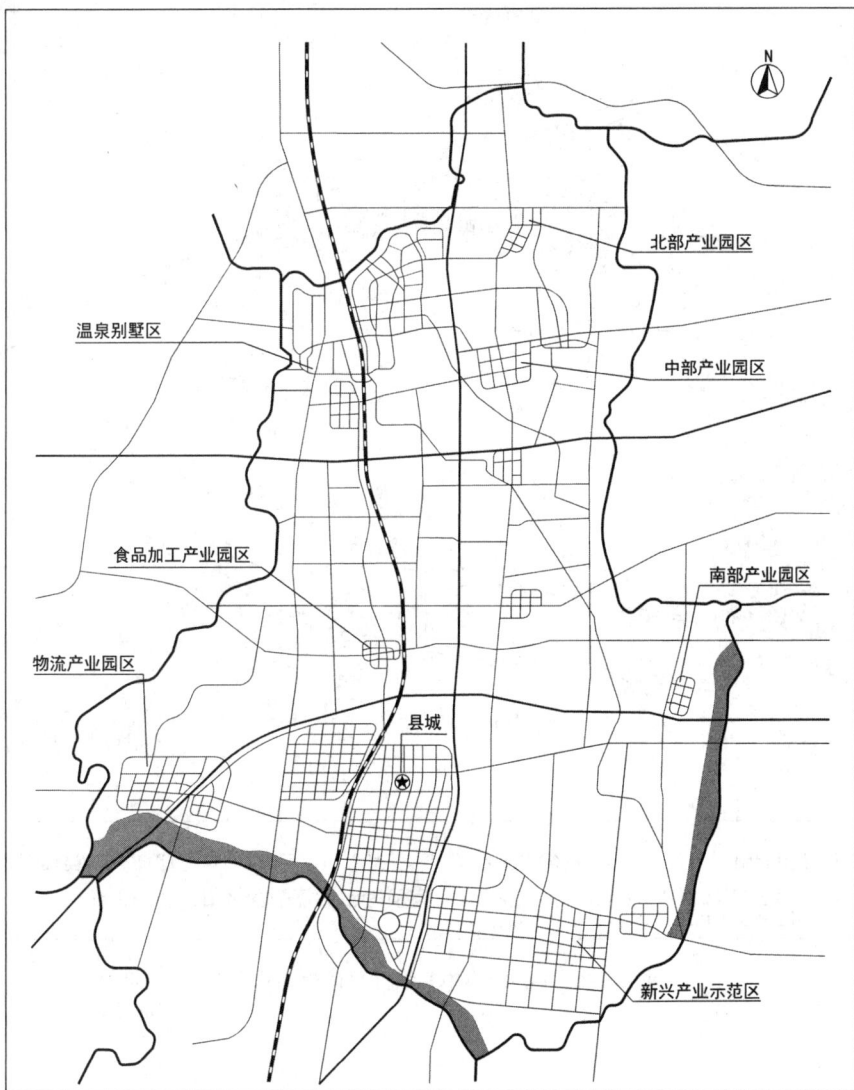

图 2-5-1　某县县域产业园区规划示意图

（二） 2017-02 试题二（15分）

图 2-5-2 所示为某县级市中心城区总体规划示意图，2030 年规划城市人口 21 万，城市建设用地为 22km²，其中居住用地占城市建设用地的 45%。该市具有丰富的农业、林业资源，对外交通便捷，有河流绕城区流过，北部为山地林区，南部为基本农田，西部为荒地。

中心城区总体布局拟向西大力发展工业仓储，向南跨越国道建设现代居住新区。

试指出该中心城区总体规划方案的主要不合理之处，并简述理由及依据。

图 2-5-2 某县级市中心城区总体规划示意图

（三）2017-03　试题三（15分）

图 2-5-3 所示为北方城市一老居住小区改造方案，总体规划面积 25hm²，主要规划条件及方案布局如下。

1. 地段南侧和东、西两侧为城市次干路，地段北侧为城市支路。

2. 依据项目策划建议，小区中心保留 4 栋 18 层塔式住宅，其他居住组团可适当采取围合式布局。

3. 小区北侧中部布置有幼儿园和文化活动中心，西南角布置小学，东南角是为小区及周边地区服务的商业综合体，在其北侧和东侧设置地下车库出入口。

4. 小区设置地下车库，停车位数量符合规划配置标准。

试分析该方案存在的主要问题及理由。

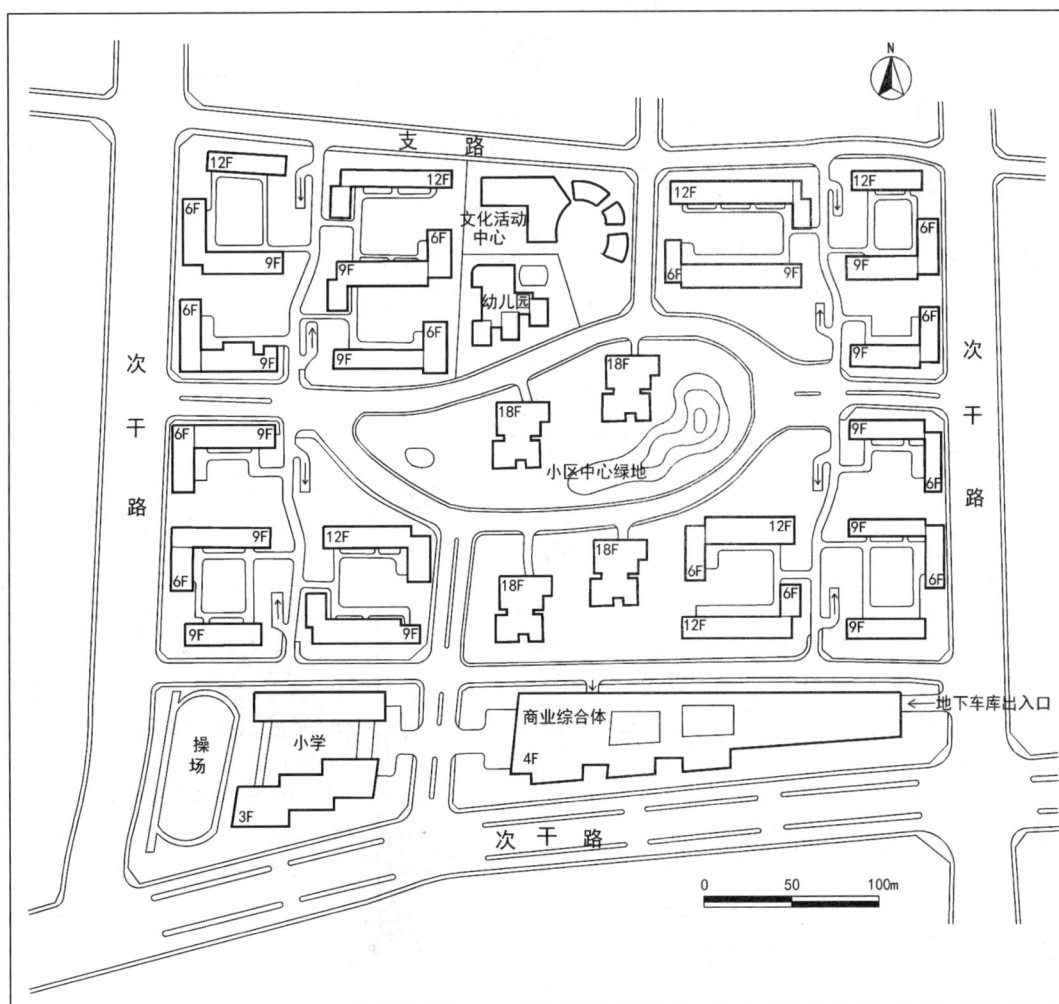

图 2-5-3　居住小区改造规划方案示意图

A市三面环山，是某大城市主城区周边的县级市，有一条干路与大城市主城区直接连接，南、北分别有公路向西联系山区和乡镇，紧邻A市东侧有大城市主城区的绕城高速公路，规划一条从大城市主城区进入A市的轨道交通客运线，贯穿A市城区南北，现要结合轨道交通站点，选址一处A市的客运交通枢纽（图2-5-4）。

试问：1. 请简述A市城市道路与对外交通衔接中存在的主要问题。

2. 请在甲、乙、丙三个位置中确定最佳的客运交通枢纽的选址，并说明理由。

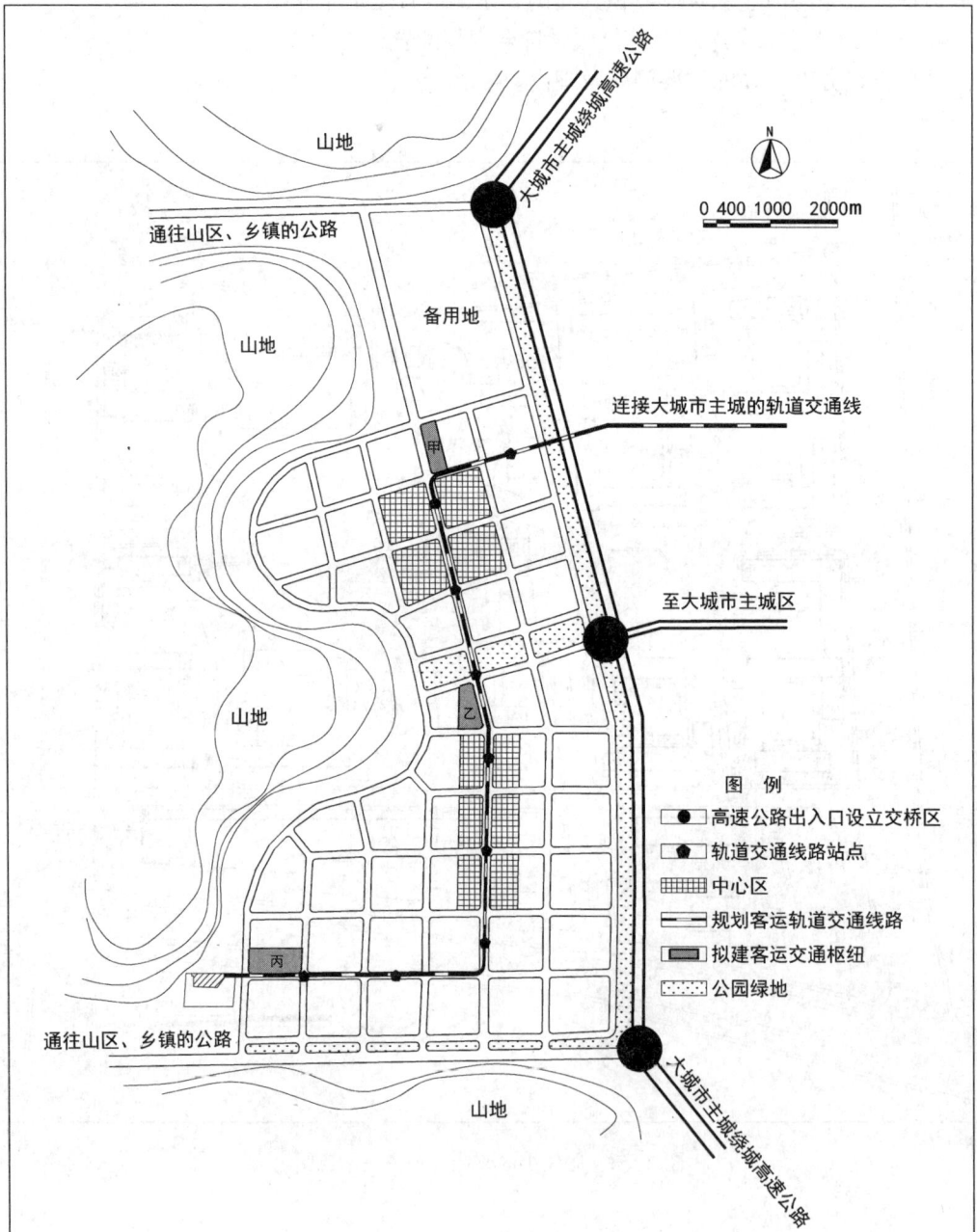

图2-5-4　A市道路交通规划示意图

（五） 2017-05　试题五（15分）

某国家历史文化名镇开展镇区环境综合整治，拟在符合已批准的历史文化名镇保护规划的前提下，在核心区内拆除部分危房（非历史建筑）；同时，新增必要的小型公益性服务设施，改善基础设施条件。

该环境整治项目的主要规划程序有哪些，哪些事须由规划部门会同文物部门办理或征求文物部门意见？

（六） 2017-06　试题六（15分）

某市政府拟出资与某所辖百年名校在校内共建一处兼具城市功能的5000座体育馆，该校位于城市中心区，校区东、南两侧为城市湖泊及支路，其北侧紧邻城市主干路，西侧为城市次干路。该校用地布局分明，北部为教学区、南部为生活区，其校区东部环境良好，大部分建筑为国家和地方级文保单位及优秀历史建筑，已被该市公布为历史风貌保护区。校区西部为20世纪70年代后所拓展区域，该校现为新建体育馆提出了三处选址方案（图2-5-5）。

请就三处选址方案逐一进行优缺点分析，并选一处为推荐选址。

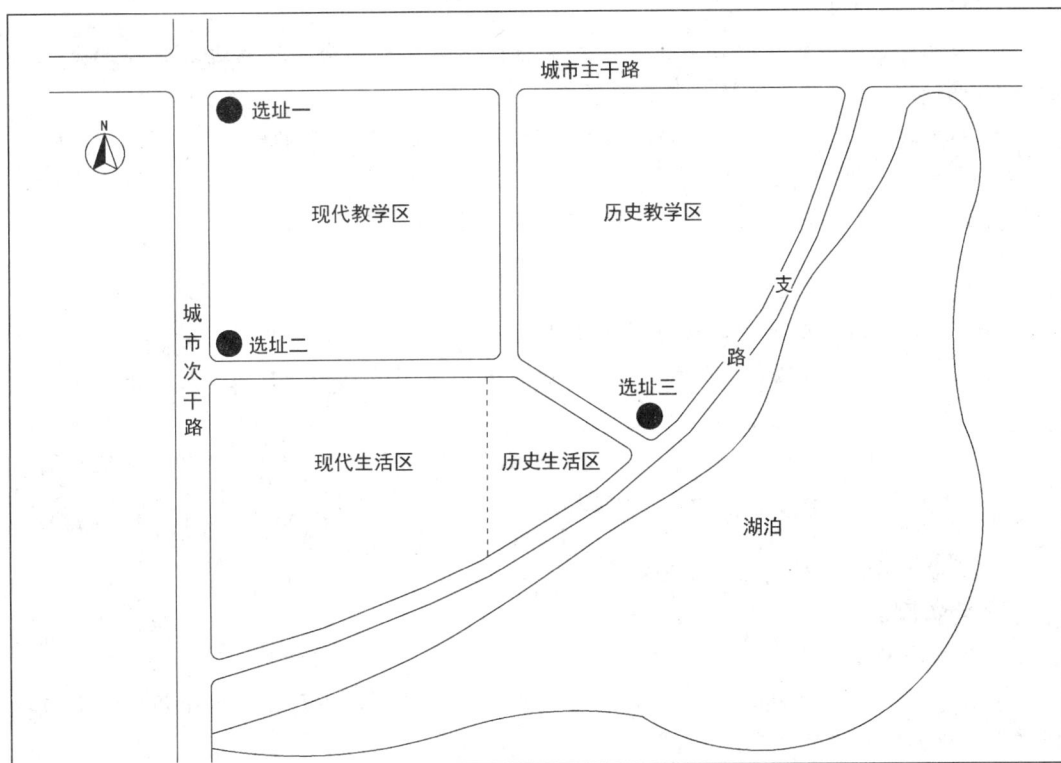

图2-5-5　体育馆选址方案示意图

（七） 2017-07　试题七（15分）

某县一设计单位在向有关部门申请办理丙级城乡规划编制单位资质期间，与该县政府所在地的镇人民政府洽谈签订了编制该镇控制性详细规划的合同。不久向县人民政府城乡规划主管部门提交了该镇的控制性详细规划方案。

上述情况是否违法？说明理由，应如何处理？

二、真题解析

（一）2017-01　试题一（15分）

【参考答案】

1. 城市规模

① 规划到2030年城镇化率46%不合理（100%×30万人/65万人＝46%），不符合该县地处发达地区，且南部与一特大城市接壤的实际情况。

② 规划人均建设用地面积为120m²（36km²/30万人＝120m²/人），超过115m²上限，违反《城市用地分类与规划建设用地标准》GB 50137—2011的规定。

2. 空间布局

③ 新增3个产业园区位于建设用地外，违反《城乡规划法》第三十条规定。

④ 各产业园区均在县城外独立设置，通勤出行距离较远，不利于促进产城融合、职住平衡。

⑤ 中部与北部产业园区规划布局过于分散，且远离南部特大城市，也不利于该县承接特大城市产业外溢。

⑥ 物流产业园区独立设置不合理，且未与铁路运输相结合，应靠近其服务的产业园区布置，并应结合铁路货运场站与公路布置。

⑦ 县域西北部规划温泉别墅区，违反国家禁止建设别墅项目的规定。

⑧ 县城与各产业园区之间联系道路等级低、线路少，尤其是物流产业园区、新兴产业示范区与县城仅有一条道路连通，难以负荷日常钟摆通勤交通流量。

> 提示：
>
> 1. 根据《城市用地分类与规划建设用地标准》GB 50137—2011中表4.2.1：除特殊地区，如边远地区、少数民族地区城市（镇）等，人均城市建设用地面积上限不得大于115m²。
>
> 2.《城乡规划法》第三十条：在城市总体规划、镇总体规划确定的建设用地范围以外，不得设立各类开发区和城市新区。

（二）2017-02　试题二（15分）

【参考答案】

1. 用地布局

① 居住用地占城市建设用地的45%，超过25%～40%，不符合《城市用地分类与规划建设用地标准》中的规定。

② 规划人均居住用地面积为47m²（22km²×45%/21万人＝47m²/人），远超《城市用地分类与规划建设用地标准》的强制性条文规定。

③ 西侧的工业和仓储组团与城市中心区的联系道路仅有一条，且用地布局功能单一，容易造成职住分离与钟摆式交通问题。

④ 河流东侧工业用地与居住用地间未设置卫生防护带/防护绿地，易对周边居住环境造成污染。

⑤ 在连接客货运站和高速公路出入口的南北向主干路、连接城市中心区与西侧工业

物流组团的东西向主干路上，布局大量沿街的公共管理与服务用地和商业设施用地不合理，造成相互干扰，影响主干路的通行能力。

2. 基础设施配套

⑥ 南北向高速公路北部路段翻越山体，增加施工难度，应适当改变道路线形绕开山体。

⑦ 河流西侧物流仓储用地对外交通联系不便，应靠近高速公路布置。

⑧ 规划中缺少公用设施用地（U）的布局。

3. 资源环境保护

⑨ 向南跨越国道建设的现代居住新区侵占永久基本农田，违反《土地管理法》。

> 提示：
>
> 1. 《城市用地分类与规划建设用地标准》GB 50137—2011 中 4.3.1：规划人均居住用地面积指标应符合表 4.3.1 的规定，<u>28～38m²（Ⅰ、Ⅱ、Ⅵ、Ⅶ气候区）、23～36m²</u>（Ⅲ、Ⅳ、Ⅴ气候区）。
>
> 2. 《城市道路工程设计规范》CJJ 37—2012 中 3.1.1：快速路、主干路两侧<u>不应设置吸引大量车流、人流的公共建筑物的出入口</u>。

（三）2017-03 试题三（15分）

【参考答案】

1. 建筑布局

① 居住街坊（居住组团）不应采取围合式布局，部分拐角处与东西向住宅不利于北方气候冬季采光。

2. 交通组织

② 商业综合体东侧地下车库出入口与次干路交叉口距离过近，容易造成交通隐患。

③ 商业综合体北侧道路与东侧次干路交叉口和东南部次干路交叉口距离太近，不满足地块机动车出入口控制要求。

④ 小学出入口的布置不应与商业综合体出入口相对，应避免人流、车流交叉。

⑤ 住区地下停车场出入口设置数量过多，且均设置在 6～12 层的居住街坊（居住组团）内，未考虑中心 4 栋 18 层塔式住宅的需求。

3. 配套设施

⑥ 小学应避开次干路交叉口等交通繁忙路段，且应设置 2 个出入口。

⑦ 幼儿园与南侧 18 层塔式住宅之间的距离太近，不符合北方城市日照间距要求；幼儿园未设于接近公共绿地的地段；活动场地设于幼儿园建筑北侧不合理，应有不少于 1/2 的活动面积在标准的建筑日照阴影线之外。

⑧ 文化活动中心布置在住区北侧中部不合理，宜结合或靠近绿地设置。

> 提示：
>
> 《城市居住区规划设计标准》GB 50180—2018 中 6.0.5：居住区道路边缘至建筑物、构筑物的最小距离，应符合表 6.0.5 的规定。

居住区道路边缘至建筑物、构筑物最小距离（m）			表 6.0.5
与建（构）筑物关系		城市道路	附属道路
建筑物面向道路	无出入口	3.0	2.0
	有出入口	5.0	2.5
建筑物山墙面向道路		2.0	1.5
围墙面向道路		1.5	1.5

（四）2017-04　试题四（10分）

【参考答案】

1. A 市对外交通衔接中存在的主要问题如下。

① 南部至山区、乡镇公路与城市道路全部直接连通，大大降低公路过境交通通行能力，形成公路与城市道路的相互干扰。

② 东南部城市主干路未与环城高速公路南部出入口衔接，城市对外交通需通过南部公路才能衔接上高速公路，不但增加公路交通量，也造成城市对外联系不便。

2. 最佳客运交通枢纽选址为乙，理由如下。

① 客运交通枢纽应与对外运输通道紧密结合。甲与丙虽然与山区、乡镇公路联系较为便利，但 A 城主要对外联系方向应为大城市主城区，所以乙与城市唯一一条通往大城市主城区的干路结合紧密，并与大城市主城绕城高速公路出入口距离最近，有利于减少城市道路交通量。

② 客运交通枢纽应布置在城市中心区边缘。丙位于城市边缘，远离城市中心区，而甲和乙均临近城市中心区，能更好地与城市的主要活动中心结合。

③ 客运交通枢纽应方便乘客换乘，枢纽内主要换乘交通方式出入口之间旅客步行距离不宜超过 200m。甲与轨道交通线路站点距离较远，而乙和丙均位于轨道交通站点旁，便于换乘。

> 提示：
>
> 1.《城市对外交通规划规范》GB 50925—2013 中 6.2.1：高速公路城市出入口应根据城市规模、布局、公路网规划和环境条件等因素确定，宜设置在建成区边缘，特大城市可在建成区内设置高速公路出入口，其平均间距宜为 5～10km，最小间距不应小于 4km。因此本题不存在高速公路出入口过近的问题。
>
> 2.《城市综合交通体系规划标准》GB/T 51328—2018 中 8.2：城市综合客运枢纽应依据城市空间布局布置，应便于连接城市对外联系通道，服务城市主要活动中心。城市综合客运枢纽必须设置城市公共交通衔接设施，规划有城市轨道交通的城市，主要的城市综合客运枢纽应有城市轨道交通衔接，枢纽内主要换乘交通方式出入口之间旅客步行距离不宜超过 200m。

（五）2017-05　试题五（15分）

【参考答案】

1. 审批历史文化名镇核心保护区内拆除危房和新建服务设施的建设活动：自然资源

主管部门（原城乡规划主管部门）应当组织专家论证，并将审批事项予以公示，征求公众意见，告知利害关系人有要求举行听证的权利，公示时间不得少于 20 日。利害关系人要求听证的，应当在公示期间提出，自然资源主管部门（原城乡规划主管部门）应当在公示期满后及时举行听证。

2. 历史文化名镇核心保护区内拆除危房：应当经城市、县人民政府自然资源主管部门（原城乡规划主管部门）会同同级文物主管部门批准。

3. 历史文化名镇核心保护区内新建服务设施：

① 需要办理规划选址，由地方自然资源主管部门（原城乡规划主管部门）对规划选址情况进行审查，核发建设项目用地预审与选址意见书。

② 建设单位向所在地的市、县自然资源主管部门提出建设用地规划许可申请，经有建设用地批准权的人民政府批准后，市、县自然资源主管部门向建设单位同步核发建设用地规划许可证、国有土地划拨决定书。

③ 申请办理建设工程规划许可证，应当提交使用土地的有关证明文件、建设工程设计方案等材料。对符合控制性详细规划和规划条件的，城市、县人民政府自然资源主管部门（原城乡规划主管部门）或者省、自治区、直辖市人民政府确定的镇人民政府征求同级文物主管部门的意见后，核发建设工程规划许可证，并依法将经审定的建设工程设计方案的总平面图予以公布。

（六）2017-06 试题六（15 分）

【参考答案】

推荐选址二，原因如下。

1. 选址一的优缺点：

① 选址临近城市主干路与次干路，交通便利，但是依照《城市道路工程设计规范》CJJ 37—2012（2016 年版），主干路两侧不宜设置吸引大量车流、人流的公共建筑物出入口。

② 选址位于校区西北端的现代教学区旁，虽能很好地兼具城市功能，但远离校园生活区。

③ 选址位于校区西部的拓展区域，周边为现代教学区，新建体育馆不会影响历史风貌。

2. 选址二的优缺点：

① 选址临近西侧城市次干路和南侧道路，交通便利的同时也满足车流、人流的集散要求。

② 选址位置既能满足对外城市服务要求，也靠近校园生活区，便于师生使用。

③ 选址位于校区西部的拓展区域，周边为现代教学区，新建体育馆不会影响历史风貌。

3. 选址三的优缺点：

① 选址位于东部，且靠近湖泊，环境良好。

② 选址临近支路，两侧道路没有足够的通行宽度，以保证疏散和交通。

③ 选址位于校区内部，靠近生活区，便于师生使用，但是不利于兼顾城市功能。

④ 选址位于校区东部的历史风貌保护区，不应新建建筑体形较大的、与历史风貌相

冲突的 5000 座体育馆，且该区域大部分建筑为国家和地方级文物保护单位及优秀历史建筑，周边各类建设工程选址应避开文物保护单位与历史建筑。

> **提示：**
> 1. 《城市道路工程设计规范》CJJ 37—2012（2016 年版）中 3.1.1：快速路、主干路两侧不应设置吸引大量车流、人流的公共建筑物的出入口。
> 2. 根据《文物保护法》第二十条、《历史文化名城名镇名村保护条例》第三十四条，建设工程选址，应当尽可能避开不可移动文物及历史建筑。

（七）2017-07 试题七（15 分）

【参考答案】

1. 上述情况违法。

2. 理由如下。

① 该设计单位在申请丙级城乡规划编制单位资质期间，承揽该镇控制性详细规划编制工作，违反《城乡规划法》，城乡规划组织编制机关应当委托具有相应资质等级的单位承担城乡规划的具体编制工作。

② 依照《城乡规划法》，镇人民政府所在地镇的控制性详细规划，应由县人民政府城乡规划主管部门根据镇总体规划的要求组织编制，经县人民政府批准后，报本级人民代表大会常务委员会和上一级人民政府备案。

③ 依照《城乡规划法》，城乡规划报送审批前，组织编制机关应当依法将城乡规划草案予以公告，并采取论证会、听证会或者其他方式征求专家和公众的意见。

3. 处理意见如下。

①依照《城乡规划法》，未依法取得资质证书承揽城乡规划编制工作的，由县级以上地方人民政府城乡规划主管部门责令停止违法行为，处合同约定的规划编制费一倍以上二倍以下的罚款；造成损失的，依法承担赔偿责任。

②依照《城乡规划法》，城乡规划组织编制机关委托不具有相应资质等级的单位编制城乡规划的，由上级人民政府责令改正，通报批评；对有关人民政府负责人和其他直接责任人员依法给予处分。

第六节 2018 年真题与解析

一、真题

（一）2018-01 试题一（15分）

我国南方沿海某县，西北部为山区，中部为丘陵，东南部有少量平原缓丘及大面积海湾；海岸线长，海产资源丰富；南部半岛上有一处省级风景名胜区。该县近海海域是重要的海洋集聚区及生态环境高度敏感区域。该县在省级主体功能区规划中被确定为限制开发区。县域现状总人口为48万，其中县城城区人口为12万。该县现状工业基础薄弱，第三产业以传统服务业为主。

近几年，县里为提高经济实力，增加税收，大力发展第二产业，除保留原有的省级经济开发区外，新建东部工业园区及西部工业园区（位置如图2-6-1所示）。另外，政府还

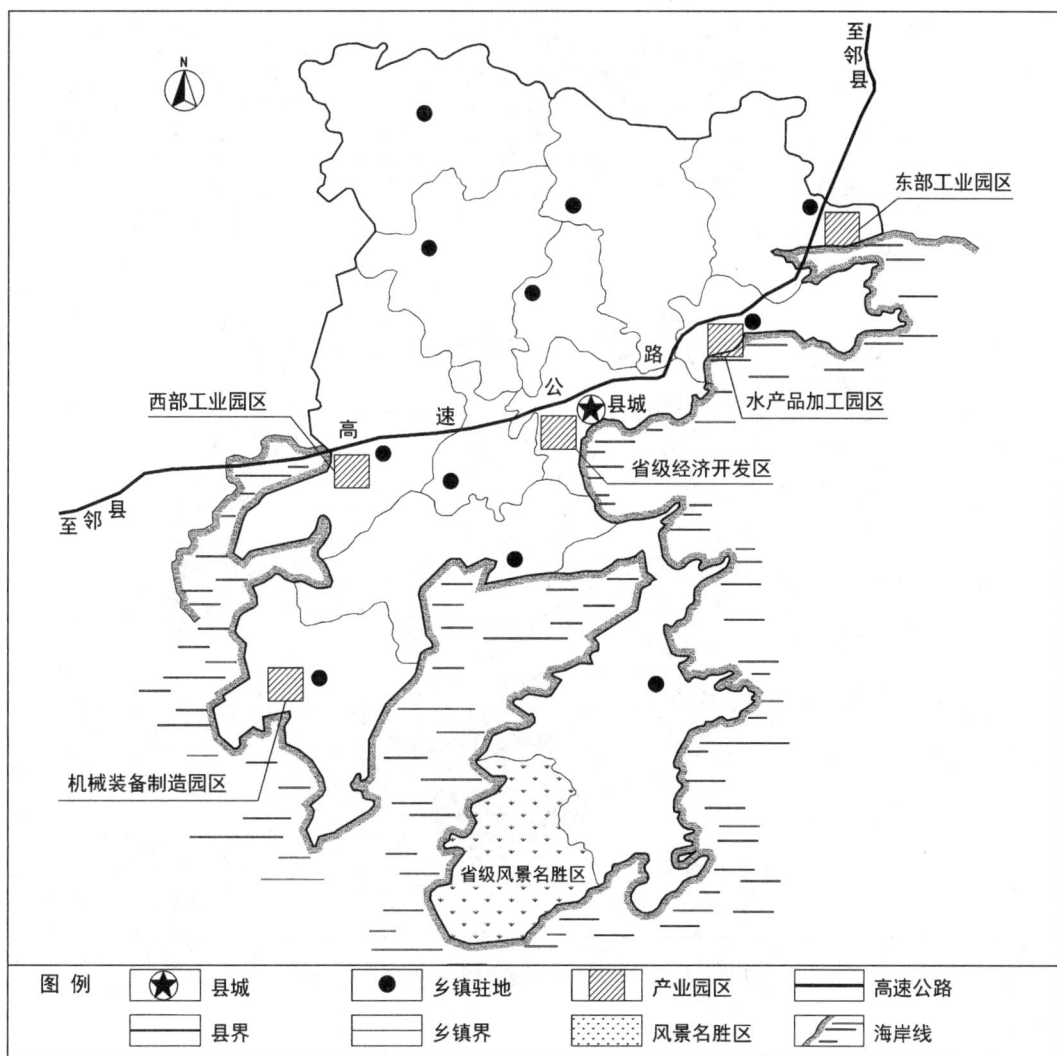

图 2-6-1 某县域城镇体系规划示意图

拟引进重大石化项目。

规划确定该县城的城市性质是新兴临港重大石化产业基地，区域重要的工贸、旅游城市。2035 年县域总人口 70 万，县城城区人口 30 万。

该县确定的上述发展策略有何问题并阐述理由。

（二）2018-02　试题二（15 分）

图 2-6-2 所示为某县级市城市总体规划中心城区用地布局规划方案。该市位于 Ⅱ 类气候区，规划人口 32 万。现状人均城市建设用地 103.5m²，规划人均城市建设用地为 112m²。

试指出该总体规划方案的主要不当之处并说明理由。

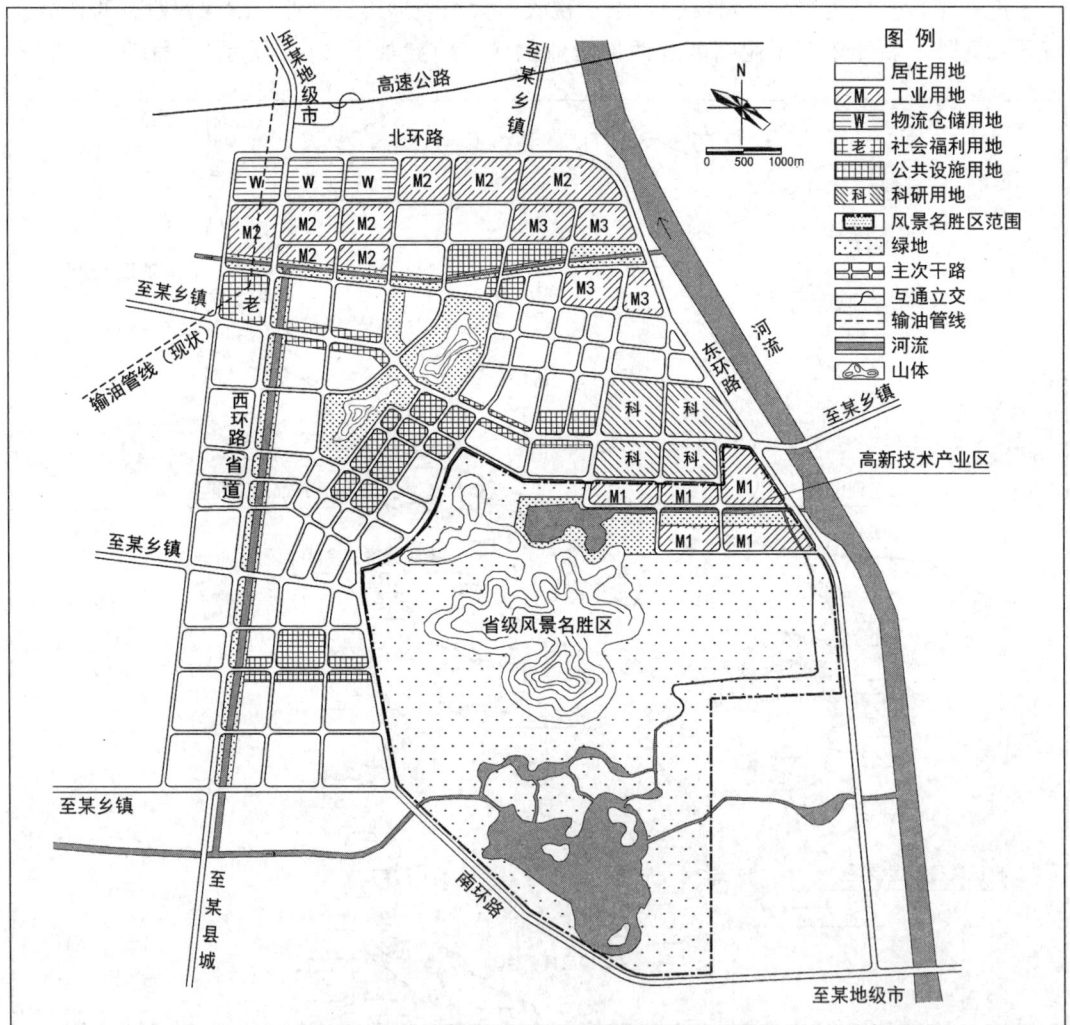

图 2-6-2　某县级市中心城区用地布局示意图

（三）2018-03 试题三（15分）

图 2-6-3 所示为中国北方某城市一个居住区规划，用地东临主干路，北临次干路，南侧和西侧均为支路。用地北侧和东侧均为已建成居住区，西侧用地为高速公路隔离绿化带，南侧用地为滨河绿化带。基地面积共计 40hm²。控制性详细规划给定的指标为容积率为 2，限高 70m，当地住宅日照间距系数为 1.6。按照控制性详细规划要求，地段内需要设置一处加油站。

居住区内规划多层和高层住宅，规划住宅层高 3m，沿居住区中部南北向道路设置商业配套设施，另设片区中心小学和全日制幼儿园各一所。规划采用地下停车，出入口分布在各组团，出入口和车位数量符合有关规范，市政设施均能满足规范要求。

试分析该方案存在的主要问题并说明理由。

图 2-6-3 某居住区规划总平面图

（四） 2018-04 **试题四（10分）**

根据相关规划，某大城市在市郊的地铁站点附近选址新建一处以汽车客运站（一级）为主体的客运枢纽。客运站用地临近城市主干路，主要承担长途和城乡客运，客运站旅客到发以轨道和地面公交出行方式为主；枢纽规划要求配置公交停靠站、出租车上（下）客区和社会车辆停放场地等各类换乘设施。枢纽规划布局方案如图 2-6-4 所示。

试指出该客运枢纽方案存在的不足之处（不涉及道路交通标志、信号控制、渠化设计、标线和周边用地出入交通等内容）。

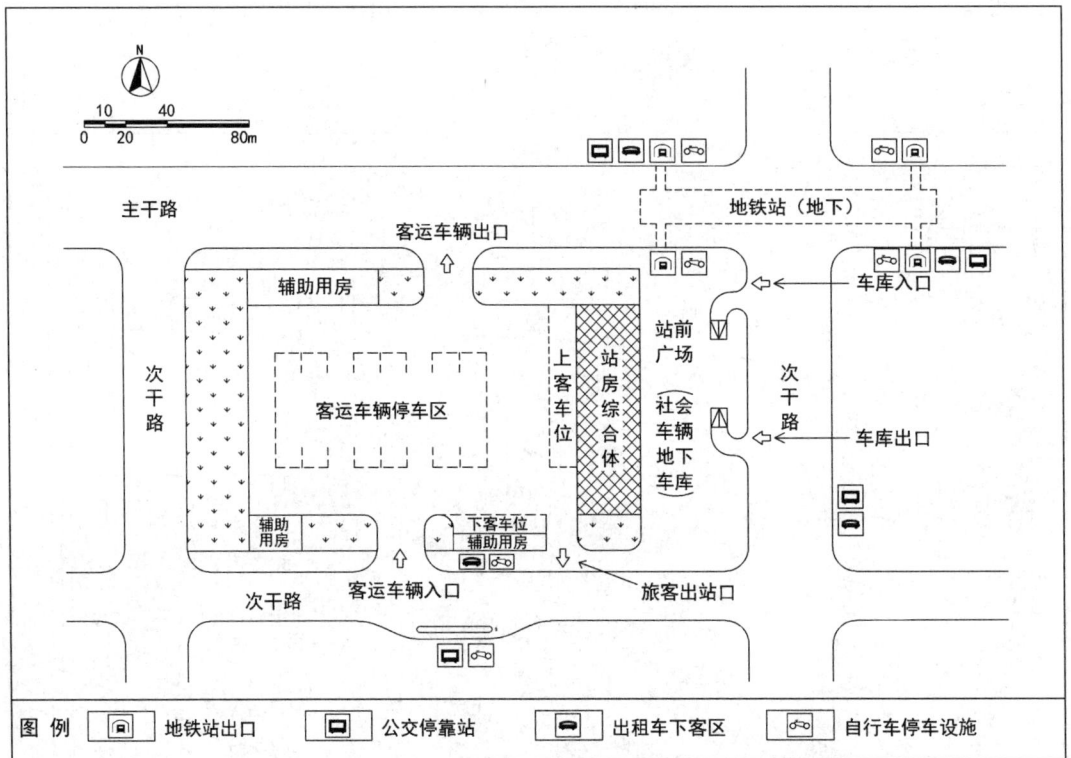

图 2-6-4 某城市客运枢纽规划布局方案图

（五） 2018-05 **试题五（15分）**

某晚清时期著名的私家宅院坐落于省会城市的中心区，占地约 5hm^2。宅院的花园部分采用巧妙的虚实组合的手法，使远处古塔成为园林的借景。目前，该私家宅院周边还分布着一些传统建筑。现省人民政府根据该宅院的历史文化价值及现状保存情况已将其公布为省级文物保护单位。根据《文物保护法》要求，应对其划定必要的保护范围与建设控制地带。

问题： 划定该私家宅院保护范围与建设控制地带时需要考虑哪些内容？

（六）2018-06　试题六（15分）

某省会城市医院，因床位紧张，绿化面积不够，门前主干路交通阻塞等原因，急需扩建改善。其北侧的学校已搬迁至新校区，原学校建设用地拟划拨给该医院，作为扩建高层住院楼的选址。经规划部门初步核定：保留原门诊楼和住院楼，新建一栋高层住院楼，并结合庭院绿化新建停车场（图2-6-5）。该院扩建完成后，基础设施基本满足配套，符合城市规划控制要求。

根据现状及规划要求，按照相关规定，在选址意见书中应提出哪些意见？

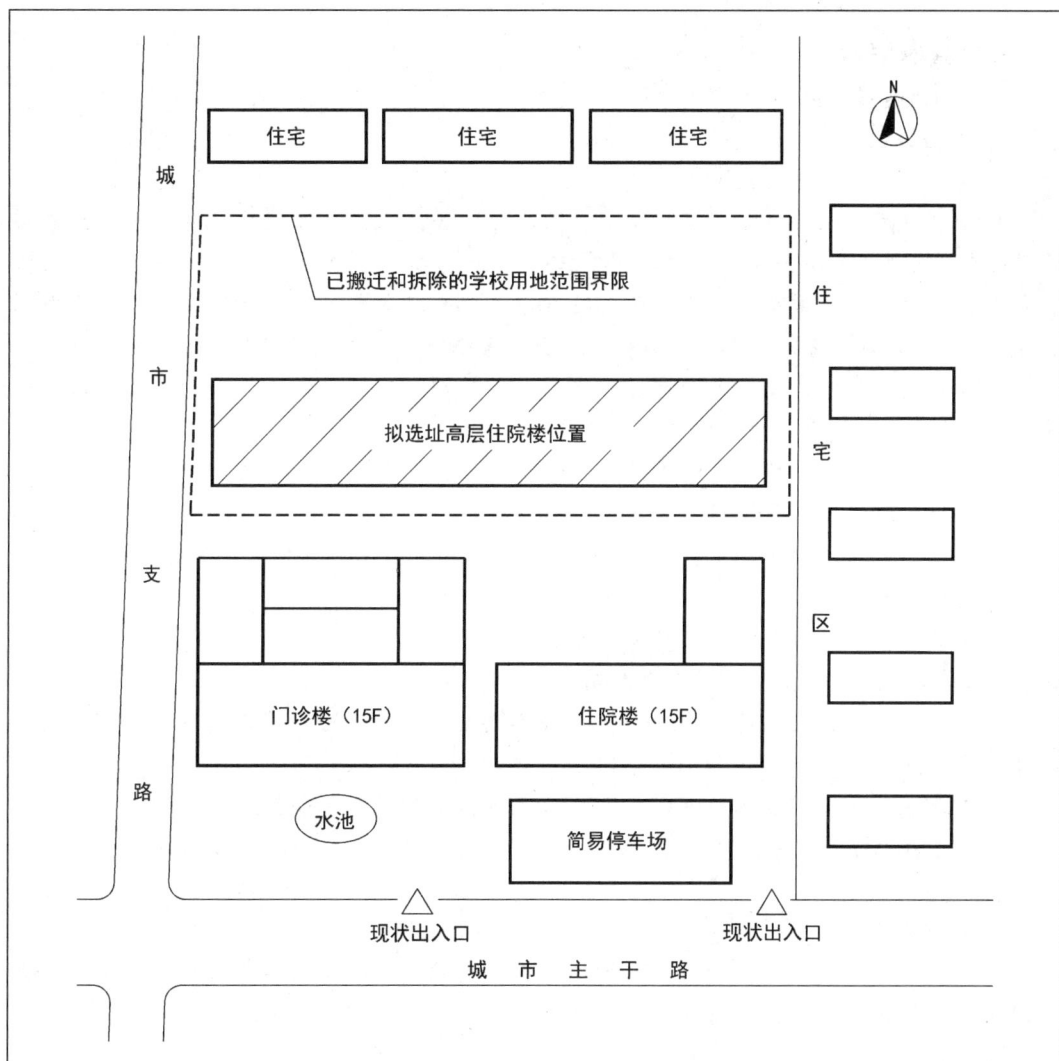

图 2-6-5　某医院扩建选址示意图

某市一区属建设单位于当年 3 月 10 日收到该市规划行政主管部门发出的《违法建设行政处罚决定书》，他们认为存在程序瑕疵，如未进行陈述和申辩权告知，未听取当事人意见等，不服该处罚决定。一周后，该建设单位向所在区人民政府申请行政复议，但未被受理，并被告知应向市人民政府或向省建设行政主管部门申请行政复议。同年 6 月 10 日，该建设单位向市人民政府申请行政复议，可还是未被受理。

该建设单位可以申请行政复议吗，两次不被受理的原因是什么，还可以采取什么补救措施？

二、真题解析

（一）2018-01　试题一（15分）

【参考答案】

1. 职能定位与产业发展策略

① 规划确定的该县城的城市性质不合理，不符合省级主体功能区规划中限制开发区的管控要求与近海海域为生态高度敏感区域的管控要求。

② 该县大力发展第二产业不合理，不符合工业基础薄弱的现状情况，不符合限制开发区的管控要求，也不符合该县海岸线长、海产资源丰富的空间本底特征。

③ 拟引进高耗能、高污染的重大石化项目不合理，不符合近海海域为重要的海洋物种集聚区及生态环境高度敏感区域的管控要求。

④ 规划未对南部半岛的省级风景名胜区制定规划发展策略。

2. 人口与城镇化水平预测

⑤ 县城与县域人口预测增长过快，不符合现状情况与限制开发区发展要求。

3. 空间布局

⑥ 新建工业园区数量较多，且分散布置，不符合限制开发区不宜安排城镇开发项目的管控要求，也不利于产业形成集聚发展。

⑦ 水产品加工园区靠近重要的海洋物种集聚区及生态环境高度敏感区域，不利于生态环境的保护。

⑧ 机械装备制造园区选址不当，远离高速公路，货物运输不便。

（二）2018-02　试题二（15分）

【参考答案】

1. 城市规模

① 该市位于 II 类气候区，规划人均城市建设用地为 $112m^2$，不符合《城市用地分类与规划建设用地标准》GB 50137—2011 的规定。

2. 用地布局

② 由于该县级市全年拥有两个方向的盛行风，北部工业区布置在其中一个方向的盛行风的上风方向不合理，工业区及居住区应分别布置在盛行风向的两侧。

③ 二类、三类工业（M2、M3）与居住用地之间未设置卫生防护带/防护绿地，易造成对周边居住环境的污染。

④ 三类工业（M3）适宜集中布置，形成独立工业园区，不应被绿地分隔，与东侧河

流之间也应该布置防护绿地。

⑤ 社会福利用地的养老院选址在现状输油管线上不合理，应选择在临近公共服务设施且远离污染源、噪声源及危险品生产、储运的区域。

⑥ 规划绿地与广场用地（绿地）布局不均衡，中心城区东部与南部缺少绿地和广场用地，应结合河流设置公园绿地，形成蓝绿开敞空间系统。

⑦ 规划公共设施用地规模偏大，且集中成片布置不合理，宜分区、分级形成公共服务中心体系。

3. 交通组织

⑧ 西环路（省道）穿越中心城区，与城市道路全部直接连通，形成相互干扰，不但降低了公路过境交通通行能力，还分割了居住用地布局。

4. 资源环境保护

⑨ 高新技术产业用地（M1）侵占省级风景名胜区范围，违反《风景名胜区条例》。

> 提示：
> 《城市用地分类与规划建设用地标准》GB 50137—2011 中表 4.2.1：现状人均城市建设用地面积指标在 95.1～105m²，允许采用的规划人均城市建设用地面积指标在 90～110m²。

（三）2018-03 试题三（15分）

【参考答案】

1. 经济技术指标

① C区和E区24层住宅建筑高度为72m，超过控制性详细规划限高70m。

2. 总体布局

② 加油站选址不当，宜沿城市主、次干路设置，其出入口距道路交叉口不宜小于100m，且不应布置在商业步行街与滨河公园的交汇处，破坏公共空间系统的连续与完整性。

3. 建筑布局

③ A区和B区不应采取围合式布局，部分拐角处与东西向住宅难以满足北方城市的日照要求。

④ A区、C区和E区北侧沿次干路的住宅建筑高度分别为51m和72m，当地住宅日照间距系数为1.6，与用地北侧已建成居住区住宅之间的距离约为50m，不满足当地住宅日照间距要求。

⑤ B区高层住宅的建筑间距小于13m，不满足防火间距要求。

4. 配套设施

⑥ 幼儿园未设于接近公共绿地的地段；幼儿园活动场地位于北侧，应有不少于1/2的活动面积在标准的建筑日照阴影线之外。

⑦ 小学位置较偏，服务半径大于500m；且位于高层住宅北侧背光面，日照要求难以满足；小学未设置200m环形跑道和60m直跑道。

⑧ 社区服务中心分设两处不合理，宜结合其他服务设施集中布局，联合建设，形成社区综合服务中心。

（四）2018-04　试题四（10分）

【参考答案】

1. 平面布局

① 辅助用房布局过于分散，宜相对集中设置。

2. 交通组织

② 客运车辆出口直接开向城市主干路不合理，在用地次干路开口条件充足的情况下应结合次干路设置出入口。

③ 客运车辆入口与出租车下客区及南侧公交停靠站距离过近，易造成相互干扰。

④ 地下车库出入口与主干路交叉口距离过近，不符合规范要求；且地下车库出入口不应设置在站前广场上，易干扰站前广场各类交通流线组织。

⑤ 旅客出站口位于地块南侧，距离地铁站过远，不方便旅客换乘。

⑥ 东侧公交停靠站与出租车下客区位置距离道路交叉口过近，且应布置在站前广场一侧。

（五）2018-05　试题五（15分）

【参考答案】

1. 划定保护范围应考虑以下内容。

① 作为省级文物保护单位的私家宅院整体占地范围。

② 文物保护单位周围一定范围需要实施重点保护的区域。

③ 应当根据文物保护单位的类别、规模、内容以及周围环境的历史和现实情况合理划定。

④ 在文物保护单位本体之外保持一定的安全距离，确保文物保护单位的真实性和完整性。

2. 划定建设控制地带范围应考虑以下内容。

① 为使私家宅院花园与远处古塔之间的视线通廊不受遮挡的视线所及范围的建筑外观界面及相应建筑用地的边界。

② 将与私家宅院构成完整历史风貌的周边传统建筑和自然景观纳入，并应保持视觉景观的完整性。

③ 在文物保护单位的保护范围外，为保护文物保护单位的安全、环境、历史风貌，对建设项目加以限制的区域。

④ 应当根据文物保护单位的类别、规模、内容以及周围环境的历史和现实情况合理划定。

> 提示：
>
> 可适当参考《历史文化名城保护规划标准》GB/T 50357—2018 中历史文化街区核心保护范围和建设控制地带界限的划定原则。
>
> 1. 核心保护范围界线的划定
> ① 应保持重要眺望点视线所及范围的建筑物外观界面及相应建筑物的用地边界完整。
> ② 应保持现状用地边界完整。
> ③ 应保持构成历史风貌的自然景观边界完整。
> 2. 建设控制地带界线的划定
> ① 应以重要眺望点视线所及范围建筑外观界面相应的建筑用地边界为界线。
> ② 应将构成历史风貌的自然景观纳入，并应保持视觉景观的完整性。
> ③ 应将影响核心保护范围风貌的区域纳入，宜兼顾行政区划管理的边界。

（六）2018-06　试题六（15分）

【参考答案】

依据现状和规划，选址时应提出以下意见。

1. 根据已搬迁和拆除的学校用地范围界线，提出选址用地的用地位置（边界范围）、用地性质和用地面积。

2. 提出容积率、建筑高度、建筑密度等用地指标，以及根据绿化面积不够的现状，提出相应的绿地率指标要求。

3. 根据床位紧张的现状，提出新建高层住院楼的床位数量和建设规模。

4. 新建高层住院楼退让道路红线和用地红线的控制要求。

5. 新建高层住院楼与保留原门诊楼和住院楼的间距需满足当地日照间距与消防间距的控制要求。

6. 新建高屋住院楼与北部和东部住宅建筑的间距需满足当地日照间距与消防间距的控制要求。

7. 根据新建的高层住院楼建设规模，提出新建停车场的停车位数，并应考虑与庭院绿化相结合。

8. 根据门前主干路交通阻塞的现状，考虑医院原址与扩建用地的整体场地对外交通组织和内部交通组织，提出选址用地的机动车出入口方向及控制要求。

> 提示：
>
> 可从用地情况、开发强度、退让间距、交通组织、配套设施、城市设计、公共安全、特殊要求方面作答。

（七）2018-07　试题七（15分）

【参考答案】

1. 该建设单位可以申请行政复议。

2. 两次申请行政复议，其不受理的原因分别如下。

① 区人民政府不受理的原因为申请行政复议的行政复议机关不符合《行政复议法》第十二条的规定，应向该部门的本级人民政府申请行政复议，也可以向上一级主管部门申请行政复议。

② 市人民政府不受理的原因为，超过六十日的申请期限，不符合《行政复议法》第九条的规定。

3. 补救措施

该建设单位还可以采取行政诉讼的方式进行补救。依据《行政诉讼法》第四十六条的规定，该建设单位可以自收到《违法建设行政处罚决定书》之日（3 月 10 日）起六个月内直接向人民法院提起诉讼。

> 提示：
> 1.《行政复议法》第十二条：对县级以上地方各级人民政府工作部门的具体行政行为不服的，由申请人选择，可以向该部门的本级人民政府申请行政复议，也可以向上一级主管部门申请行政复议。
> 2.《行政复议法》第九条：公民、法人或者其他组织认为具体行政行为侵犯其合法权益的，可以自知道该具体行政行为之日起六十日内提出行政复议申请。

第七节　2019 年真题与解析

一、真题

（一）　2019-01　试题一（15 分）

某东南沿海城市，县域内用地平坦，东南部沿海地区建港条件良好，结合沿海优势设置了港城一座。2018 年县域常住人口约 100 万，城镇化水平为 51%，近年来全县人口呈净流出趋势，规划 2035 年总人口达到 120 万，城镇人口 90 万。依托港口发展临港型产业，形成县城至港口的城镇发展主轴线，县域范围内设有 1 个县城、1 个港城、5 个重点镇、6 个一般镇（图 2-7-1）。

请分析该县域体系规划的主要问题及原因。

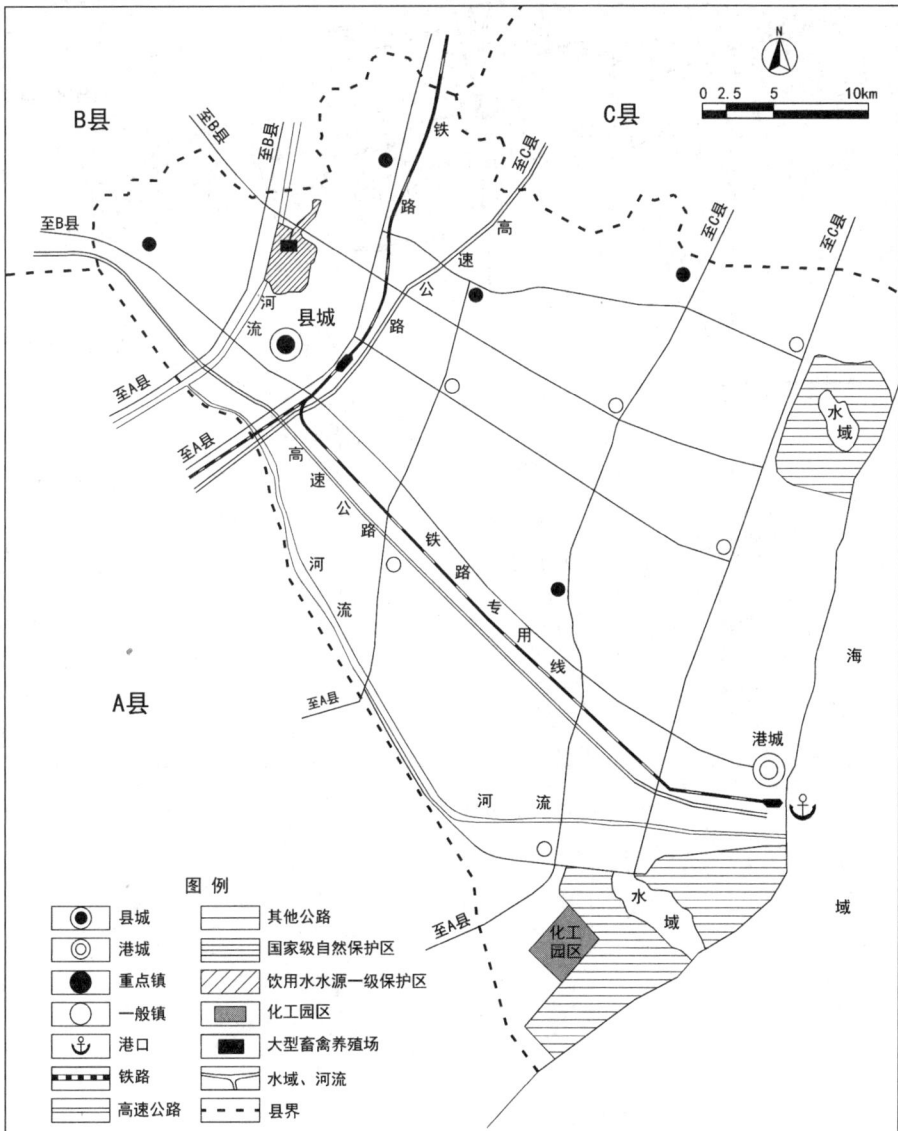

图 2-7-1　某县域城镇体系规划示意图

某县县城总体用地规划设计为"两片区五组团"结构，分别包括东片区、西片区、旅游度假组团、职教服务组团、高铁组团、南部工业组团和西部工业组团。规划期末县城人口达到 32 万，总面积 36km² （图 2-7-2）。

试从城市空间布局、用地布局、交通组织和资源保护等方面分析主要问题及理由。

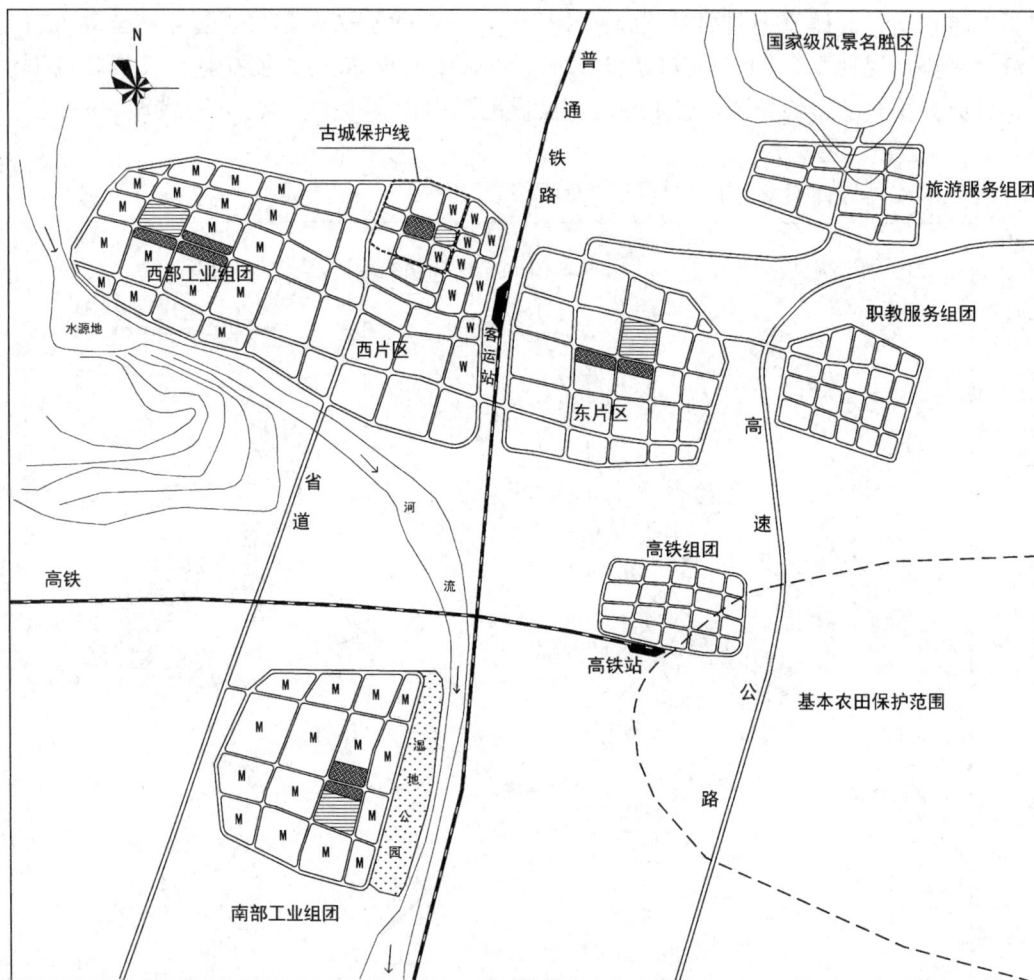

图 2-7-2 某县县城总体规划示意图

（三）2019-03　试题三（15 分）

北方地区某居住区修建性详细规划，居住区占地面积 23hm²，用地性质为居住与商业混合用地。小区西侧与北侧为城市主干路，南侧为城市次干路，小区中部为城市支路。距离小区 600m 处有小学一所。小区地下车库出入口位于南侧、东侧及西侧，满足停车位数量要求。小区内建筑层高均为 3m，住宅均满足日照间距要求（图 2-7-3）。

该居住区规划存在的主要问题有哪些，原因是什么？

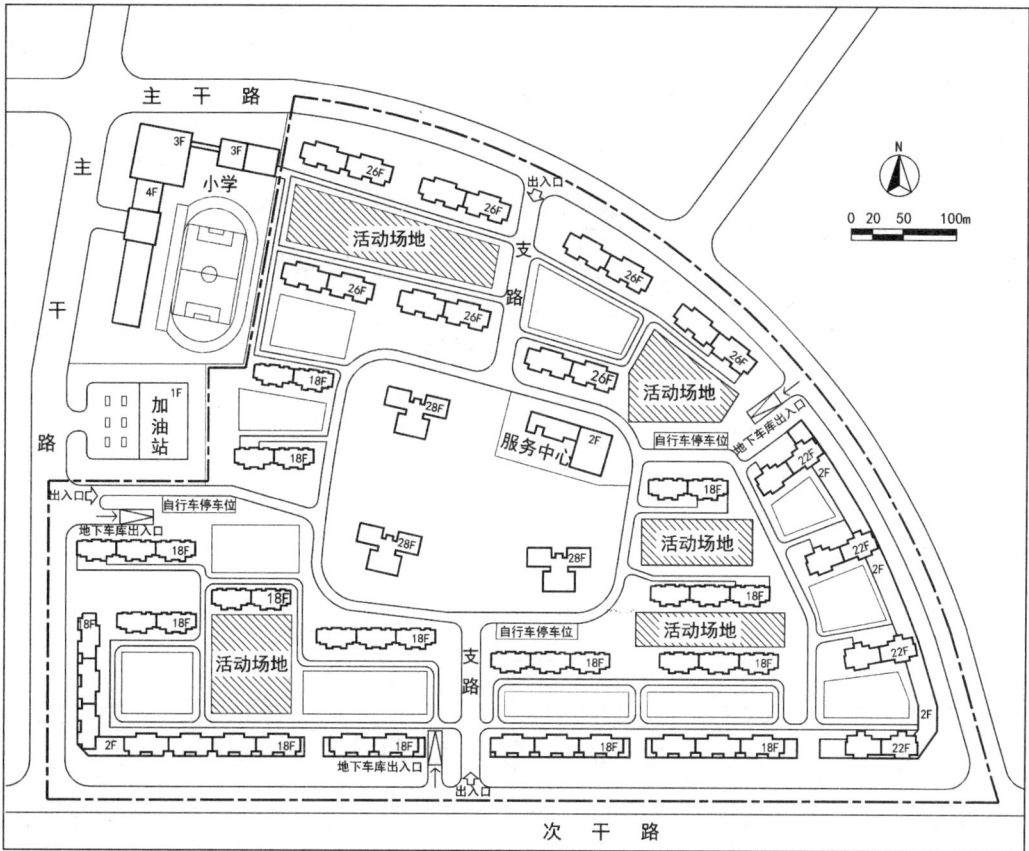

图 2-7-3　北方居住区修建性详细规划示意图

某沿江（长江）城市沿长江跨河发展，位于城市发展的主要轴线上，A 组团主要为居住功能。A 组团内按照 300m×400m 左右路网进行设置。南侧沿河规划为滨水景观带，A 组团内设置轨道线路站点及公交首末站各一处（图 2-7-4）。

试指出 A 组团交通体系规划存在的主要问题及理由。

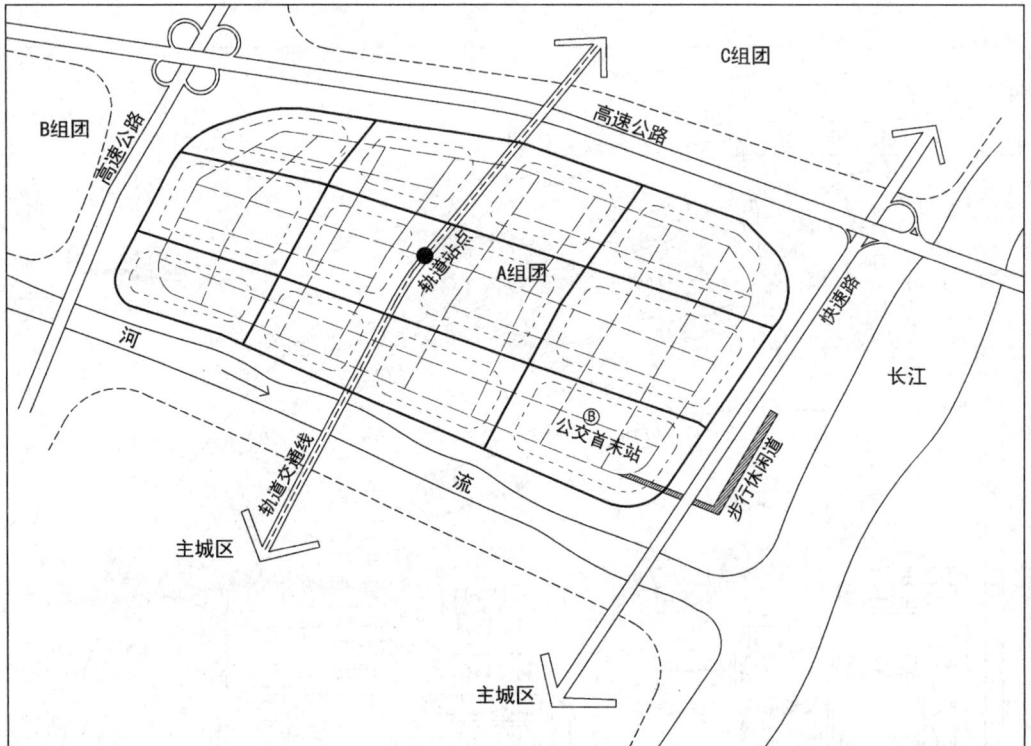

图 2-7-4　A 组团交通体系规划示意图

（五）2019-05　试题五（15分）

图 2-7-5 所示为历史文化保护街区规划图，该历史文化街区分为东、西两片区，两片区内各有文物保护单位一处，若干保护完好的历史建筑。为了提升历史文化街区内居民生活环境，促进街区保护利用和发展，根据实际需求在历史文化街区内增设居住、商业、文化等设施。为改善街区的交通问题，规划新建南北向道路一条，新建地铁线路一条，按照规划要求将位于新建道路西侧的文物保护单位拆除后改为商业建筑，并为了新建地铁拟拆除部分历史建筑，新建现代商业与文化设施建筑。拟建加油站一处，位于建设控制地带内。

试问保护规划中存在哪些主要问题及原因？

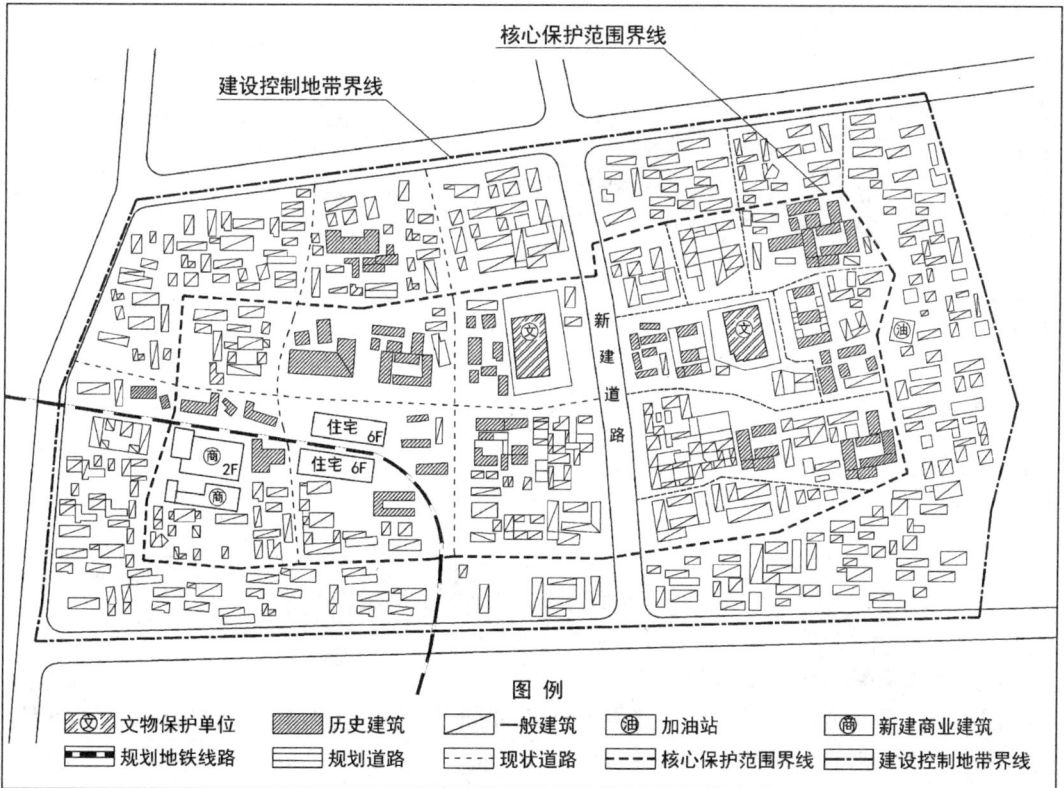

图 2-7-5　历史文化街区规划示意图

（六）2019-06 试题六（15分）

某市拟建设市级博物馆，选址北侧为文物保护单位，该用地处于文物保护单位的建设控制地带以内，西侧为河流及山景公园，东侧为小学校，小学校北侧为居住区，南侧为商业，市政配套设施满足要求，具体如图 2-7-6 所示。

根据周边环境条件，说明选址意见书的规划条件主要应考虑哪些方面及理由。

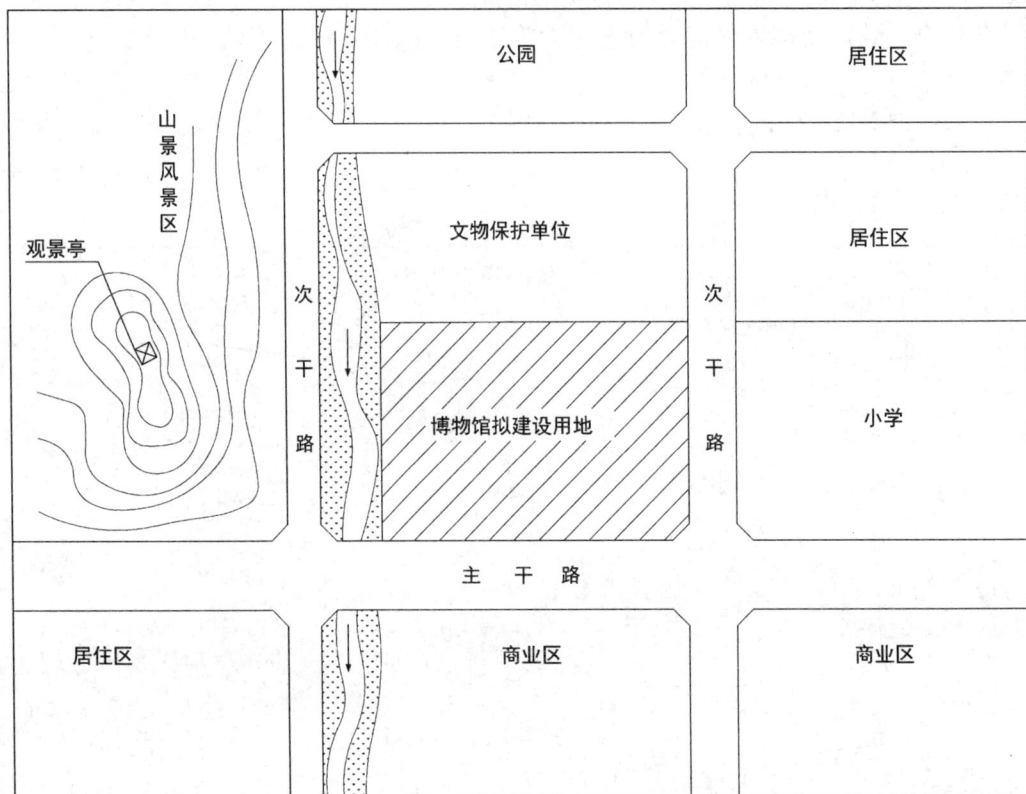

图 2-7-6　市级博物馆拟选址位置示意图

（七）2019-07　试题七（15分）

因市政工程需要，建设单位需建设 800m² 的临时厂房，经批准，允许临时工程使用期限为两年，两年后自行拆除。该市政工程一年后提前完工，建设单位按照临时厂房实测面积 900m² 将其租赁出去作为商场使用，合同约定租期两年。商场开业不久被查处并确定为违法，被责令限期拆除并处于罚款。建设单位以租赁合同尚未到期为由拒绝拆除，并拒绝缴纳罚款。

试问：

1. 建设单位哪些行为违反了《城乡规划法》?

2. 应由哪个部门进行违法查处?

3. 建设单位逾期未拆理由是否充分，为什么?

4. 应该如何处理?

二、真题解析

（一） 2019-01 试题一 （15分）

【参考答案】

1. 城镇等级与职能定位

① 规划的城镇体系结构不合理，5个重点镇过多。

2. 人口与城镇化水平预测

② 规划2035年常住人口120万，与近年来全县人口呈净流出趋势的现状不符。

③ 城镇化水平从2018年的51%到2035年的75%，增长过快，不符合我国城镇化发展规律。

3. 空间布局

④ 规划的北侧重点镇远离城镇发展主轴线，且位置较偏，不利于服务周边一般镇。

⑤ 化工园区选址紧邻国家级自然保护区，存在污染风险，应与铁路货运场站、公路、港口等货运枢纽和货运节点结合设置，远离自然保护区。

⑥ 城镇发展轴之间的县城、港城和重点镇仅有一条其他公路直接联系，对外交通不便，应分别各增设一条专用入城道路连接其南面的高速公路，提高城镇发展轴的交通运输能力。

⑦ 县城对外交通规划不合理：

a) 无专用入城道路联系高速公路；

b) 仅有一条其他公路对外联系；

c) 铁路场站应布置在县城边缘，不应被其他公路分隔。

4. 资源利用与环境保护

⑧ 大型畜禽养殖场选址不当，禁止在饮用水水源一级保护区内从事可能污染饮用水水体的活动。

> **提示：**
> 《水污染防治法》第六十五条：禁止在饮用水水源一级保护区内新建、改建、扩建与供水设施和保护水源无关的建设项目；已建成的与供水设施和保护水源无关的建设项目，由县级以上人民政府责令拆除或者关闭。禁止在饮用水水源一级保护区内从事网箱养殖、旅游、游泳、垂钓或者其他可能污染饮用水水体的活动。

（二） 2019-02 试题二 （15分）

【参考答案】

1. 空间布局

① 规划的"两片区五组团"跨铁路布局，用地分散，土地利用不集约；各组团不易统一配套建设基础设施，分开建设成本较高；跨区工作和生活出行成本高，居民联系不便。

② 西部工业组团位于西片区居住用地的上风上水位置，容易造成有害气体和污染物排放对居住组团产生危害。

③ 西部工业组团、南部工业组团布局没有很好地结合高速公路和铁路，缺少便捷的对外交通运输条件。

2. 用地布局

④ 西部工业组团、西片区物流仓储用地与西片区居住用地之间未设置卫生防护带/防护绿地，易造成对居住环境的污染。

⑤ 物流仓储用地布置在铁路客运站西侧不合理，宜较集中地布置在城市的边缘，靠近铁路货运站、公路或河流，便于城乡集散运输。

⑥ 旅游服务组团、职教服务组团、高铁组团均没有设置公共管理与公共服务设施用地和商业服务业设施用地，造成组团内居民生活不便。

⑦ 南部工业组团远离城市东、西片区，且组团内没有设置居住用地，造成职住分离与钟摆式交通问题。

3. 交通组织

⑧ 高铁站远离城市核心东、西片区，应与城市主要干路相衔接，并宜与普通铁路客运站结合设置。

⑨ 高速公路未采用互通式立体交叉以专用的入城道路与中心城区联系。

⑩ 省道与南部工业组团联系道路仅有一条，工业组团对外交通联系不够便捷。

⑪ 两片区之间、片区与组团之间仅有一条道路连接，组团与组团之间没有道路连接，高铁组团甚至没有道路与其他片区和组团连接，内部交通联系极为不便。

4. 资源保护

⑫ 永久基本农田：高铁组团侵占永久基本农田，违反《土地管理法》。

⑬ 国家级风景名胜区：旅游服务组团侵占国家级风景名胜区，破坏山体，违反《风景名胜区条例》。

⑭ 古城：从保护历史风貌和环境安全的角度，古城保护范围内应重点发展与古城相匹配的相关产业，不应大量布置物流仓储用地，违反《历史文化名城保护规划标准》GB/T 50357—2018 和《历史文化名城名镇名村保护条例》。

⑮ 水源地：西部工业组团邻近水源地，存在污染饮用水源的风险。

⑯ 湿地：南部工业组团邻近湿地公园，存在污染湿地公园水体水系资源的风险。

> 提示：
>
> 1. 分散型城市空间结构（大城市多采用），城市分为若干相对独立的组团，组团间大多被河流、山川等自然地形、矿藏资源或对外交通分隔，组团间一般有便捷的交通联系。可具有布局灵活、环境优美、各物质要素布局井然有序的优点，同时易存在用地分散不集约、分开建设成本高、跨区工作和生活出行成本高的缺点。
>
> 2. 由于题干未给出现状人均建设用地面积，因而无法推断规划人均建设用地面积是否合理。
>
> 3. 《城市综合交通体系规划标准》GB/T 51328—2018 中 12.3.7：分散布局的城市，各相邻片区、组团之间宜有 2 条以上城市干线道路。

（三）2019-03 试题三（15分）

【参考答案】

1. 经济技术指标

① 中部 3 栋 28 层住宅建筑高度为 84m，超过住宅建筑高度控制最大值。

2. 总体布局

② 加油站紧邻小学布置，两者安全间距不足，存在安全隐患。

3. 建筑布局

③ 西南角的东西向住宅布局不利于北方气候冬季采光。

④ 东南角和西南角沿街建筑长度超过150m，未设置穿过建筑物的消防车道或环形消防车道，不符合灭火救援设施要求。

4. 交通组织

⑤ 西侧主干路上加油站、小区和地下车库出入口间距过小，影响主干路通行效率。

⑥ 北侧支路不宜直接与主干路形成交叉连通，地下车库出入口不宜设在主干路上。

⑦ 西侧与南侧地下车库出入口与小区出入口距离太近，造成交通干扰。

⑧ 小学出入口距离城市主干路交叉口道路红线交叉点不足70m，不符合《民用建筑设计统一标准》的规定。

⑨ 室外自行车停车场出入口不宜设置在交叉路口附近，且应设置在方便居民使用的位置。

5. 配套设施

⑩ 小学服务半径不宜大于500m，小学主要教学用房设置窗户的外墙与城市主干路的距离不应小于80m，小学教学楼东西朝向布局不利于北方气候冬季采光，小学校园应设置2个出入口，且不应直接与城市主干路连接。

6. 居住环境

⑪ 活动场地在标准的建筑日照阴影线范围之外的绿地面积少于1/3，不符合《城市居住区规划设计标准》的规定。

> 提示：
> 1.《城市居住区规划设计标准》GB 50180—2018 表 4.0.2：住宅建筑高度控制最大值为80m（约26层）。
> 2.《建筑设计防火规范》GB 50016—2014（2018 年版）中 7.1.1：当建筑物沿街道部分的长度大于150m或总长度大于220m时，应设置穿过建筑物的消防车道，确有困难时应设置环形消防车道。

（四）2019-04 试题四（10分）

【参考答案】

1. A组团与B组团之间无交通联系，A组团与主城区及C组团仅一条城市道路连通，城市内部交通联系不便。

2. A组团与西侧和北侧高速公路及东侧快速路均无连接，对外交通联系不便，应通过快速路与高速公路衔接。

3. 以居住功能为主的A组团路网密度偏低，未达到8km/km²，不符合"窄马路、密路网"的城市道路布局理念。

4. 道路间距平均，未结合用地布局和开发强度综合确定，不符合《城市综合交通体系规划标准》的要求。

5. 南侧沿河滨水景观带应增设步行休闲道，并连通东侧步行休闲道，形成连续的步行空间。

6. 公交首末站距离轨道站点较远，宜结合居住区、城市各级中心、交通枢纽等主要客流集散点设置。

> **提示：**
>
> 《城市综合交通体系规划标准》GB/T 51328—2018 中 12.6.3：城市不同功能地区的集散道路与支线道路密度，应结合用地布局和开发强度综合确定，其中以居住功能为主的街区道路间距不应超过300m，路网密度宜大于等于8km/km²。

（五）**2019-05**　试题五（15分）

【参考答案】

1. 保护要求

① 规划将文物保护单位拆除后改为商业建筑，违反《文物保护法》，文物保护单位（作为不可移动文物）不得拆除。

② 为新建地铁拆除部分历史建筑，不符合《历史文化名城名镇名村保护条例》和《历史文化名城保护规划标准》GB/T 50357—2018 的规定。

③ 在历史文化街区核心保护范围内增设非必要的基础设施和公共服务设施、居住和商业设施不符合《历史文化名城名镇名村保护条例》的规定。

2. 周边要素协调关系

④ 拟建加油站位于历史文化街区的建设控制地带，不符合《历史文化名城保护规划标准》的规定，且加油站宜靠近城市道路。

⑤ 规划地铁线路穿越历史文化街区核心保护范围，不符合《历史文化名城保护规划标准》的规定。

⑥ 新建道路南北贯穿历史文化街区，其宽度、断面、路缘石半径等设置不符合历史风貌的保护要求，不满足《历史文化名城保护规划标准》的要求。

⑦ 在历史文化街区核心保护范围内，新建与历史风貌相冲突的现代商业与文化设施建筑，不符合《历史文化名城保护规划标准》的规定。

> **提示：**
>
> 1.《历史文化名城名镇名村保护条例》第三十三、三十四条：任何单位或者个人不得损坏或者擅自迁移、拆除历史建筑。建设工程选址，应当尽可能避开历史建筑。
>
> 2.《历史文化名城名镇名村保护条例》第二十八条：在历史文化街区、名镇、名村核心保护范围内，不得进行新建、扩建活动。但是，新建、扩建必要的基础设施和公共服务设施除外。
>
> 3.《历史文化名城保护规划标准》GB/T 50357—2018 中 4.4.1：历史文化街区内不应设置高架道路、立交桥、高架轨道、客货运枢纽、大型停车场、大型广场、加油站等交通设施。
>
> 4.《历史文化名城保护规划标准》GB/T 50357—2018 中 4.4.1：地下轨道选线不应穿越历史文化街区。

5.《历史文化名城保护规划标准》GB/T 50357—2018 中 4.4.5：历史文化街区内道路的宽度、断面、路缘石半径、消防通道的设置应符合历史风貌保护要求，道路的整修宜采用传统的路面材料及铺砌方式。

6.《历史文化名城保护规划标准》GB/T 50357—2018 中 5.0.5：历史建筑保护范围内新建、扩建、改建的建筑，应在高度、体量、立面、材料、色彩、功能等方面与历史建筑相协调。

（六）2019-06 试题六（15分）

【参考答案】

选址意见书的规划条件主要应考虑以下几点。

1. 博物馆拟建设用地面积、用地性质和建设规模是否符合国土空间总体规划与详细规划等要求。

2. 由于拟建博物馆选址北侧为文物保护单位，且位于其建设控制地带，依照《文物保护法》等相关规定，规划条件需考虑以下方面：

① 征求文物部门意见，将文物部门批准的建设控制地带的保护措施和要求纳入规划条件，包括建筑高度、体量、立面材料、色彩、功能等，保护文物保护单位的历史风貌；

② 规划与设计方案审查前须完成文物勘探，发现文物的须采取相关保护措施等；

③ 工程设计方案应当根据文物保护单位的级别，经相应的文物行政部门同意后，报自然资源主管部门（原城乡建设规划部门）批准。

3. 考虑北侧文物保护单位保护范围、西侧公共绿地绿线、河道蓝线、东侧和南侧道路红线的退让要求。

4. 考虑博物馆与周边建筑和自然环境相协调，注意建筑与山景风景区内观景亭的视线通廊的关系。

5. 地块出入口不宜设置在主干路两侧，且应考虑与东侧小学出入口的交通关系，避免人流、车流交叉，从而产生安全隐患。

6. 考虑环保、消防、城市防灾和公共安全等要求。

> **提示：**
> 规划条件的拟定主要涉及用地情况、开发强度、退让间距、交通组织、配套设施、城市设计、公共安全、特殊要求等方面。

（七）2019-07 试题七（15分）

【参考答案】

1. 违法行为包括：未按照批准面积进行临时建设，擅自改变临时建筑使用性质，被责令限期拆除并处以罚款后，逾期不拆除并拒绝缴纳罚款。

2. 应由市自然资源主管部门（原城乡规划主管部门）进行违法查处。

3. 建设单位逾期未拆除理由不充分。该临时建筑已被查处并确定为违法，其租赁合同无效。

4. 自然资源主管部门（原城乡规划主管部门）作出责令停止建设或者限期拆除的决

定后，当事人不停止建设或者逾期不拆除的，建设工程所在地县级以上地方人民政府可以责成有关部门采取查封施工现场、强制拆除等措施。到期不缴纳罚款的，每日按罚款数额的百分之三加处罚款。

提示：

《城乡规划法》第六十八条：城乡规划主管部门作出责令停止建设或者限期拆除的决定后，当事人**不停止建设或者逾期不拆除的**，建设工程所在地县级以上地方人民政府可以责成有关部门采取查封施工现场、强制拆除等措施。

第八节　2020 年真题与解析

一、真题

（一）2020-01　试题一（15 分）

东南沿海某县级市，乡镇经济发达，耕地资源紧张。

该市正在进行国土空间编制规划，提出按照自然保护地差别化管理要求，将国家公园的核心区划入生态保护红线，在国家公园核心区局部搬迁居民点，复垦增补一定数量的耕地。对国家公园一般控制区制定具体监管办法，明确不破坏生态功能的适度旅游和必要的公共服务设施。同时，为了促进经济发展和乡镇工业用地整合，在中心城区南侧规划填海建设热电厂和产业园区。

试指出该规划存在的主要问题，并阐述理由（图 2-8-1）。

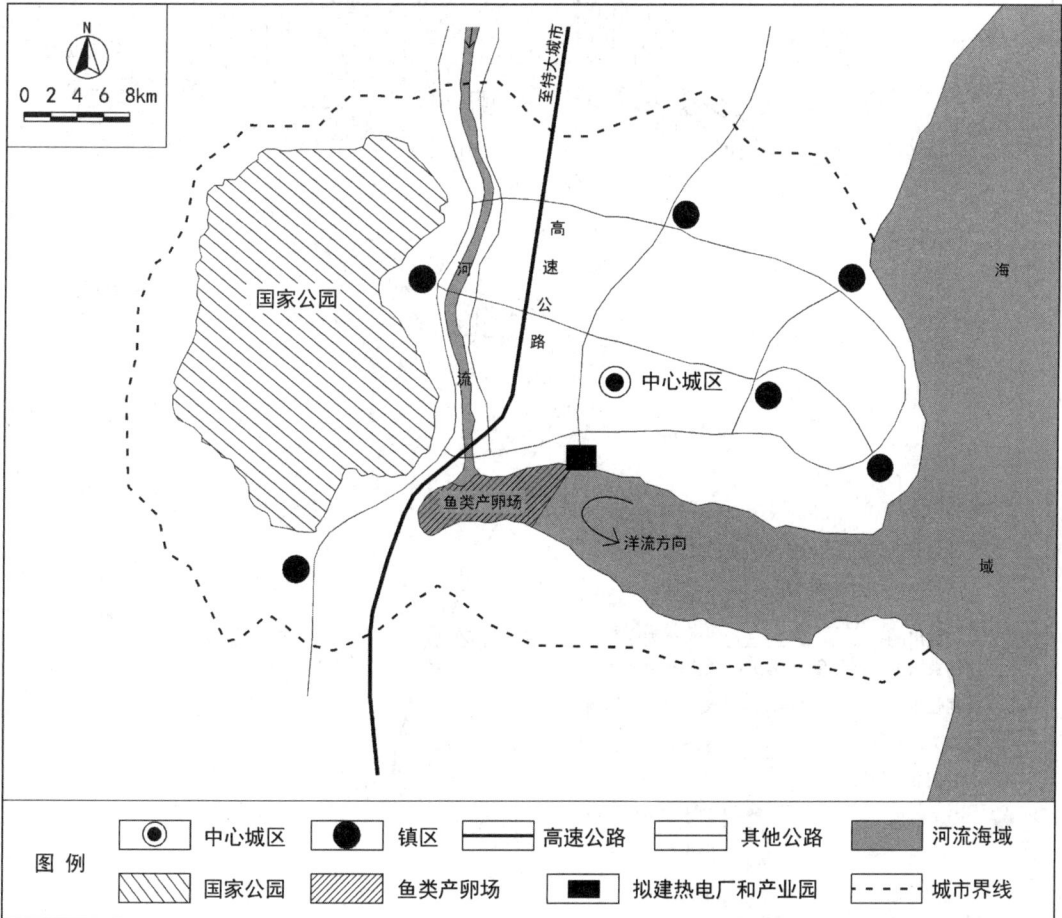

图 2-8-1　某县级市城镇空间布局规划示意图

某滨海县城用地规划方案如图 2-8-2 所示。

规划确定该县城是性质为风景旅游城市和临港制造业基地。中心城区人口规模 35 万，空间结构为组团分布。

试指出该规划存在的主要问题，并阐述理由。

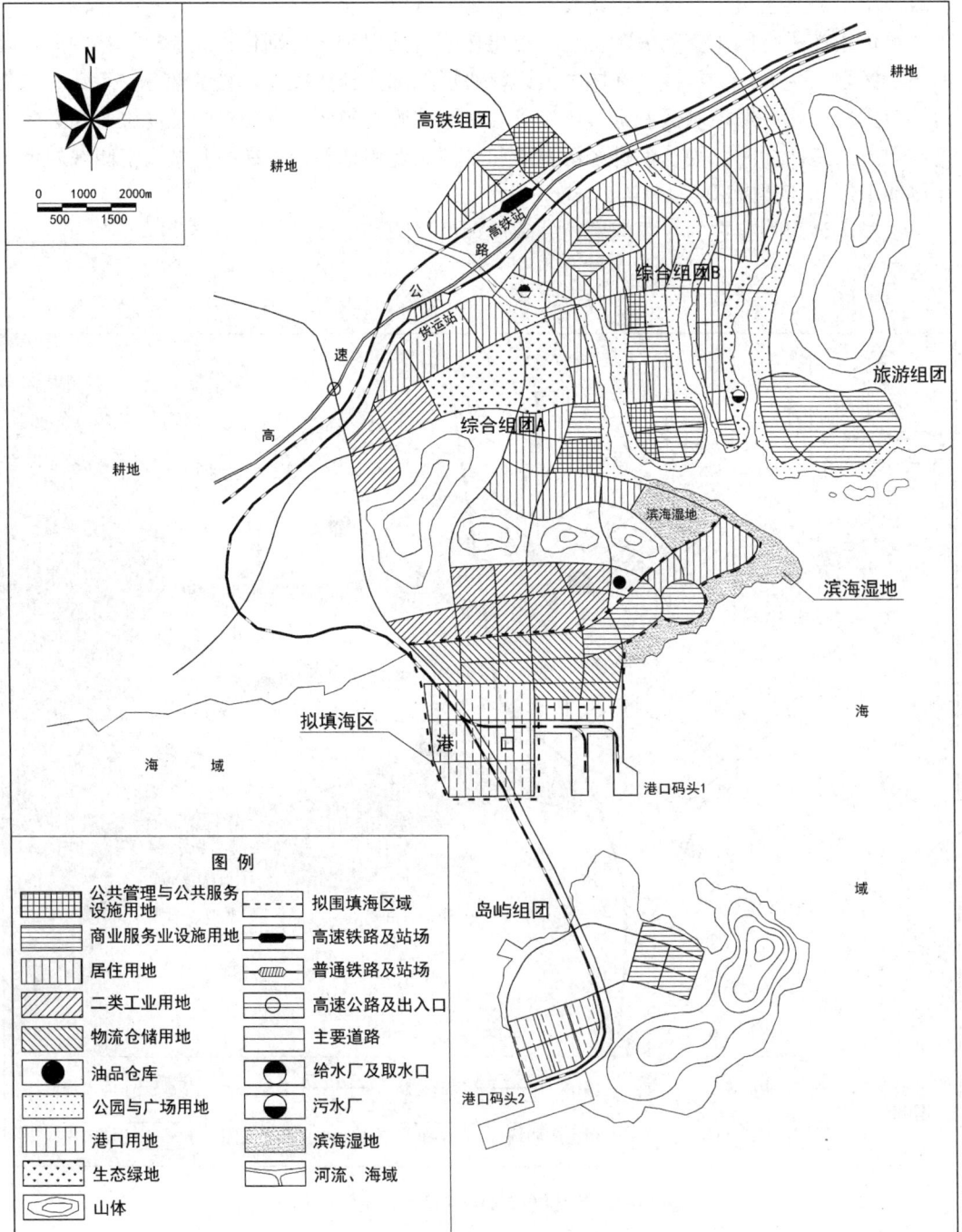

图 2-8-2　某滨海县城总体规划示意图

（三）**2020-03** 试题三（15分）

北方某居住小区规划如图 2-8-3 所示，规划用地面积为 18.5hm²，用地四周为城市主、次干路，东侧临近小区配套的小学和幼儿园，南侧为滨河生态绿带，西临一所中学，北侧为已建成居住小区。

居住建筑设计层高 2.9m，日照间距系数多层建筑为 1.8、高层建筑为 1.2。

小区公园绿地中设置了 8% 的体育活动场地。地面机动车停车数量为住宅总套数的 20%，地下停车库的车位数量、出入口、绿地率及其他配套设施均满足规范要求。

试指出该规划存在的主要问题，并阐述理由。

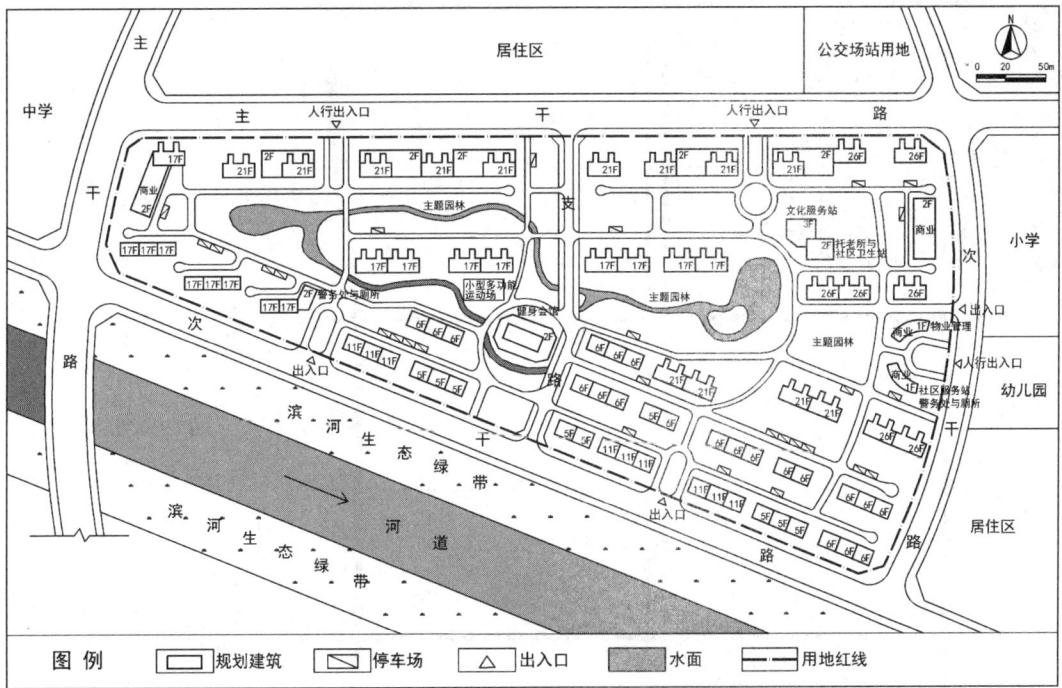

图 2-8-3 某居住小区规划总平面图

(四) 2020-04　试题四（10分）

A 片区位于某大城市中心城区，南侧紧邻大型城市公园，公园北侧规划建设为商业商务和市级公共服务功能为主的城市次中心，其他区域以居住功能为主。

规划形成方格状道路系统，道路间距 350～400m，地铁线路从 A 片区南北向穿过，规划设置地铁站一处，临纬三路规划一处公交枢纽站。

试指出，A 片区在交通规划方面存在的主要问题，并阐述理由（图 2-8-4）。

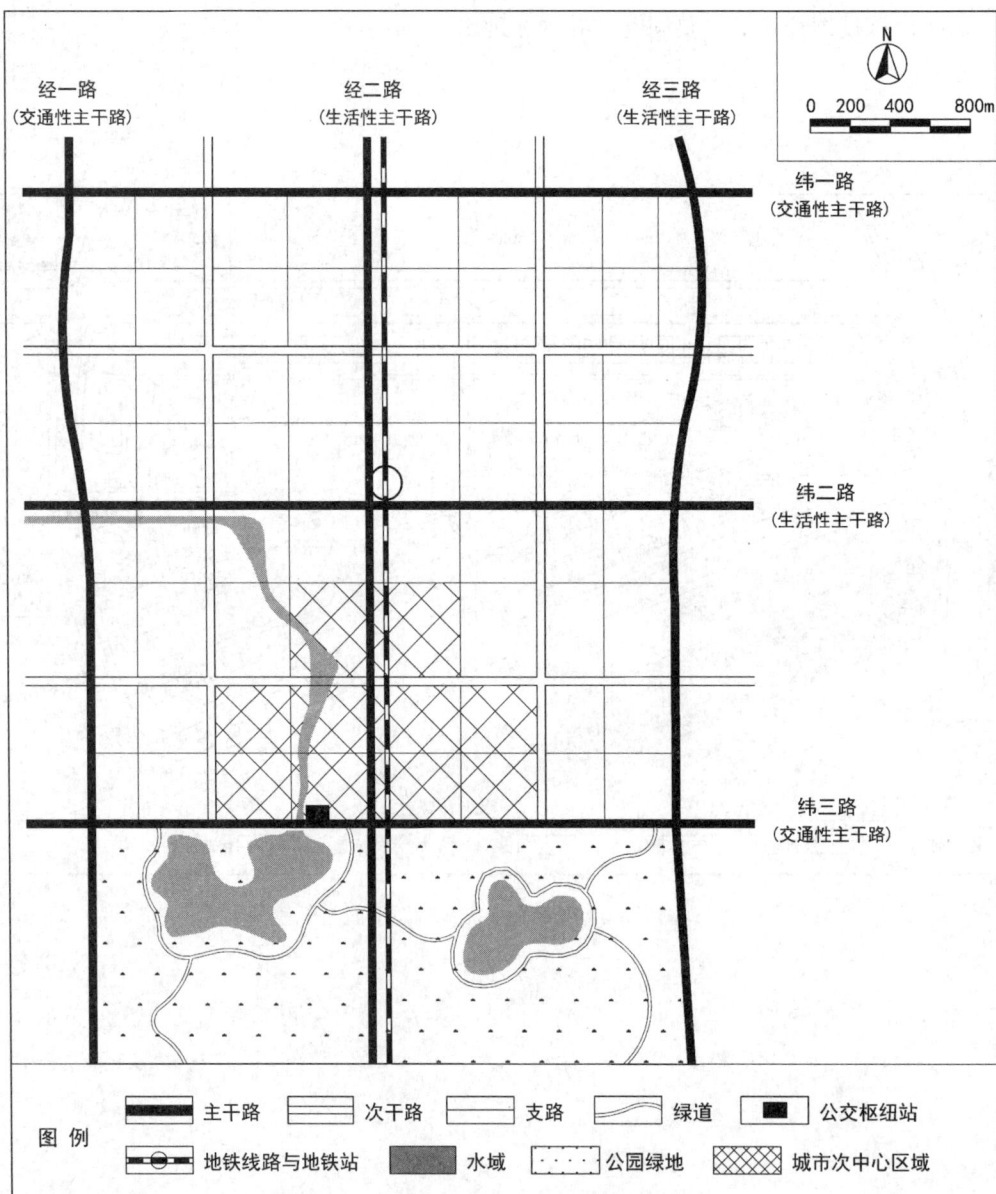

图 2-8-4　某大城市交通规划 A 片区方案示意图

（五）2020-05 试题五（15分）

某历史文化街区的控制性详细规划划定了核心保护范围及建设控制地带，划定了地下文物埋藏区保护界线。为做好历史文化街区的消防安全工作，规划了一处一级普通消防站，同时为丰富广大居民文化生活，规划将娘娘庙及周边空地改造成小型剧场。在街区西南角院落内规划增加地铁出入口一处，利用街区西北角现状小广场规划地下停车场。

试指出该规划存在的主要问题并阐述理由（图2-8-5）。

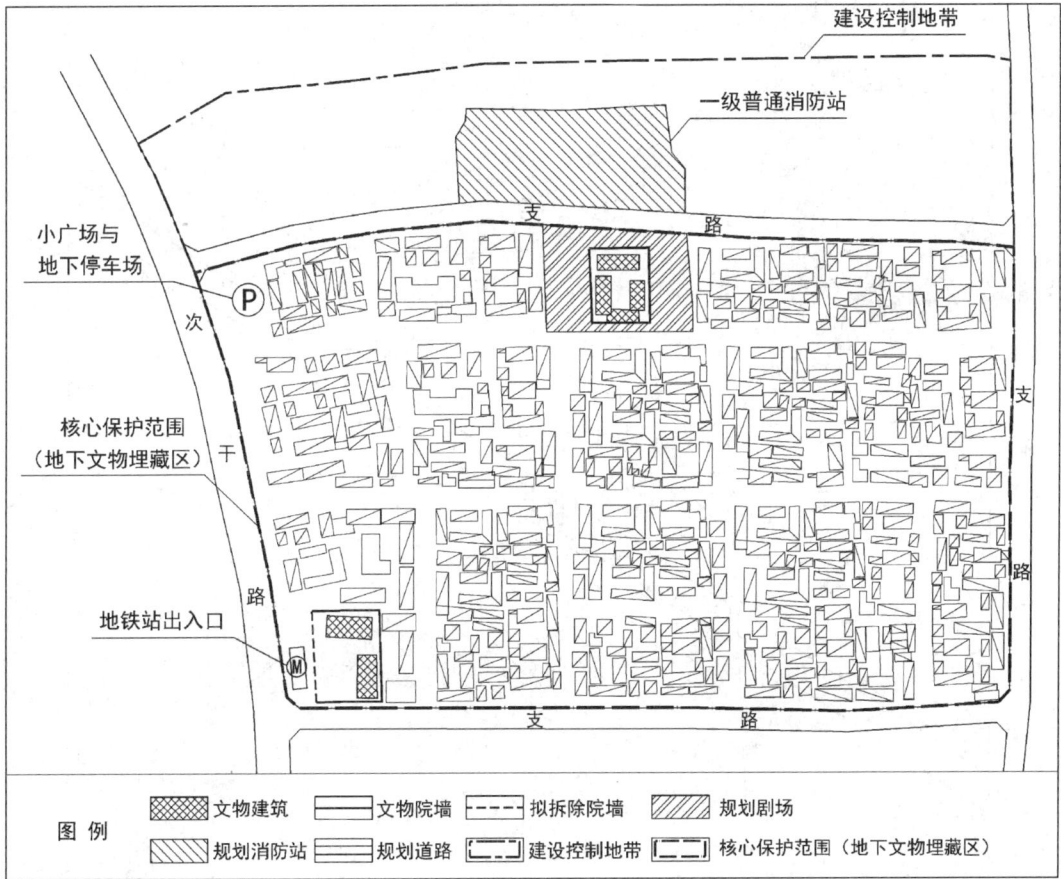

图 2-8-5 某历史文化街区控制性详细规划示意图

2020-06 **试题六（15 分）**

某省级高速公路已列为该省重点交通项目，高速公路选址穿过国有林场、纳入河道管理的河滩、村庄及永久基本农田，分别占 A、B、C、D 地块，如图 2-8-6 所示。

试回答：

1. 该项目是否占用新增建设用地？

2. 该项目哪些地块涉及农用地转用审批？分别阐述 A、B、C、D 各地块是否涉及的理由。

3. 该项目哪些地块涉及土地征收审批？分别阐述 A、B、C、D 各地块是否涉及的理由。

4. 该项目涉及农用地转用的审批权和涉及土地征收的审批权分别在哪级政府？并阐述理由。

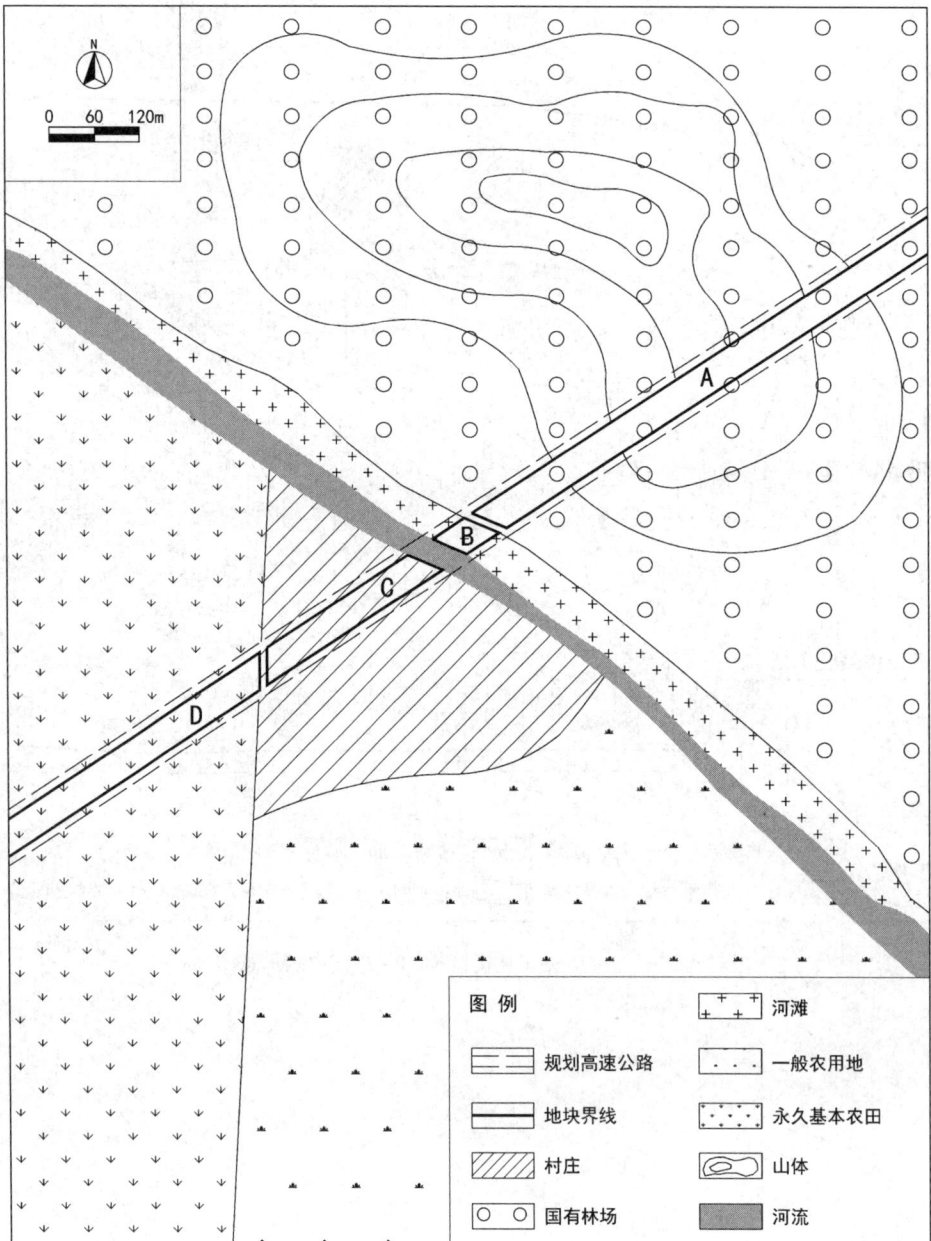

图 2-8-6　某高速公路项目选址示意图

为统筹农村人居环境，推进乡村振兴，镇三个相邻的行政村共同组织编制完成了新的村庄规划，规划预留了8％的建设用地机动指标，为落实"一户一宅"的国家政策规定，局部调整了生态保护红线，以新增部分宅基地，为促进产业发展，三个村共同建设了小型农产品加工厂和农机具制造厂，为改善交通条件，将原联系三村之间的3m宽的土路改造为9m宽的水泥路。

试指出该村庄规划存在的主要问题并阐述理由。

二、真题解析

（一）**2020-01** 试题一（15分）

【参考答案】

1. 空间布局

① 热电厂和工业园区选址不合理：

a）根据洋流方向，热电厂和产业园区排放的废气、废水（冷却水）和污水将对鱼类产卵场造成极大负面影响，不利于海洋生物多样性的维护；

b）为了促进经济发展和乡镇工业用地整合，热电厂和工业园区应结合中心城区或镇区布置。

② 中心城区对外交通规划不合理，无专用入城道路联系高速公路。

2. 资源利用与环境保护

③ 将国家公园的核心区划入生态保护红线不符合政策规定，国家公园应整体划入生态保护红线。

④ 在国家公园核心区局部搬迁居民点，复垦增补一定数量的耕地不符合政策规定，核心保护区内原住居民应实施有序搬迁，对暂时不能搬迁的可以设立过渡期，允许开展必要的、基本的生产活动，但不能再扩大发展。

⑤ 国家公园一般控制区的具体监管办法不应由市级国土空间规划部门制定，应由省级人民政府制定，且应对所有不破坏生态功能的有限的人为活动制定具体监管办法。

⑥ 规划填海建设热电厂和产业园区违反国家政策。除了国家重大项目外，全面禁止新增围填海。

⑦ 鱼类产卵场是具有生物多样性维护功能的生态功能极重要区域，应考虑划入生态保护红线。

> 提示：
>
> 1. 中共中央办公厅 国务院办公厅印发《关于建立以国家公园为主体的自然保护地体系的指导意见》
>
> （四）要将生态功能重要、生态环境敏感脆弱以及其他有必要严格保护的<u>各类自然保护地纳入生态保护红线管控范围</u>。
>
> （五）将自然保护地按生态价值和保护强度高低依次分为3类：<u>国家公园、自然保护区、自然公园</u>。
>
> **国家公园**：是指以保护具有国家代表性的自然生态系统为主要目的，实现自然资

源科学保护和合理利用的特定陆域或海域，是我国自然生态系统中最重要、自然景观最独特、自然遗产最精华、生物多样性最富集的部分，保护范围大，生态过程完整，具有全球价值、国家象征，国民认同度高。

（十四）国家公园和自然保护区实行分区管控，原则上核心保护区内禁止人为活动，一般控制区内限制人为活动。

（十六）对自然保护地进行科学评估，将保护价值低的建制城镇、村屯或人口密集区域、社区民生设施等调整出自然保护地范围。结合精准扶贫、生态扶贫，核心保护区内原住居民应实施有序搬迁，对暂时不能搬迁的，可以设立过渡期，允许开展必要的、基本的生产活动，但不能再扩大发展。

2. 中共中央办公厅 国务院办公厅印发《关于在国土空间规划中统筹划定落实三条控制线的指导意见》

（十一）对于生态保护红线内允许的对生态功能不造成破坏的有限人为活动，由省级人民政府制定具体监管办法；城镇开发边界调整报国土空间规划原审批机关审批。

3.《国务院关于加强滨海湿地保护严格管控围填海的通知》（国发〔2018〕24 号）

二、（三）完善围填海总量管控，取消围填海地方年度计划指标，除国家重大战略项目外，全面停止新增围填海项目审批。

（二）2020-02 试题二（15 分）

【参考答案】

1. 城市性质及定位

① 风景旅游城市和临港制造业基地属于城市职能，不是城市性质。

2. 空间布局

② 中心城区人口规模 35 万，为小城市规模，划分为 5 个组团，数量过多，且高铁组团、旅游组团、岛屿组团规模过小，难以作为独立的城市功能组团存在，不宜规划为独立功能组团。

3. 用地布局

③ 综合组团 A 和综合组团 B 公共管理与公共服务设施用地和商业服务业设施用地布局零散，无法形成组团中心。

④ 高铁组团内公共管理与公共服务设施用地比例过大。

⑤ 旅游组团和岛屿组团用地布局功能单一，容易造成职住分离与钟摆式交通问题。

⑥ 紧邻货运站布置居住用地不合理，应结合货运站布置物流仓储用地，形成对外铁路货运枢纽，便于城乡集散运输。

⑦ 南部商业、服务业用地和工业用地、物流仓储用地之间未设置卫生防护带。

⑧ 油品仓库选址不当，应布置在城市下风向或侧风向的郊区独立地段，且设置隔离地带。

⑨ 普通铁路线穿越拟填海区内港口用地，铁路两侧未设置防护绿地。

⑩ 给水厂及取水口位于公园与广场用地内，无独立用地，且取水口处于高铁组团的下游，选址不当。

⑪ 污水处理厂设置在生态绿地中不合理，生态绿地属于特别用途区，原则上禁止任何城镇集中建设行为，且多组团仅设置一处污水处理厂，造成污水管网跨多条河流建设，建设成本高。

4. 交通组织

⑫ 组团间交通联系不够紧密：高铁组团与其他组团仅有一条主要道路联系，综合组团A、综合组团B和旅游组团仅北部有主要道路连接，内部交通联系不便。

⑬ 县城为组团布局，为避免客货运交通运行组织的矛盾，应考虑在东部增设一个高速公路出入口，满足东部3个组团的对外交通需求。

⑭ 旅游组团仅有1条主要道路对外联系，应考虑在其他方向增加对外联系道路。

5. 资源环境保护

⑮ 规划围填海违反国家规定，除国家重大战略项目外，全面停止新增围填海项目审批。

⑯ 滨海湿地具有重要的生态功能，应划入生态保护红线，严格禁止开发性、生产性建设活动。

⑰ 为防止人为活动对取水口的直接污染，应以取水口为中心设置饮用水水源保护区，并将其划入生态保护红线。

> **提示：**
> 1.《城市综合交通体系规划标准》GB/T 51328—2018
> 12.3.7 分散布局的城市，各相邻片区、组团之间宜有2条以上城市干线道路。
> 2.《国务院关于加强滨海湿地保护严格管控围填海的通知》（国发〔2018〕24号）
> 二、（三）完善围填海总量管控，取消围填海地方年度计划指标，除国家重大战略项目外，全面停止新增围填海项目审批。
> 3. 中共中央办公厅 国务院办公厅印发《关于在国土空间规划中统筹划定落实三条控制线的指导意见》
> （四）生态保护红线内，自然保护地核心保护区原则上禁止人为活动，其他区域严格禁止开发性、生产性建设活动，在符合现行法律法规前提下，除国家重大战略项目外，仅允许对生态功能不造成破坏的有限人为活动。

（三）**2020-03** 试题三（15分）

【参考答案】

1. 建筑布局

① 东北部居住街坊内26层高层住宅建筑之间的日照间距不符合当地日照间距要求。

② 托老所被南侧26层高层住宅建筑遮挡日照，不满足老年人居住建筑日照标准不应低于冬至日日照时数2h的要求。

③ 西北部21层高层住宅与2层裙房之间建筑间距小于9m，不满足防火间距要求。

④ 北侧临街裙房建筑界面不连续，四周沿街建筑后退用地红线距离不一，应结合配套设施的布局塑造连续、宜人、有活力的街道空间。

⑤ 南部多层建筑层数有5层和6层两种，其中一栋建筑同时设置两种层数，应选用统一的多层建筑层数，形成有序协调的建筑高度。

2. 交通组织

⑥ 住区内部南北向支路不宜直接与北侧主干路形成交叉连通。

⑦ 临近南侧次干路应考虑人车分流，增设独立人行出入口，衔接滨河生态绿带，形成连续的步行空间。

⑧ 地面机动车停车数量为住宅总套数的20%，超出标准要求的不宜超过10%。

3. 配套设施

⑨ 配套设施布局分散，宜集中布局，联合建设，形成社区综合服务中心。

⑩ 配套幼儿园选址不合理，不满足幼儿园服务半径不宜大于300m的要求，且穿越城市道路，应在规划用地内，结合公共绿地独立设置。

⑪ 配套小学选址应避开城市干路交叉口等交通繁忙路段。

⑫ 小型多功能运动场用地面积较小，不满足《社区生活圈规划指南》要求。

4. 居住环境

⑬ 小区公园绿地中设置了8%的体育活动场地，未达到标准要求的10%～15%。

> **提示：**
>
> 《城市居住区规划设计标准》GB 50180—2018
>
> 4.0.4 新建各级生活圈居住区应配套规划建设公共绿地，并应集中设置具有一定规模，且能开展休闲、体育活动的居住区公园，居住区公园中应设置10%～15%的体育活动场地。
>
> 5.0.6 地上停车位应优先考虑设置多层停车库或机械式停车设施，地面停车位数量不宜超过住宅总套数的10%。

(四) 2020-04 试题四（10分）

【参考答案】

1. 支路不宜直接与交通性主干路形成交叉连通，且不宜跨越河道。

2. A片区位于中心城区，规划的道路间距过大，道路系统密度过低，未达到国家要求的8km/km²。

3. 次干路和支路间距与密度平均，未结合城市次中心和居住区的不同功能用地布局与开发强度综合确定。

4. 规划方格状道路系统未因地制宜结合河流走向综合考虑，造成部分河流两岸地块形状不规整，降低土地利用效益。

5. 纬三路南、北两侧为人流密集城市公园和城市次中心，道路为沿线用地服务较多，不宜规划为交通性主干路。

6. 经二路不应穿越南侧大型城市公园，破坏公园的整体性，不利于打造公园内部连续的步行空间。

7. 规划应依托河流增设绿道，并与城市公园内绿道顺畅衔接，一体化布局，形成通达的绿道网络。

8. A片区地铁站点密度较低，应在土地使用强度较高的城市次中心区域，提高轨道交通站点的密度，增加地铁站点数量。

9. 公交枢纽站距离地铁站点较远，宜与地铁站点合并布置，方便乘客换乘。

《城市综合交通体系规划标准》GB/T 51328—2018

12.6.3　城市不同功能地区的集散道路与支线道路密度，应结合用地布局和开发强度综合确定，其中以居住功能为主的街区道路网密度宜大于等于 8km/km²，商业区与就业集中的中心区街区路网密度宜为 10～20km/km²。

（五）**2020-05**　试题五（15分）

【参考答案】

1. 保护要求

① 在控制性详细规划中划定历史文化街区的保护范围，违反《城市紫线管理办法》。

② 规划将娘娘庙及周边空地改造成小型剧场，违反《文物保护法》。

③ 规划增加地铁出入口，拆除文物院墙，违反《文物保护法》。

2. 周边要素协调关系

④ 一级普通消防站级别高、占地广，建筑体量与历史文化街区风貌相冲突，不宜布置在建设控制地带，历史文化街区内应设置专职消防场站。

⑤ 一级普通消防站应设在便于车辆迅速出动的临街地段，并应尽量靠近城市应急救援通道，不宜布置在支路上。

⑥ 规划消防站与规划剧院距离过近，消防站的执勤车辆主出入口距影剧院等公共建筑的主要疏散出口不应小于50m。

⑦ 在核心保护范围（地下文物埋藏区）内规划地下停车场，违反《历史文化名城保护规划标准》。

提示：

1. 《城市紫线管理办法》第三条

在编制城市规划时应当划定保护历史文化街区和历史建筑的紫线。国家历史文化名城的城市紫线由城市人民政府在组织编制历史文化名城保护规划时划定。其他城市的城市紫线由城市人民政府在组织编制城市总体规划时划定。

2. 《城市消防站建设标准》建标152—2017第十四条

选址应设在辖区内适中位置和便于车辆迅速出动的临街地段，并应尽量靠近城市应急救援通道。消防站执勤车辆主出入口两侧宜设置交通信号灯、标志标线等设施，距医院、学校、幼儿园、托儿所、影剧院、商场、体育场馆、展览馆等公共建筑的主要疏散出口不应小于50m。

（六）**2020-06**　试题六（15分）

【参考答案】

1. 不占用地方新增建设用地指标，由自然资源部直接配置计划指标。

2. A涉及。国有林场用地性质为农用地。

B不涉及。纳入河道管理的河滩用地性质属于未利用地。

C分类涉及。村庄内农用地涉及，其他用地不涉及。

D涉及。永久基本农田用地性质为农用地。

3. A 不涉及。国有林场为国家所有。

B 不涉及。纳入河道管理的河滩为国家所有。

C 分类涉及。村庄的集体土地涉及土地征收审批，其他用地不涉及。

D 分类涉及。如为国有，不涉及；如为村集体所有，涉及土地征收审批。

4. 按照《国务院关于授权和委托用地审批权的决定》（国发〔2020〕4号），该省如果是国务院委托的八个试点省份之一，本项目涉及农用地转用的审批权和涉及土地征收的审批权都在省级人民政府。如不是，则根据《土地管理法》第四十四条和第四十六条，均由国务院审批。

提示：

1. 该项目属于省级重点交通项目，省级人民政府重大项目清单中单独选址的交通项目，依据《自然资源部关于2020年土地利用计划管理的通知》（自然资发〔2020〕91号）：纳入重点保障的项目用地，在批准用地时直接配置计划指标。包括：纳入国家重大项目清单的项目用地，纳入省级人民政府重大项目清单的单独选址的能源、交通、水利、军事设施、产业项目用地。

2. 题干中"村庄"用词不够严谨，若理解为"村庄集体建设用地"，则第二小问回答不涉及，第三小问回答涉及，也可得分。

3. 分情况探讨。

若该省为八个试点省（直辖市）之一（北京、天津、上海、江苏、浙江、安徽、广东、重庆）：

《国务院关于授权和委托用地审批权的决定》（国发〔2020〕4号）：将国务院可以授权的永久基本农田以外的农用地转为建设用地审批事项授权各省、自治区、直辖市人民政府批准。试点将永久基本农田转为建设用地和国务院批准土地征收审批事项委托部分省、自治区、直辖市人民政府批准。

若该省不是八个试点省（直辖市）之一：

《土地管理法》第四十四条：永久基本农田转为建设用地的，由国务院批准。在土地利用总体规划确定的城市和村庄、集镇建设用地规模范围内，为实施该规划而将永久基本农田以外的农用地转为建设用地的，按土地利用年度计划分批次按照国务院规定由原批准土地利用总体规划的机关或者其授权的机关批准。

《土地管理法》第四十六条：经国务院批准农用地转用的，同时办理征地审批手续，不再另行办理征地审批。

（七）2020-07　试题七（10分）

【参考答案】

1. 三村共同组织编制村庄规划不符合《中共中央 国务院关于建立国土空间规划体系并监督实施的若干意见》的规定，村庄规划应由乡镇政府组织编制。

2. 预留8%建设用地机动指标不符合政策规定，政策规定不应超过5%。

3. 调整生态保护红线以新增宅基地不符合政策规定，生态保护红线严禁任意改变用途。

4. 农产品加工厂和农机具制造厂不属于设施农用地，属于建设用地，需申请农用地转用审批才能建设。

5. 超过 8m 的水泥路不属于农村道路用地，属于建设用地，需申请农用地转用审批才能建设。

提示：

1.《中共中央 国务院关于建立国土空间规划体系并监督实施的若干意见》（中发〔2019〕18 号文）

（六）在城镇开发边界外的乡村地区，以一个或几个行政村为单元，由乡镇政府组织编制"多规合一"的实用性村庄规划，作为详细规划，报上一级政府审批。

2.《自然资源部办公厅关于加强村庄规划促进乡村振兴的通知》（自然资办发〔2019〕35 号）

（十四）各地可在乡镇国土空间规划和村庄规划中预留不超过 5% 的建设用地机动指标。

3.《第三次全国国土调查工作分类地类认定细则》

设施农用地（1202）：指直接用于经营性畜禽养殖生产设施及附属设施用地，直接用于作物栽培或水产养殖等农产品生产的设施及附属设施用地，直接用于设施农业项目辅助生产的设施用地，晾晒场、粮食果品烘干设施、粮食和农资临时存放场所、大型农机具临时存放场所等规模化粮食生产所必需的配套设施用地。工厂化农产品加工、农机具制造厂不属于设施农用地。

农村道路（1006）在农村范围内，南方宽度≥1.0m 且≤8m，北方宽度≥2.0m 且≤8m，用于村间、田间交通运输，并在国家公路网络体系之外，以服务于农村农业生产为主要用途的道路（含机耕道）。

4.《国土空间调查、规划、用途管制用地用海分类指南（试行）》

06 农业设施建设用地：指对地表耕作层造成破坏的，为农业生产、农村生活服务的乡村道路用地以及种植设施、畜禽养殖设施、水产养殖设施建设用地。

第九节 2021年真题与解析

一、真题

(一) 2021-01 试题一（15分）

某县现状县域常住人口 39 万，城镇化率 45%，沿河两岸有大量的耕地及多处保存完整的明清时期传统村落，在县域北部、中部、南部有三片储量丰富的煤层气埋藏。该县 2020 年空气质量优良天数占比 73%，人均水资源量 630m³，现状耕地面积低于保护目标。

新编国土空间规划方案提出：对三片煤层气储备区同时进行全面开采，为了增强县城集聚度，在中部规划建设 1 处 20km² 的工业园区。腾空部分传统村落，发展文化旅游产业。加强生态修复，在河道两岸分别建设 500m 生态林带。规划到 2035 年，县域规划人口 45 万，城镇化率 70%。

指出上述规划方案存在的问题，并阐述理由（图 2-9-1）。

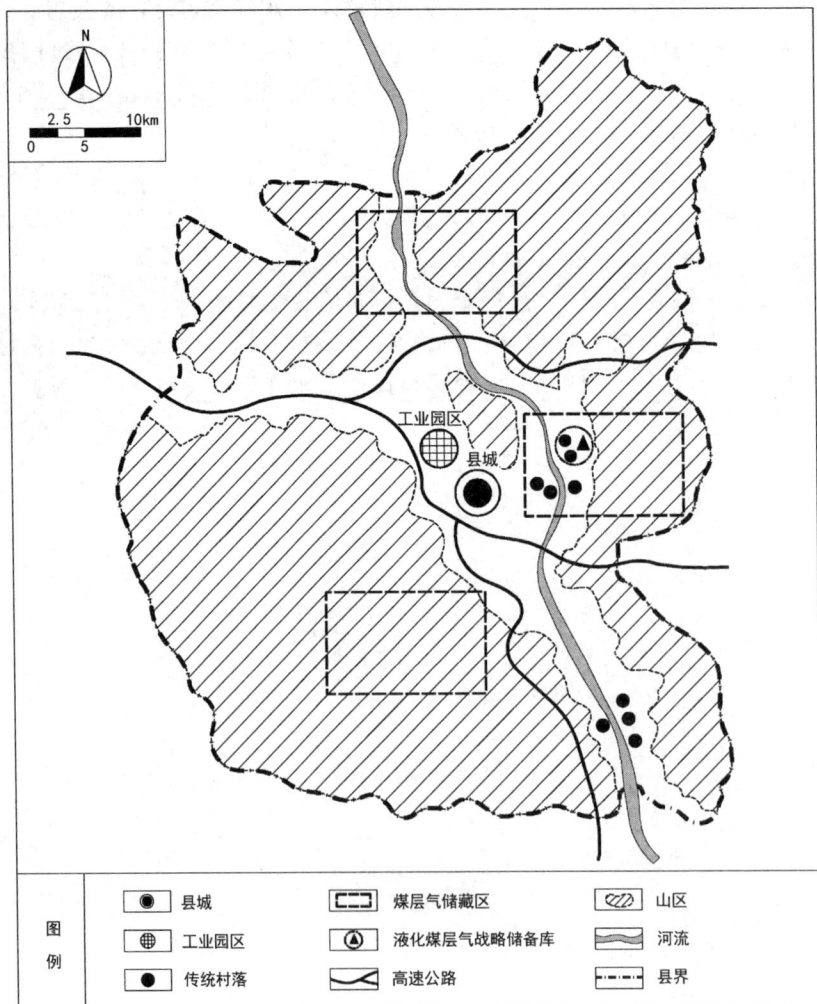

图 2-9-1 某县域国土空间规划示意图

（二）**2021-02**　试题二（15分）

某县城用地规划方案如图 2-9-2 所示，规划确定该县重点发展科教产业、制造业和旅游休闲产业。

试指出该规划方案在资源环境与安全、用地布局、道路交通与重要基础设施等方面存在的主要问题。

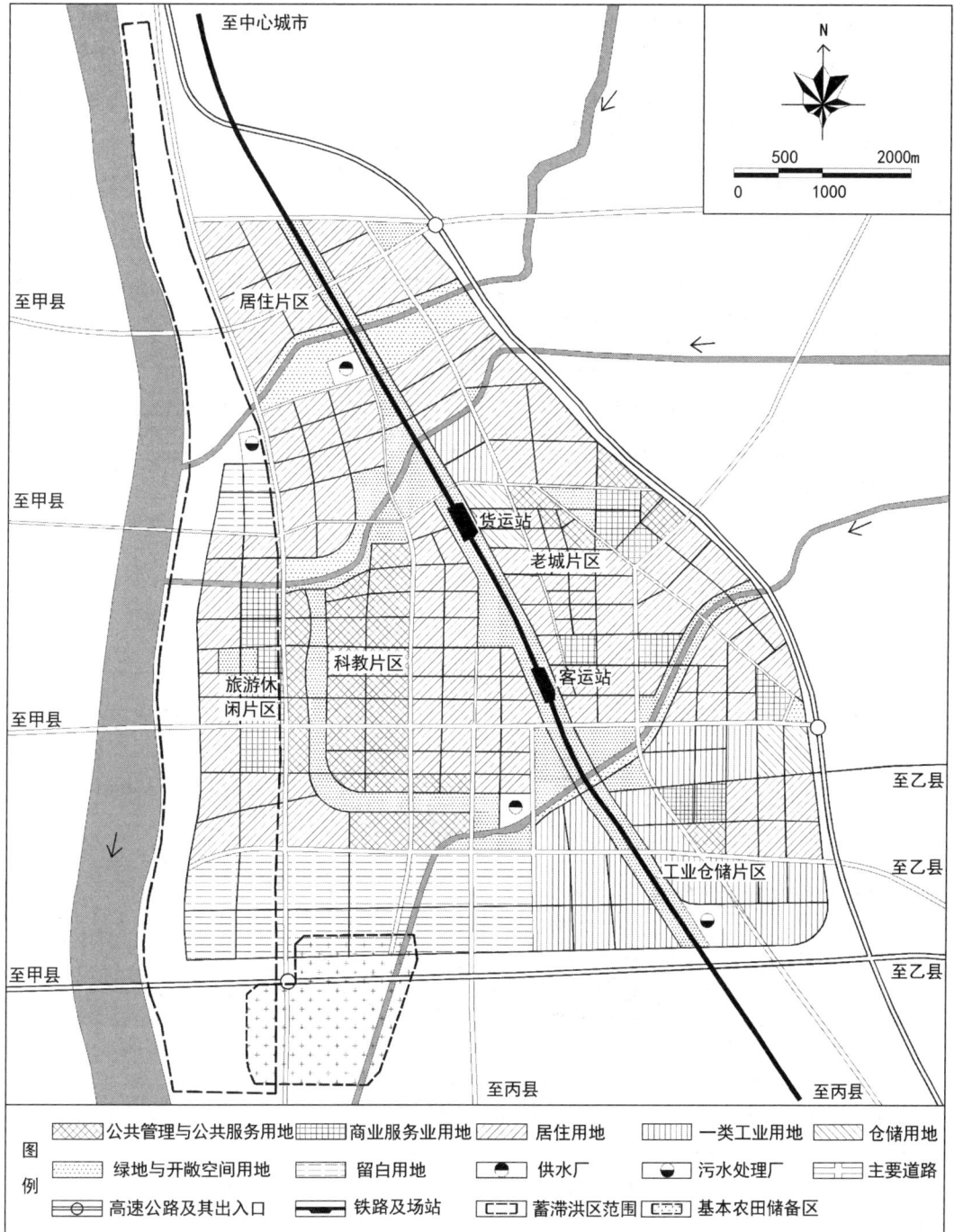

图 2-9-2　某县城用地规划方案示意图

(三) 2021-03 试题三（15分）

图 2-9-3 为北方某城市居住小区规划方案，规划用地面积 23hm²。地段内现有地铁换乘站、大型商场，规划利用一处历史建筑加高作为小学，其余均为新建。

小区规划共计 1800 户。规划地段北侧临主干路建设高层住宅，西侧临主干路建设商业服务设施，并增设一处公交站点。为满足 5 分钟生活圈的居住区配套设施标准，在中部集中布置小学、幼儿园、文化活动站、社区中心、老年中心、运动场等。小区提供 500 个地面停车位及 1500 个地下停车位，大型商场设置为独立地下停车。

当地住宅日照间距系数约 1.6，1~15 号楼一至二层层高 4.5m，其余层高全部为 3m。

试指出该规划方案存在的主要问题，并阐述理由。

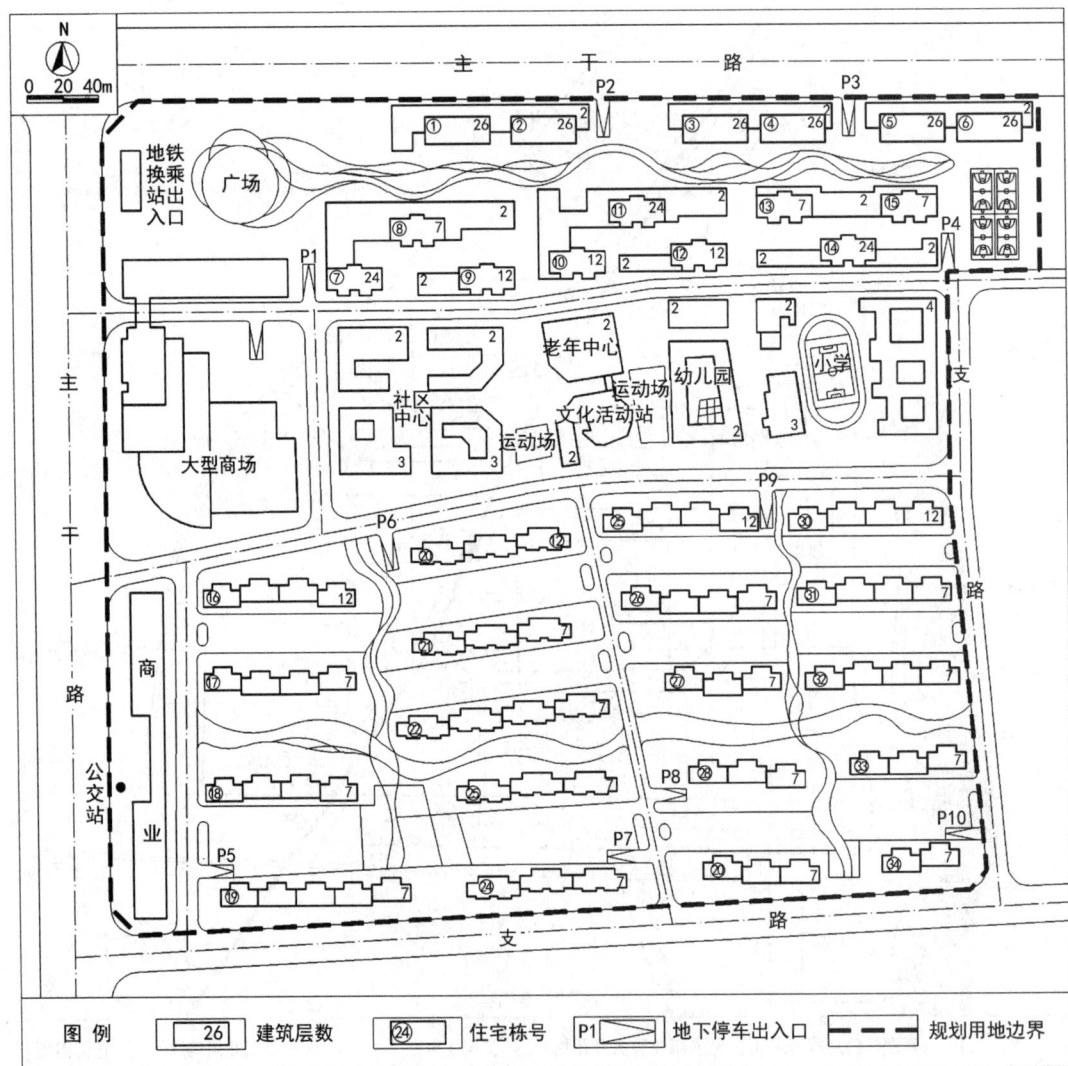

图 2-9-3 某居住小区规划总平面图

（四）2021-04　试题四（10分）

某省 A 市沿海港口拥有集装箱和干散货两大码头作业区。该省决定建设一条疏港高速公路联系海港和腹地城市，以强化港口辐射能力，推动沿海城市外贸经济发展。在经过 A 市中心城区附近时提出三条线路比选方案，如图 2-9-4 所示。中心城区北侧设有国家级出口加工区，南侧为市郊公园。港口的干散货作业区吞吐能力是集装箱吞吐能力的两倍。

试指出：

1. 三条线路方案各自存在的主要问题。
2. 高速公路接向港口哪个作业区更优，并阐述理由。

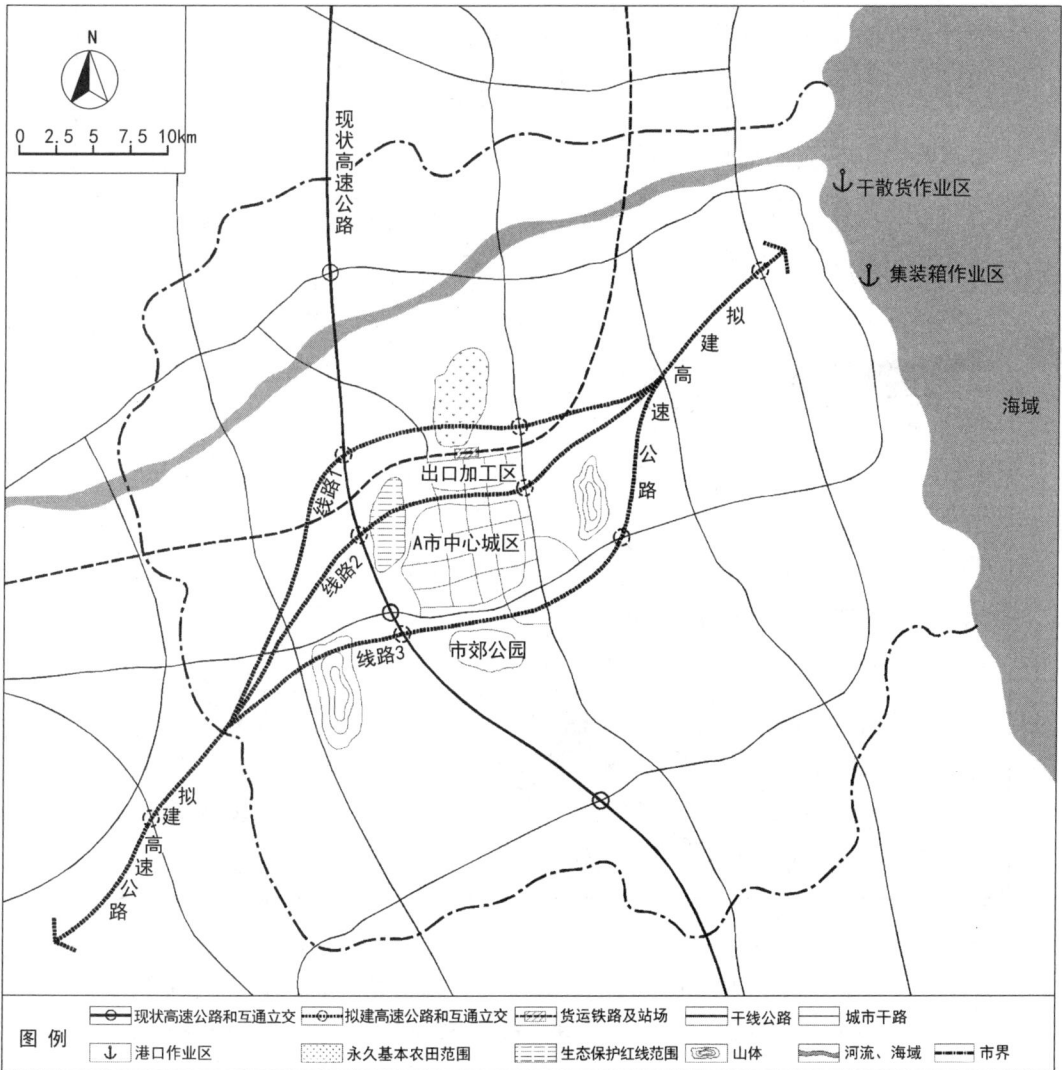

图 2-9-4　某疏港高速公路规划线路比选方案示意图

（五）2021-05　试题五（15分）

某历史文化街区保护规划方案划定了核心保护范围线和建设控制地带（如图 2-9-5 所示）。为了更好解决防洪排涝问题，规划将历史河道适当拓宽，在现状多层住宅北侧的空地上规划一处为历史文化街区服务的次高压调压站，活化利用现状二类工业用地，发展与该街区相关的文化创意产业，同时保留一类工业用地。

试从历史文化街区保护方面指出该规划存在的问题，并阐述理由。

图 2-9-5　某历史文化街区保护规划方案示意图

（六）2021-06 试题六（15分）

某市拟建设一处二级加油加氢站，项目周边环境要素如图2-9-6所示。

项目西北方向的商业中心总建筑面积5万 m²，南侧办公楼总建筑面积3万 m²，住宅楼总建筑面积7000m²。项目用地涉河段堤防设计标准为4级。

试回答：

根据项目周边环境要素，该项目建设的规划设计条件应重点考虑哪些内容？

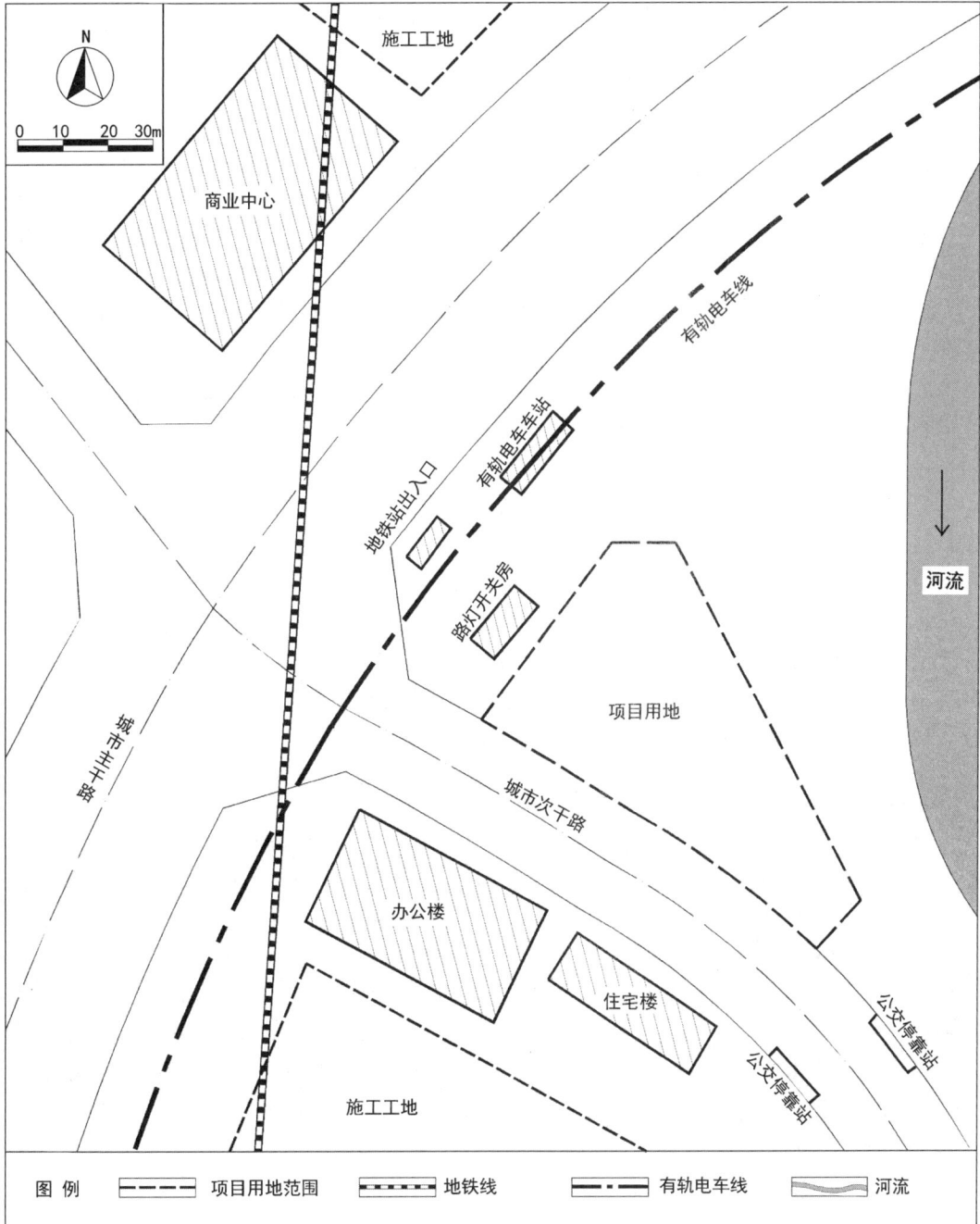

图 2-9-6　某拟建二级加油加氢站环境示意图

某镇 2018 年 2 月被省政府公布为历史文化名镇。该镇人民政府委托一家具有乙级城乡规划资质的设计单位编制了历史文化名镇保护规划，于 2019 年 5 月编制完成，并向县人民政府报送了规划成果，县人民政府批准了该规划。

试回答：

1. 上述保护规划编审工作存在哪些主要问题，并阐述理由。

2. 对存在的问题应如何处理？

二、真题解析

（一）2021-01　试题一（15分）

【参考答案】

1. 该县现状空气质量、人均水资源量和耕地面积均低于全国平均水平，且三片煤层气储备区位于山区、河流、沿河两岸耕地和传统村落，该县资源环境承载能力不足以支撑三片煤层气储备区同时全面开采。

2. 规划工业园区规模过大，以水定城、以水定产不符合该县现状人口与资源环境条件。

3. 工业园区选址远离县城，且位于山谷之中，不利于产城融合与工业污染物排放。

4. 腾空部分传统村落来发展文化旅游产业，不符合保持传统村落的完整性、真实性和延续性的要求，严禁将村民全部迁出。

5. 在河道两岸分别建设 500m 生态林带，占用沿河两岸大量耕地，超标准建设绿色通道，违反国家坚决制止耕地"非农化"行为的规定。

6. 规划人口规模不合理，以水定人，该县水资源匮乏，人口增长规模将受到限制。

7. 规划城镇化水平增长过快，不符合我国城镇化发展规律与该县现状条件。

8. 液化煤层气战略储备库不应选址在煤层气储备区内，且不应将传统村落纳入规划范围。液化煤层气战略储备库为易燃易爆设施，应满足防火要求，应布置在郊区的独立地段，远离历史文化资源和人员密集场所。

提示：

1.《国务院办公厅关于坚决制止耕地"非农化"行为的通知》

二、严禁超标准建设绿色通道。要严格控制铁路、公路两侧用地范围以外绿化带用地审批，道路沿线是耕地的，两侧用地范围以外绿化带宽度不得超过 5m，其中县乡道路不得超过 3m。铁路、国道省道（含高速公路）、县乡道路两侧用地范围以外违规占用耕地超标准建设绿化带的要立即停止。不得违规在河渠两侧、水库周边占用耕地及永久基本农田超标准建设绿色通道。今后新增的绿色通道，要依法依规建设，确需占用永久基本农田的，应履行永久基本农田占用报批手续。交通、水利工程建设用地范围内的绿化用地要严格按照有关规定办理建设用地审批手续，其中涉及占用耕地的必须做到占补平衡。禁止以城乡绿化建设等名义违法违规占用耕地。

2.《住房和城乡建设部 文化部 国家文物局 财政部关于切实加强中国传统村落保护的指导意见》

（二）保持传统村落的真实性。注重文化遗产存在的真实性，杜绝无中生有、照搬抄袭。注重文化遗产形态的真实性，避免填塘、拉直道路等改变历史格局和风貌的行为，禁止没有依据的重建和仿制。注重文化遗产内涵的真实性，防止一味娱乐化等现象。注重村民生产生活的真实性，合理控制商业开发面积比例，严禁以保护利用为由将村民全部迁出。

（二）2021-02　试题二（15分）

【参考答案】

1. 资源环境与安全

① 蓄滞洪区范围内规划旅游休闲片区、留白用地和污水处理厂不合理，城镇建设和发展应避让地质灾害风险区、蓄泄洪区等不适宜建设区域。

② 留白用地占用基本农田储备区，不符合《市级国土空间总体规划编制指南（试行）》要求，城镇发展区不应与农田保护区交叉重叠。

③ 为保证基本农田的数量与质量，不应将留白用地、蓄滞洪区、道路与河流划入基本农田储备区。

2. 用地布局

④ 居住片区和工业仓储片区跨铁路线布局方式不合理，规划片区应以铁路作为划分边界，避免造成片区内部交通联系不便。

⑤ 科教片区和居住片区用地功能较为单一，难以形成相对独立的功能组团。

⑥ 工业仓储片区内的居住用地和服务配套设施被工业用地和仓储用地包围，导致片区内客货运交通混杂，且仓储用地占比过少。

⑦ 货运站旁仓储和工业用地靠近老城片区，规模较小，应结合工业仓储片区集中布置。

⑧ 绿地与开敞空间用地与西侧河流缺之联系，不利于蓝绿开敞空间系统的整体打造。

3. 道路交通

⑨ 由于该县城用地被铁路与多条河流分割，部分片区之间无干线道路联系，且部分非主要道路穿越铁路，各相邻片区、组团之间宜设置2条以上城市干线道路。

⑩ 东西向对外交通干路穿越居住片区不合理，片区内部交通严重影响对外交通通行效率。

⑪ 铁路货运站距离工业仓储片区较远，增加城市内部货运交通压力，应结合工业仓储片区布置，且应设置货运交通干线，便捷连通高速公路出入口和增设水运码头，形成多式联运货运体系。

⑫ 铁路客运站与周边居住用地功能不匹配，应结合商业服务业用地配套设置。

⑬ 工业仓储片区东北部的高速公路出入口选址不当，导致连接该出入口的东西向主要道路的过境交通量大增，对外交通与内部交通混乱，应考虑设置在县城东南角。

⑭ 规划对外交通线路过多，造成建设浪费。

4. 重要基础设施

⑮ 两处供水厂选址不当，不应设置在城镇发展区内部与河流中下游，而应选址在城

镇发展区边缘的河流上游，避免位于工业和仓储用地下游。

⑯ 两处污水处理厂与周边用地均未设置防护隔离带，且南部污水处理厂选址远离河流，经过处理后满足排放标准的污水无法就近排放。

提示：
《市级国土空间总体规划编制指南（试行）》2020

G.3.1.1 城镇集中建设区。结合城镇发展定位和空间格局，依据国土空间规划中确定的规划城镇建设用地规模，将规划集中连片、规模较大、形态规整的地域确定为城镇集中建设区。现状建成区，规划集中连片的城镇建设区和城中村、城边村，依法合规设立的各类开发区，国家、省、市确定的重大建设项目用地等应划入城镇集中建设区。城镇建设和发展应避让地质灾害风险区、蓄泄洪区等不适宜建设区域，不得违法违规侵占河道、湖面、滩地。

（三）2021-03 试题三（15分）
【参考答案】

1. 1~6号住宅建筑高度为81m，不符合居住街坊住宅建筑高度控制最大值80m的规定。

2. 1~6号高层建筑后退主干路道路红线距离不符合《城市居住区规划设计标准》的要求。

3. 1~2号、3~4号、5~6号高层建筑间距小于13m，不满足防火间距要求。

4. 11号楼为高层住宅建筑，未沿建筑的一个长边设置消防车道，不满足灭火救援设施要求。

5. 幼儿园和小学被25号与30号住宅建筑遮挡日照，不满足幼儿园与小学的日照标准要求。

6. 幼儿园活动场地设于幼儿园建筑日照阴影线内不合理，应有不少于1/2的活动面积在标准的建筑日照阴影线之外。

7. 利用历史建筑加高作为小学不合理，不应破坏历史建筑风貌和改变原有使用性质。

8. 小学应设不低于200m环形跑道和60m直跑道，教室与室外运动场地边缘间的距离不应小于25m。

9. 5分钟生活圈居住区缺少公共绿地，不满足《城市居住区规划设计标准》中人均公共绿地面积不低于1m²/人的规定。

10. 西侧临主干路新建独立用地的商业服务设施不合理，现有的大型商场和规划的1~15号楼的裙房可设置商业配套设施，满足小区商业服务需求。

11. 公交站选址不当，应结合现有地铁换乘站布置，靠近地铁站出入口，方便换乘。

12. 小区东北部篮球场服务半径较大，可与中部运动场集中设置。

13. 小区户数为1800户，规划地面机动车停车数量500个，远超出标准要求的不宜超过住宅总套数的10%。

14. 小区规划1500个地下停车位，却配置了10个地下停车出入口，地下停车出入口数量设置过多，且连接道路的缓冲段距离不满足标准要求。

15. 小区内东西向道路不宜直接与西侧主干路形成交叉连通，P2和P3地下车库出入口也不宜直接与主干路连接。

16. 应通过慢行网路连接服务要素，形成连续、完整的公共空间系统，并与公共交通体系便捷连通。

> **提示：**
>
> 1.《城市居住区规划设计标准》GB 50180—2018
>
> 5.0.6　地上停车位应优先考虑设置多层停车库或机械式停车设施，<u>地面停车位数量不宜超过住宅总套数的10%</u>。
>
> 2.《建筑设计防火规范》GB 50016—2014（2018年版）
>
> 7.1.2　高层民用建筑，超过3000个座位的体育馆，超过2000个座位的会堂，占地面积大于3000m²的商店建筑、展览建筑等单、多层公共建筑应设置环形消防车道，确有困难时，可沿建筑的两个长边设置消防车道；<u>对于高层住宅建筑和山坡地或河道边临空建造的高层民用建筑，可沿建筑的一个长边设置消防车道，但该长边所在建筑立面应为消防车登高操作面</u>。

（四）2021-04　试题四（10分）

【参考答案】

1. 线路1存在问题：

① 占用永久基本农田。

② 两次跨越货运铁路线，建造成本高。

③ 拟建高速公路与出口加工区被铁路线路分隔，需通过干线公路穿越铁路连接到互通立交，交通不便。

④ 远离A市中心城区，造成中心城区与海港之间联系不便。

线路2存在问题：

① 穿越生态保护红线范围，占用生态保护区。

② 分隔了中心城区和出口加工区，造成城市组团间联系不便，如采取高架形式，则增加造价。

线路3存在问题：

① 穿越山体，增加建造成本。

② 分隔了中心城区和市郊公园，不利于游憩出行。

③ 远离出口加工区，造成国家级出口加工区与海港之间联系不便。

④ 西面的拟建互通立交与现状高速公路的互通立交距离太近，不符合《城市对外交通规划规范》要求。

⑤ 东面的拟建互通立交离中心城区和出口加工区较远，高速公路城市出入口应设置在建成区边缘。

2. 高速公路接向港口集装箱作业区更优，理由如下。

① 为优化货物运输结构，应推进大宗货物运输"公转铁、公转水"，减少大宗货物公路运输量。干散货多为大宗货物，港口的干散货作业区吞吐能力是集装箱吞吐能力的两倍，且干散货作业区靠近河流，应根据货物属性和吞吐量，选择低碳减排且运输成本较低的水路运输，大力发展江海联运。

② 该疏港高速公路的建设目的主要为推动沿海城市外贸经济发展，便捷联系国家级出口加工区与海港。根据我国外贸出口加工货物特点，出口货物多采用集装箱运载模式，所以应考虑集装箱多式联运方式，将高速公路接向港口集装箱作业区。

> **提示：**
>
> 1.《城市对外交通规划规范》GB 50925—2013
>
> 6.2.1　高速公路城市出入口，应根据城市规模、布局、公路网规划和环境条件等因素确定，宜设置在建成区边缘；特大城市可在建成区内设置高速公路出入口，其平均间距宜为5km～10km，最小间距不应小于4km。
>
> 2.《推进运输结构调整三年行动计划（2018—2020年)》
>
> （一）指导思想。
>
> 以习近平新时代中国特色社会主义思想为指导，全面贯彻党的十九大和十九届二中、三中全会精神，牢固树立和贯彻落实新发展理念，按照高质量发展要求，标本兼治、综合施策，政策引导、市场驱动、重点突破、系统推进，以深化交通运输供给侧结构性改革为主线，以京津冀及周边地区、长三角地区、汾渭平原等区域（以下称重点区域）为主战场，以推进大宗货物运输"公转铁、公转水"为主攻方向，不断完善综合运输网络，切实提高运输组织水平，减少公路运输量，增加铁路运输量，加快建设现代综合交通运输体系，有力支撑打赢蓝天保卫战、打好污染防治攻坚战，更好服务建设交通强国和决胜全面建成小康社会。

（五）2021-05　试题五（15分）

【参考答案】

1. 在历史文化街区保护规划方案中划定历史文化街区的核心保护范围和建设控制地带不符合国家规定，应在历史文化名城保护规划或市、县、乡镇国土空间总体规划中统筹划定。

2. 为解决防洪排涝问题将历史河道拓宽不合理，改变了历史文化街区的重要历史环境要素，破坏传统格局与历史风貌，应尽量避免或减少周边区域的雨水汇入历史文化街区，根据地形和排水条件，采用源头控制方式为主，同步提升防洪排涝设施建设标准。

3. 在核心保护范围内保留现状液化石油气仓库，不符合《历史文化名城保护规划标准》的规定，历史文化街区内不得设置易燃易爆危险品仓库。

4. 在建设控制地带内规划次高压调压站，不符合《历史文化名城保护规划标准》的规定，历史文化街区内不应新建与历史文化街区不协调的大型市政设施。

5. 在核心保护区内规划保留一类工业用地，不符合《历史文化名城保护规划标准》的规定，现状工业应调整搬迁。

6. 在核心保护区内活化利用现状二类工业用地不合理，虽然应鼓励发展与街区相关的文化创意产业，但该工业建筑并未纳入历史建筑，应考虑将与历史风貌相冲突的建筑物进行整治、拆除。

7. 应考虑将历史河道与公园绿地划入该历史文化街区核心保护范围，保持构成历史风貌的自然景观边界的完整性。

8. 应考虑将现状空地划入该历史文化街区的建设控制地带，建设控制地带的划定应将影响核心保护范围风貌的区域纳入，并兼顾用地、道路与行政管理边界。

> **提示：**
>
> 《自然资源部 国家文物局关于在国土空间规划编制和实施中加强历史文化遗产保护管理的指导意见》
>
> 二、对历史文化遗产及其整体环境实施严格保护和管控。在市、县、乡镇国土空间总体规划中统筹划定包括文物保护单位保护范围和建设控制地带、水下文物保护区、地下文物埋藏区、城市紫线等在内的历史文化保护线，并纳入国土空间规划"一张图"，实施严格保护；针对历史文化资源富集、空间分布集中的地域，以及非物质文化遗产高度依存的自然环境和历史文化空间，明确区域整体保护和活化利用的空间管控要求；历史文化保护线及空间形态控制指标和要求是国土空间规划的强制性内容，作为实施用途管制和规划许可的重要依据。国土空间规划中涉及文物保护利用的部分应征求同级文物主管部门意见。

（六）2021-06 试题六（15分）

【参考答案】

1. 建设项目拟建设用地面积、用地性质和建设规模是否符合国土空间总体规划、详细规划和相关专项规划等要求。

2. 考虑二级加油加氢站的容积率、建筑高度、建筑密度等用地指标要求。

3. 由于拟建二级加油加氢站为易燃易爆危险品设施，应分别重点考虑加油加氢合建站中汽油（柴油）和氢气两种工艺设备与以下站外建（构）筑物的最小安全间距：

① 商业中心，总建筑面积5万m²（重要公共建筑物）；

② 南侧办公楼，总建筑面积3万m²（民用建筑一类保护物）；

③ 住宅楼，总建筑面积7000m²（民用建筑二类保护物）；

④ 施工工地；

⑤ 路灯开关房；

⑥ 城市主干路和次干路；

⑦ 铁路线和有轨电车线；

⑧ 地铁站出入口和有轨电车车站（重要公建出入口）；

⑨ 公交停靠站。

4. 考虑加油加氢合建站内平面布置：

① 车辆入口和出口应分开设置；

② 内部道路转弯半径要求；

③ 站内各种设施的防火间距。

5. 地块出入口距道路交叉口不宜小于100m，且应考虑与公交停靠站的安全距离。

6. 考虑建筑退让道路、市政设施、地铁和有轨电车线、河流等控制线的要求。

7. 考虑站内可设置的公共服务配套和市政设施配套设施，如汽车服务设施和公共厕所。

8. 根据项目防洪要求，考虑项目地块最低高程应高于涉河段的河堤标高加上4级堤防工程的安全加高值。

9. 考虑停车、环保、市政、消防、防灾、公共安全和城市设计等要求。

提示：

1. 《城市综合交通体系规划标准》GB/T 51328—2018

13.4.4 公共加油加气站及充换电站宜沿城市主、次干路设置，其出入口距道路交叉口不宜小于100m。

2. 《汽车加油加气加氢站技术标准》GB 50156—2021

4.0.8 加氢合建站中的氢气工艺设备与站外建（构）筑物的安全间距，不应小于表4.0.8的规定。

加氢合建站中的氢气工艺设备与站外建（构）筑物的安全间距（m）　表4.0.8

项目名称		储氢容器（液氢储罐）			放空管管口	氢气储气井、氢气压缩机、加氢机、氢气卸气柱、氢气冷却器、液氢卸车点
		一级站	二级站	三级站		
重要公共建筑物		50（50）	50（50）	50（50）	35	35
明火或散发火花地点		40（35）	35（30）	30（25）	30	20
民用建筑物保护类别	一类保护物	35（30）	30（25）	25（20）	25	20
	二类保护物	30（25）	25（20）	20（16）	20	14
	三类保护物	30（18）	25（16）	20（14）	20	12
甲、乙类物品生产厂房、库房和甲、乙类液体储罐		35（35）	30（30）	25（25）	25	18
丙、丁、戊类物品生产厂房、库房和丙类液体储罐以及单罐容积不大于50m³的埋地甲、乙类液体储罐		25（25）	20（20）	15（15）	15	12
室外变配电站		35（35）	30（30）	25（25）	25	18
铁路、地上城市轨道线路		25（25）	25（25）	25（25）	25	22
城市快速路、主干路和高速公路、一级公路、二级公路		15（12）	15（10）	15（8）	15	6
城市次干路、支路和三级公路、四级公路		10（10）	10（8）	10（8）	10	5
架空通信线路		1.0H				0.75H
架空电力线路	无绝缘层	1.5H				1.0H
	有绝缘层	1.0H				1.0H

注：1. 加氢设施的撬装工艺设备与站外建（构）筑物的防火距离，应按本表相应设备的防火间距确定。
　　2. 氢气长管拖车、管束式集装箱与站外建（构）筑物的防火距离，应按本表储氢容器的防火距离确定。
　　3. 表中一级站、二级站、三级站包括合建站的级别。
　　4. 当表中的氢气工艺设备与站外建（构）筑物之间设置有符合本标准第10.7.15条规定的实体防护墙时，相应安全间距（对重要公共建筑物除外）不应低于本表规定的安全间距的50%，且不应小于8m，氢气储气井、氢气压缩机间（箱）、加氢机、液氢卸车点与城市道路的安全间距不应小于5m。
　　5. 表中氢气设备工作压力大于45MPa时，氢气设备与站外建（构）筑物（不含架空通信线路和架空电力线路）的安全间距应按本表安全间距增加不低于20%。
　　6. 液氢工艺设备与明火或散发火花地点的距离小于35m时，两者之间应设置高度不低于2.2m的实体墙。
　　7. 表中括号内数字为液氢储罐与站外建（构）筑物的安全间距。
　　8. H为架空通信线路和架空电力线路的杆高或塔高。

3. 规划条件类题目不需要写出安全间距的具体数值。

（七）2021-07　试题七（15分）

【参考答案】

1. 上述保护规划编审工作主要违反《历史文化名城名镇名村保护条例》和《历史文化名城名镇名村街区保护规划编制审批办法》，具体问题如下：

① 保护规划应由县级人民政府组织编制；

② 保护规划应当自历史文化名镇批准公布之日起1年内编制完成；

③ 保护规划应当由具有甲级资质的城乡规划编制单位承担；

④ 保护规划报送审批前，组织编制机关应当广泛征求意见，必要时可以举行听证；

⑤ 保护规划应由省人民政府审批。

2. 依据《城乡规划法》，处理如下。

① 该镇人民政府未按法定程序，且委托不具有相应资质等级的单位编制历史文化名镇保护规划，应由上级人民政府责令改正，通报批评；对有关人民政府负责人和其他直接责任人员依法给予处分。

② 该县人民政府未按法定程序审批历史文化名镇保护规划，应由上级人民政府责令改正，通报批评；对有关人民政府负责人和其他直接责任人员依法给予处分。

③ 该乙级城乡规划资质的设计单位超越资质等级许可的范围承揽城乡规划编制工作，应由该县人民政府城乡规划主管部门责令限期改正，处合同约定的规划编制费一倍以上二倍以下的罚款；情节严重的，责令停业整顿，由原发证机关降低资质等级或者吊销资质证书；造成损失的，依法承担赔偿责任。

提示：

《历史文化名城名镇名村保护条例》（2017修正）

第十三条

历史文化名城批准公布后，历史文化名城人民政府应当组织编制历史文化名城保护规划。

历史文化名镇、名村批准公布后，所在地县级人民政府应当组织编制历史文化名镇、名村保护规划。保护规划应当自历史文化名城、名镇、名村批准公布之日起1年内编制完成。

第十六条

保护规划报送审批前，保护规划的组织编制机关应当广泛征求有关部门、专家和公众的意见；必要时，可以举行听证。保护规划报送审批文件中应当附具意见采纳情况及理由；经听证的，还应当附具听证笔录。

第十七条

保护规划由省、自治区、直辖市人民政府审批。保护规划的组织编制机关应当将经依法批准的历史文化名城保护规划和中国历史文化名镇、名村保护规划，报国务院建设主管部门和国务院文物主管部门备案。

第十节 2022年真题与解析

一、真题

（一）2022-01 试题一（15分）

中部某县级市 2021 年常住人口为 98 万，其中城镇人口为 52 万，现状国土开发强度为 21%。

该县国土空间总体规划提出 2035 年城镇化达到 80%，在规划中扩大县城的建设用地规模，对现有的老城区更新改造，老城区 60% 人口迁至县城边缘新建小区，推动 A、B、C 3 个中心镇建设，同时建设食品工业园区，发展乡村旅游，促进乡村振兴。

结合图文，指出问题，并阐述理由（图 2-10-1）。

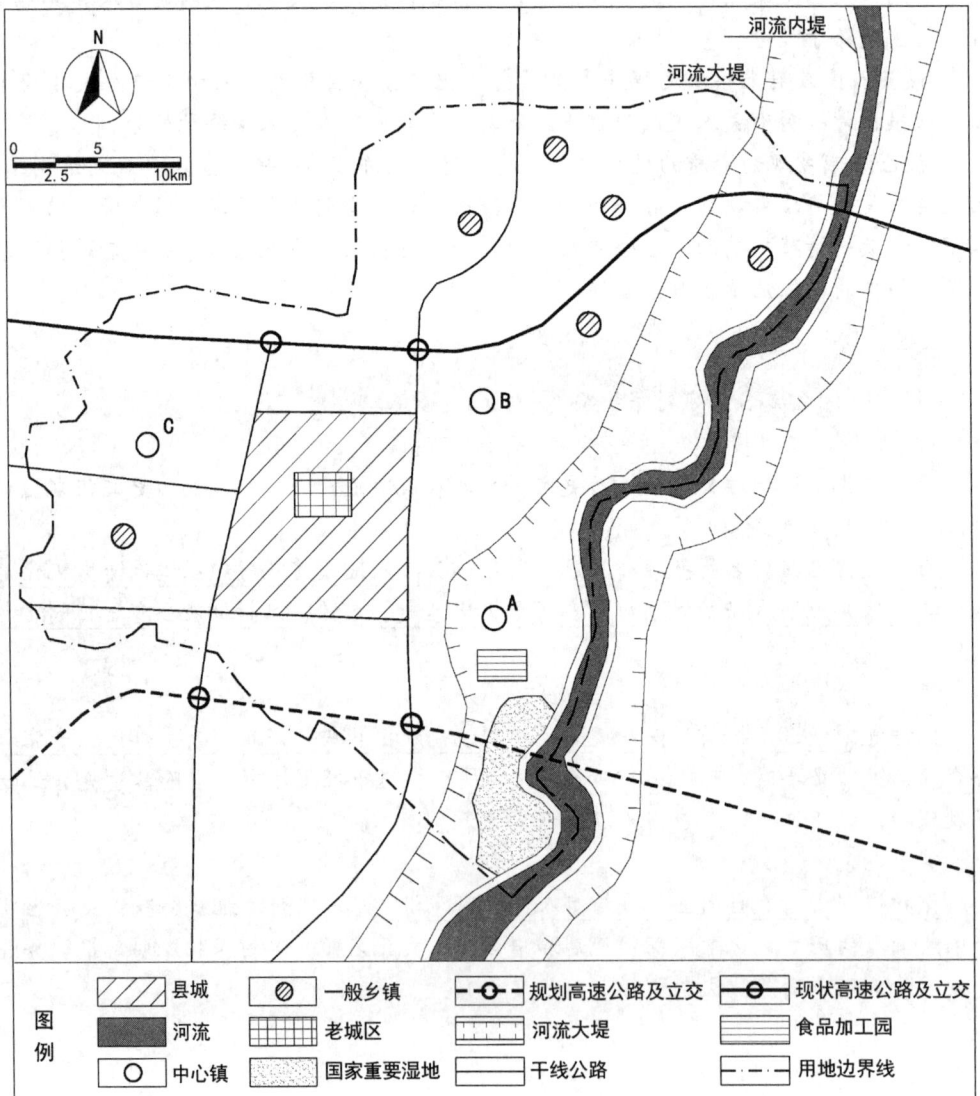

图 2-10-1 某县级市国土空间总体规划示意图

（二） 2022-02 试题二（15分）

某特大城市远郊新城，距中心城 30km。规划依据中心城辐射带动，积极发展研发制造和休闲服务业，河东片区布局政策性住房，承接中心城区疏散人口。北部为工业区，中部为办公生活区，南部为综合休闲服务区，临河规划滨河公园。规划预留发展空间，在北部和南部设置城镇弹性发展区，沿入城主干道设置留白用地。

结合图文（图 2-10-2），从资源环境、用地布局、道路交通、市政设施等方面指出问题并阐述理由。

图 2-10-2　某特大城市远郊新城城区用地规划方案示意图

（三） 2022-03 试题三（15分）

南方某城市居住区，占地约 32hm²，规划容积率 2.3，建筑层高 3m，日照系数 1.2。居住区南侧是为居住区配套的九年一贯制学校，东南侧为原有工业物流区，四周还有现状的住宅建筑分布，停车位满足规范要求。

结合图文（图 2-10-3），指出问题，并阐述理由。

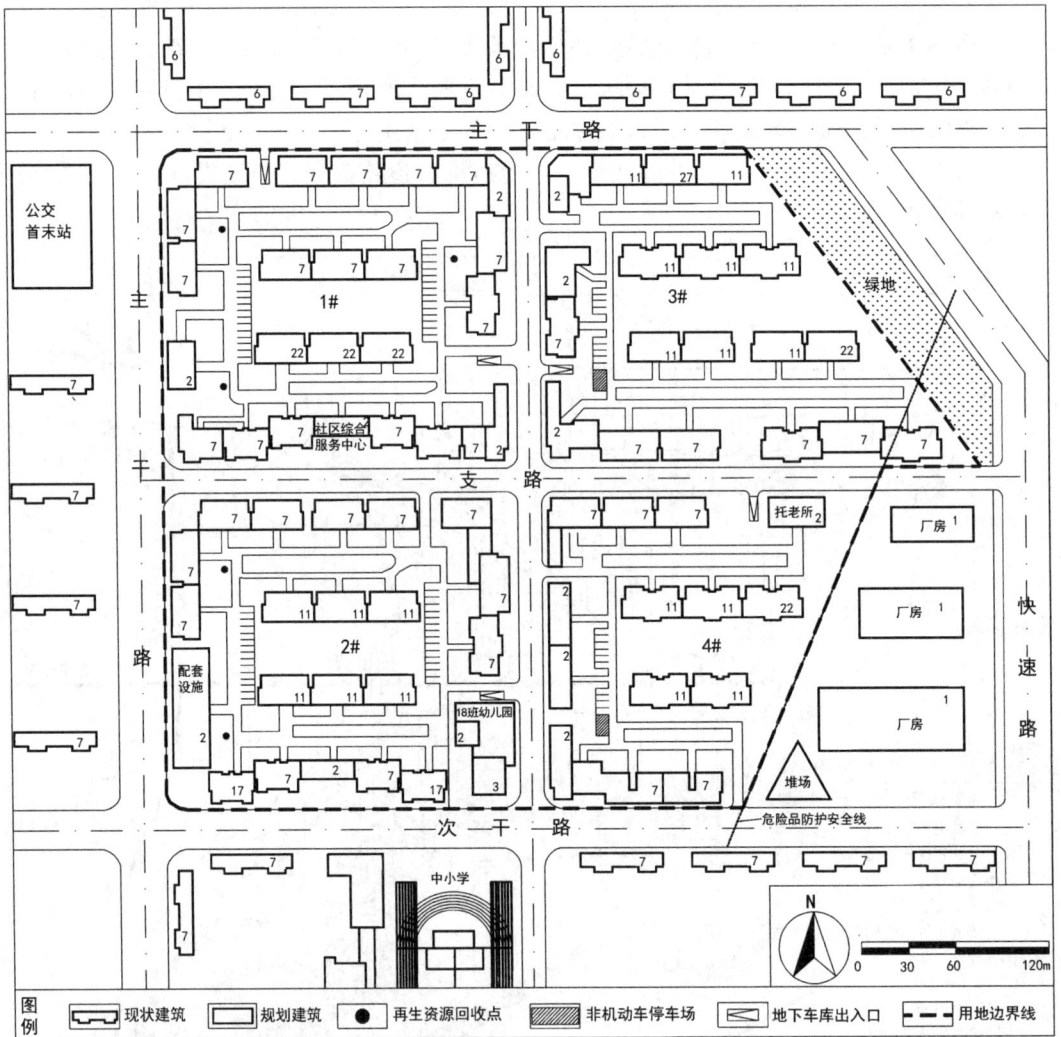

图 2-10-3　某居住小区规划总平面图

（四） 2022-04 **试题四（10 分）**

某大城市市级副中心片区以商业商贸服务功能为主。近年来，片区行车难、停车难、出行难等交通问题日益突出。为缓解交通拥堵，编制副中心片区交通改善规划。

规划提出：完善道路网络，增加副中心道路网络密度至约 10km/km²；渠化道路交叉口，提升通行能力，结合用地条件在交叉口 A 规划一处互通式立交；加强路内停车治理，适当增加路外停车供给，新增 P1、P2 两处机动车公共停车场（库）和一处 P＋R 停车换乘停车场（库），规模分别为 500、250、250 个小汽车泊位。规划同时提出片区公交优先、步行和自行车交通改善等相关措施（图 2-10-4）。

指出该方案在道路系统及停车设施规划方面的问题，并阐述理由。

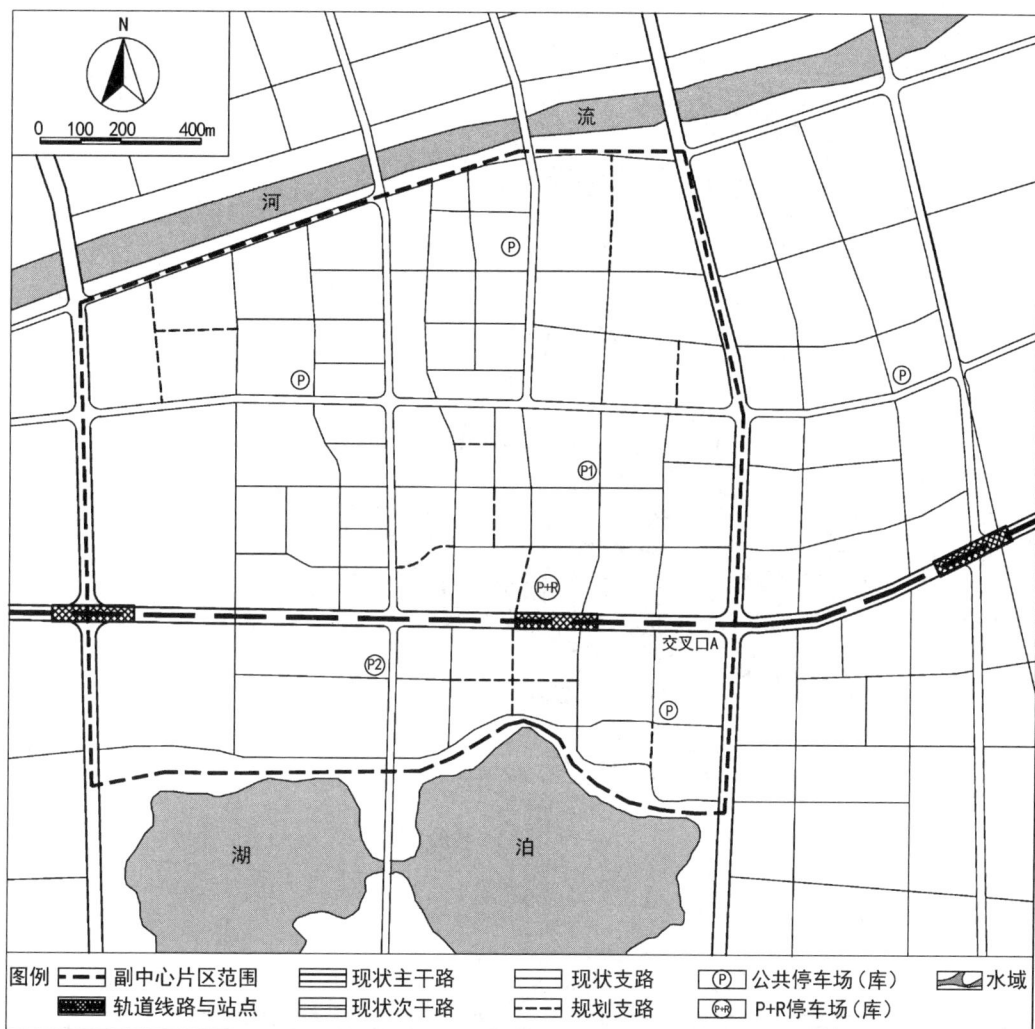

图 2-10-4　某大城市副中心片区交通改善规划示意图

（五）2022-05　试题五（15 分）

北方某县级市为历史文化名城，20 世纪 80 年代在西北高地选址建设新城区，古城整体格局、风貌及周边环境均良好保护。历史城区现状建筑以 2～3 层为主，有两片历史文化街区，知名历史地标北塔位于城北高地。当地为大力发展旅游，编制古城复兴规划方案，提出若干拆迁、改造、新建和完善配套服务设施的设想。

结合图文（图 2-10-5），指出问题，并阐述理由。

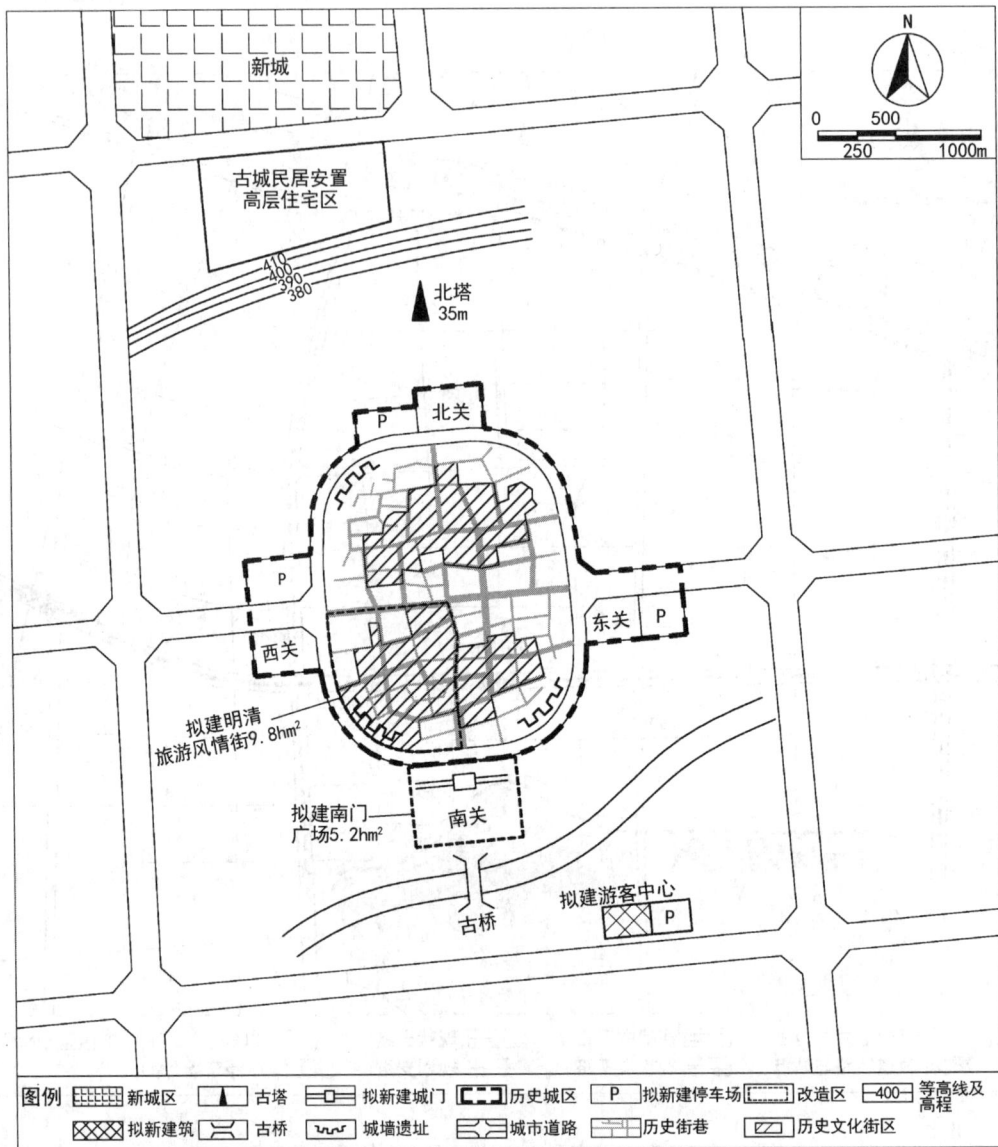

图 2-10-5 某古城复兴规划方案示意图

图中标注文字：

新城

古城民居安置高层住宅区

北塔 35m

北关 P

P 西关

东关 P

拟建明清旅游风情街9.8hm²

拟建南门广场5.2hm²

南关

拟建游客中心 P

古桥

图例：新城区　古塔　拟新建城门　历史城区　P 拟新建停车场　改造区　—400— 等高线及高程　拟新建建筑　古桥　城墙遗址　城市道路　历史街巷　历史文化街区

0　250　500　1000m　N

（六）**2022-06** 试题六（15分）

A1、A2 地块位于城市沿江地区的文创科创园内，规划用地性质为商务金融、居住混合用地，规划要求建成城市沿江地标，地块与周边情况如图 2-10-6 所示。现 A1、A2 地块共同出让，规划部门给出的部分规划条件如下：

1. 用地情况：用地性质、用地面积、地块边界；

2. 规划控制指标：建筑面积、容积率、建筑密度、绿地率；

3. 建筑物后退道路红线要求，建筑间距要求；

4. 市政公用设施配置要求，允许两地块下停车库连通设置；

5. 公共建筑和居住建筑的比例要求，公共建筑与居住建筑独立设置；

6. 公共建筑场地空间对外开放要求。

请补充其他必要的规划条件。

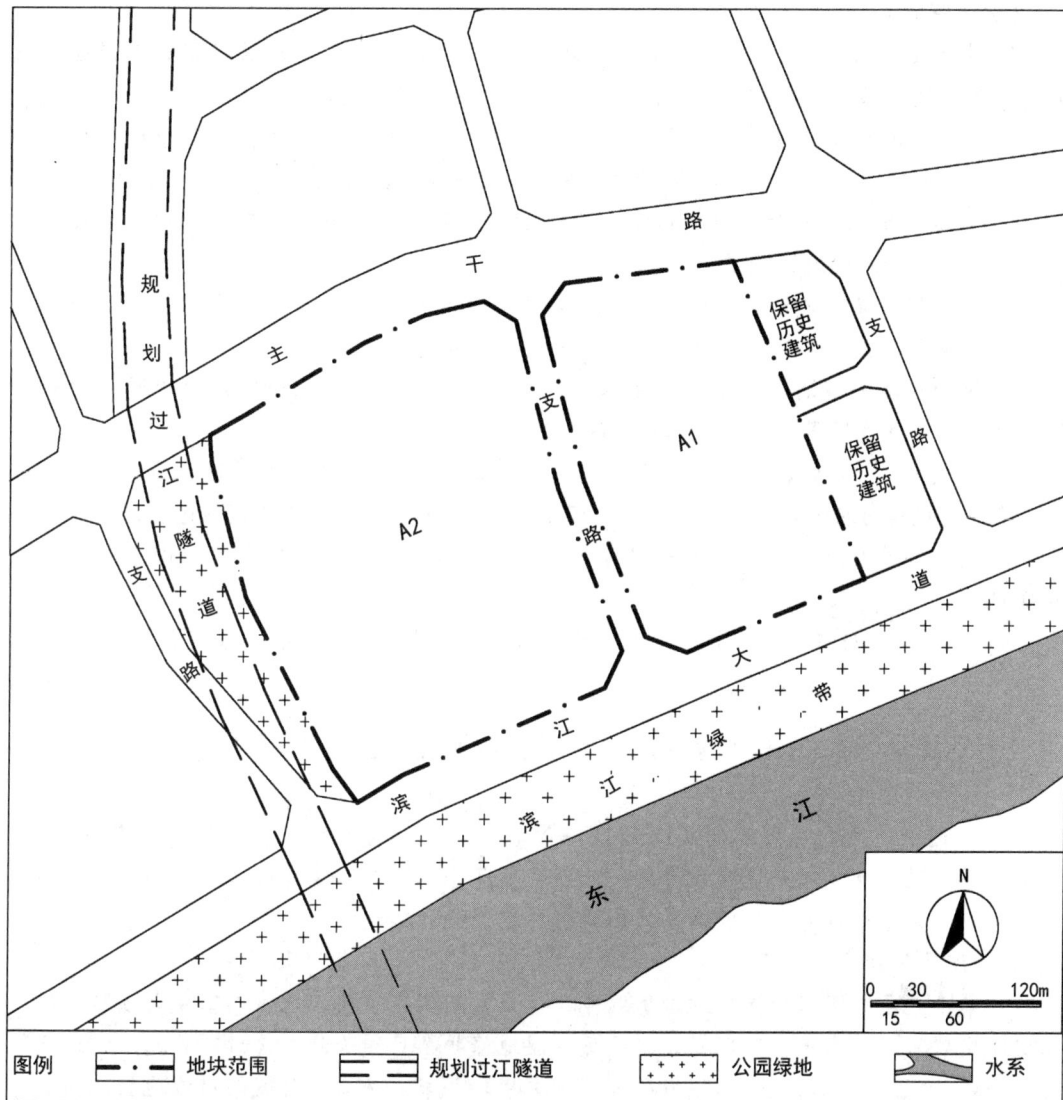

图 2-10-6　拟出让地块环境示意图

(七) 2022-07　试题七（15 分）

邻县村民张某在王庄村租赁土地长期耕作。2021 年 8 月，张某向王庄村村委会申请一处宅基地用于建房，经村委会同意后，张某按当地标准新建住宅一栋。

试问：

1. 上述行为存在哪些问题，并阐述理由。

2. 如果违法，该行为应该由哪个部门进行查处？

二、真题解析

（一）2022-01 试题一（15 分）

【参考答案】

1. 城镇化率从 2021 年现状的 53％到规划 2035 年的 80％，在现状国土开发强度很高的前提下，规划城镇化率增长过快，不符合我国城镇化发展规律。

2. 该县现状国土开发强度为 21％，即现状建设用地规模过大，在规划中继续扩大县城的建设用地规模不合理，不符合节约集约用地的国家政策。

3. 老城区 60％人口迁至县城边缘新建小区，违反了国家关于城市更新中严格控制大规模搬迁，鼓励以就地、就近安置为主的要求。

4. 中心镇布局不合理：A 位于河流大堤内，不适宜建设；B 与北部一般乡镇位置较远，交通联系不便，难以辐射与带动北部一般乡镇的发展。

5. 河流大堤内规划中心镇、一般镇、食品工业园区不合理，城镇建设应避让蓄滞洪区、洪涝风险易发区等不适宜城镇建设的区域。

6. 为发展乡村旅游，促进乡村振兴，将食品工业园区独立选址在县城和乡镇外，不符合具有一定规模的农产品加工要向县城或有条件的乡镇城镇开发边界内集聚的要求。

7. 规划高速公路穿越国家重要湿地，违反《湿地保护法》中禁止占用国家重要湿地的规定。

8. 中心镇 A 与东北部一般乡镇无干线公路连接，中心镇与一般乡镇交通联系不便。

> **提示：**
>
> 《自然资源部关于在全国开展"三区三线"划定工作的函》自然资函〔2022〕47 号
>
> 3. 避让地质灾害极高的高风险区、蓄滞洪区、地震断裂带、洪涝风险易发区、采煤塌陷区、重要矿产资源压覆区及油井密集区等不适宜城镇建设区域，确实无法避让的应当充分论证并说明理由，明确减缓不良影响的措施。
>
> 《湿地保护法》
>
> 第十九条 国家严格控制占用湿地。禁止占用国家重要湿地，国家重大项目、防灾减灾项目、重要水利及保护设施项目、湿地保护项目等除外。建设项目选址、选线应当避让湿地，无法避让的应当尽量减少占用，并采取必要措施减轻对湿地生态功能的不利影响。
>
> 《住房和城乡建设部关于在实施城市更新行动中防止大拆大建问题的通知》（建科〔2021〕63 号）
>
> （三）严格控制大规模搬迁。不大规模、强制性搬迁居民，不改变社会结构，不割断人、地和文化的关系。要尊重居民安置意愿，鼓励以就地、就近安置为主，改善居住条件，保持邻里关系和社会结构，城市更新单元（片区）或项目居民就地、就近安置率不宜低于 50％。践行美好环境与幸福生活共同缔造理念，同步推动城市更新与社区治理，鼓励房屋所有者、使用人参与城市更新，共建共治共享美好家园。

（二）**2022-02** 试题二（15分）

【参考答案】

1. 资源环境

① 东南部耕地与园地重叠不合理，不符合国家关于防止耕地"非粮化"的政策要求。

② 规划环卫设施用地侵占水源保护区范围，违反《水污染防治法》中禁止在饮用水水源准保护区内新建、扩建对水体污染严重的建设项目的规定。

2. 用地布局

③ 留白用地位于城镇集中建设区之外不合理，留白用地为规划建设用地，应在城镇集中建设区内布局。

④ 南部弹性发展区位于污水处理厂南侧，污水处理厂需要与城市居住及公共服务设施用地保持必要的卫生防护距离，向南发展城市空间不合理。

⑤ 依托中心城辐射带动积极发展的研发制造区和休闲商务区，布置在新城北侧和新城南侧滨河地带不合理，缺乏与中心城便捷快速交通方式支撑，难以承接中心城的辐射带动作用。

⑥ 规划城际铁路及场站用地孤立于城镇开发边界外，未结合城市用地布局，也未设置必要交通联系通道，无法为新城提供便利的城际交通服务。

3. 道路交通

⑦ 新城内中部办公生活区、南部综合休闲服务区路网密度均一化不合理，商业区与就业集中区应提高道路网密度。

⑧ 沿城市对外联系主要道路两侧布局大量商业服务业用地与公共服务设施用地不合理，道路功能与用地不协调，容易造成主要道路交通拥堵。

⑨ 规划城际铁路及场站未设置轨道交通站点不合理，客运交通换乘不便，无法形成综合客运交通枢纽。

⑩ 轨道交通站点数量过少，站距过长，且未能与新城中心区结合布局，难以发挥轨道交通便捷快速联系新城与中心城区的作用。

⑪ 河东片区布局政策性住房，承接中心城疏散人口，未设置轨道交通站点与中心城区联系，通勤交通联系不便。

⑫ 高速公路出入口衔接3条主要道路南北向贯穿新城，导致大量穿越性交通与城区内部交通混杂。

⑬ 南侧高速出入口衔接道路与3条主要道路采用环形交叉口不合理，高速公路对外出入口交通量大，采用环形交叉口通行效率低。

⑭ 北部工业园区无便捷的对外货运通道，且远离南部高速公路出入口，货运交通穿城而过，造成城区内客货运交通混杂。

4. 市政设施

⑮ 环卫设施紧邻新城研发制造区，且未设置隔离绿地不合理。环境卫生处理及处置设施应设置在交通运输及市政配套方便、并对周边居民影响较小的区域。

⑯ 污水处理厂选址不当，应靠近河流并位于河流下游，且紧邻弹性发展区不合理，应与城市居住及公共服务设施用地保持必要的卫生防护距离。

⑰ 供水厂紧邻工业用地布置，且周边未设置隔离绿地，供水厂选址应远离污染源且

厂区设置宽度不小于10m的绿化带。

（三）2022-03　试题三（15分）

【参考答案】

1.32hm²为10分钟生活圈居住区，规划容积率2.3，超过标准要求。

2.3#居住街坊内27层住宅建筑高度为81m，不符合居住街坊住宅建筑高度控制最大值80m的规定。

3.3#居住街坊内27层住宅建筑与北侧现状住宅建筑之间的日照间距，不满足日照标准要求。

4.1#居住街坊内22层住宅建筑与7层住宅建筑之间的日照间距，不满足日照标准要求。

5.4#居住街坊内托老所被南侧住宅建筑遮挡，不满足老年人居住建筑日照标准要求。

6.2#居住街坊内西部住宅建筑间距小于9m，不满足防火间距要求。

7.3#居住街坊内东部住宅侵占危险品防护安全线不合理，居住区与危险化学品及易燃易爆品等危险源的距离，必须满足相关安全规定。

8.4#居住街坊与原有工业物流区之间未设置防护绿地。

9.10分钟生活圈居住区规划1个18班幼儿园数量较少，选址不当，不满足幼儿园服务半径不宜大于300m的要求，且幼儿园办园规模不宜超过12班。

10.公交首末站占地面积较小，未结合居住区设置，服务不便。

11.3#、4#居住街坊内未设置再生资源回收站，且总体数量过少，不满足指南要求。

12.居住区内缺少居住区公园与集中绿地，不符合标准要求。

13.3#、4#居住街坊的地下车库出入口分别只有1个，不符合规范要求。

14.居住区内地面停车场与非机动车停车场设置不合理，应设置在靠近街坊出入口方便居民使用的位置。

15.小区内支路不宜直接与快速路和主干路形成交叉连通，1#居住街坊的地下车库出入口也不宜直接与主干路连接。

（四）2022-04　试题四（10分）

【参考答案】

1.规划道路网络密度10km/km²为标准最低推荐值，以商业商贸服务功能为主的大城市市级副中心片区路网密度标准应进一步提高。

2. 对所有道路交叉口做渠化改造不合理，道路交叉口改造尤其是次支路交叉口改造，应优先考虑方便行人过街，而不是优先满足机动车快速高效通行需要。

3. 交叉口A改造为立体互通交叉口不合理，除快速路之外的城区道路上不宜采用立体交叉形式。

4. 规划新增的部分支路交叉口为错位交叉口，不符合规范要求。

5. 河流南侧规划支路衔接两侧现状次干路不合理，规划新增连通段道路定位与横断面布置应与现状道路保持一致。

6. 副中心区西部路网密度较低，街区尺度过大，缺少支路等级的道路。

7. 次干路整体密度较低，副中心区集散交通组织不畅。

8. 部分规划支路与主干路连通交叉不合理，支线道路不宜直接与干线道路形成交叉连通。

9. P+R停车场（库）选址不当，应结合轨道交通外围站点设置。

10. 新增P1机动车公共停车场（库）规模为500个小汽车泊位的特大型停车场规模过大，停车场规划不宜布设特大型停车场。

提示：

《国家发展改革委等部门关于推动城市停车设施发展意见的通知》（七）加强停车换乘衔接。加强出行停车与公共交通有效衔接，鼓励大中城市轨道交通外围站点建设"停车＋换乘"（P＋R）停车设施，支持公路客运站和城市公共交通枢纽建设换乘停车设施，优化形成以公共交通为主的城市出行结构。（各城市人民政府负责，国家发展改革委、自然资源部、住房和城乡建设部、交通运输部按职责分工加强指导支持）

《城市综合交通体系规划标准》GB/T 51328—2018中12.7.4：交叉口应优先满足公共交通、步行和非机动车交通安全、方便通行的要求。交叉口的类型应符合国家标准《城市道路交叉口规划规范》GB 50647—2011中3.2.3的规定，山地城市二级主干路及以上等级道路相交时，交叉口可根据地形条件按立交用地进行控制。

《城市道路交叉口设计规程》GB 50647—2011中4.1.2：新建平面交叉口不得出现超过4叉的多路交叉口、错位交叉口、畸形交叉口以及交角小于70°（特殊困难时为45°）的斜交交叉口。已有的错位多叉口、畸形交叉口应加强交通组织与管理，并尽可能加以改造。

（五）**2022-05** 试题五（15分）

【参考答案】

1. 在知名历史地标北塔的北侧高地上新建高层住宅区不合理，新建建筑高度将超过北塔，严重影响北塔与古城之间视线通廊及视域的整体关联性。

2. 拟建南门广场选址在历史城区与古桥之间，位于古城历史轴线上，规划面积过大，破坏古城历史轴线与历史风貌。

3. 将部分历史文化街区纳入改造区，拟建大型明清旅游风情街，损害历史文化遗产的真实性和完整性，对古城传统格局和历史风貌构成破坏性影响，违反《历史文化名城名镇名村保护条例》。

4. 在历史城区内规划破坏古城原有历史街巷格局的城市道路不合理，历史城区应保持或延续原有的道路格局，保护有价值的街巷系统，保持特色街巷的原有空间尺度和界面。

5. 在历史城区内新增多个大型停车场不合理,历史城区不宜增建大型机动车停车场。

6. 拟新建南关城门违反《文物保护法》,古城内仅存城墙遗址,应当实施遗址保护,不得在原址上重建城门。

7. 游客中心选址不当,应考虑靠近古城,便于服务古城游客。

8. 为保证历史城区传统格局的完整性,应考虑将位于古城历史轴线上的古桥纳入历史城区的保护范围。

> **提示:**
>
> 《文物保护法》
>
> 第二十二条 不可移动文物已经全部毁坏的,应当实施遗址保护,不得在原址重建。但是,因特殊情况需要在原址重建的,由省、自治区、直辖市人民政府文物行政部门征得国务院文物行政部门同意后,报省、自治区、直辖市人民政府批准;全国重点文物保护单位需要在原址重建的,由省、自治区、直辖市人民政府报国务院批准。
>
> 《历史文化名城保护规划标准》GB/T 50357—2018
>
> 3.3.2 历史文化名城保护规划应对体现历史城区传统格局特征的城垣轮廓、空间布局、历史轴线、街巷肌理、重要空间节点等提出保护措施,并应展现文化内在关联。
>
> 3.4.1 历史城区应保持或延续原有的道路格局,保护有价值的街巷系统,保持特色街巷的原有空间尺度和界面。
>
> 3.4.4 历史城区应控制机动车停车位的供给,完善停车收费和管理制度,采取分散、多样化的停车布局方式,不宜增建大型机动车停车场。

(六) 2022-06 试题六 (15分)

【参考答案】

用地功能:用地混合比例要求;

用地强度:建筑限高要求;

退让距离:历史建筑保护范围及退让要求、退让绿地与东江蓝线距离要求;

历史保护:历史建筑周边环境风貌管控要求;

交通组织:限制出入口路段、停车位配比(充电桩)要求;

配套设施:公共服务设施配置要求,社区生活圈服务设施配置要求;

城市设计:建筑面宽比、建筑天际线、地标建筑位置等滨江界面控制要求,建筑体量、建筑退台、建筑色彩、建筑风格、建筑空中连廊等建筑风貌管控要求,连贯性步行通道/慢行系统/绿道管控要求;

竖向设计:竖向标高要求;

安全设施:人防、避难场所等综合防灾要求;

地下空间:地下空间退让过江隧道距离、地下车库与商业设施等要求;

其他相关:绿色建筑、海绵城市等要求。

(七) 2022-07 试题七 (15分)

【参考答案】

1. 存在问题如下。

① 张某不属于王庄村村民,不能申请王庄村的宅基地。

② 宅基地申请未经农村村民集体讨论通过并在本集体范围内公示后，报乡（镇）人民政府审核批准。

③ 未获得农村宅基地批准书和乡村建设规划许可证进行宅基地建设。

2. 违法行为由以下部门进行查处。

① 县级以上人民政府农业农村主管部门。

② 乡、镇人民政府。

提示：

《土地管理法》（2019 年修订）

第七十八条 农村村民未经批准或者采取欺骗手段骗取批准，非法占用土地建住宅的，由县级以上人民政府农业农村主管部门责令退还非法占用的土地，限期拆除在非法占用的土地上新建的房屋。

超过省、自治区、直辖市规定的标准，多占的土地以非法占用土地论处。

《土地管理法实施条例》（2021 年修订）

第三十四条 农村村民申请宅基地的，应当以户为单位向农村集体经济组织提出申请；没有设立农村集体经济组织的，应当向所在的村民小组或者村民委员会提出申请。宅基地申请依法经农村村民集体讨论通过并在本集体范围内公示后，报乡（镇）人民政府审核批准。

涉及占用农用地的，应当依法办理农用地转用审批手续。

第三章

考 点 速 记

第一节　国土空间规划方案评析（市域）

一、考查要点

国土空间规划方案评析（市域）为原城镇体系规划方案评析（根据《自然资源部关于全面开展国土空间规划工作的通知》（自然资发〔2019〕87号），各地启动编制全国、省级、市县和乡镇国土空间规划，不再新编制城镇体系规划），一般考查县级国土空间规划方案评析，多为考试第一题，总分值15分，评析要点包括城镇等级与职能定位、人口与城镇化水平预测、空间布局、资源利用与环境保护四个方面（图3-1-1）。

相关真题：2011-01、2012-01、2013-01、2014-01、2018-01、2019-01、2020-01、2021-01、2022-01

图 3-1-1　国土空间规划方案评析（市域）考查要点

二、历年考点分布

国土空间规划方案评析（市域）的考查形式以方案主要问题与理由评述为主，2012年和2018年相对特殊，考查了规划思路评析及确定城市性质需考虑的主要因素、发展策略的问题辨析。表3-1-1汇总2011年起历年具体的考查内容。

国土空间规划方案评析（市域）历年考点分布　　　　　　　　　　　表 3-1-1

分类	2011-01	2012-01	2013-01	2014-01	2017-01	2018-01	2019-01	2020-01	2021-01	2022-01
提问形式	评析问题	[限定范围]考虑因素	简述问题	问题＋理由	问题＋理由	[限定范围]问题＋理由	问题＋原因	问题＋理由	问题＋理由	问题＋理由

分类	2011-01	2012-01	2013-01	2014-01	2017-01	2018-01	2019-01	2020-01	2021-01	2022-01
回答形式	找茬＋解析	［城市性质］背书	找茬＋解析	找茬＋解析	找茬＋解析	［发展策略］找茬＋解析	找茬＋解析	找茬＋解析	找茬＋解析	找茬＋解析
行政等级	县	地级市	县	县	县	县	县	县级市	县	县级市
区位	西南内陆	某省最发达地区与内陆山区的缓冲地带	西北地区	西部	北方发达地区	南方沿海	沿海	东南沿海	—	中部
上位规划	—	—	限制发展区	—	—	限制开发	—	—	—	—
资源与环境	西北部丘陵山区，东南部平原，北江水源地，风景名胜区	—	南北丘陵及山地，河谷地带，北部水源地与生态涵养区，水库	严重缺水生态环境脆弱，东北部山区丰富煤矿资源，饮用水源一级保护区，省级风景名胜区	地处平原，西北部地热资源	西北部山区，中部丘陵，东南部平原缓丘及海湾，海岸线长，海产资源丰富，近海海域是海洋集聚区及生态环境高度敏感区域，省级风景名胜区	平原为主，东南部河流入海口具有良好的建港条件，国家级自然保护区、饮用水源一级保护区	耕地资源紧张，国家公园，河流海域，鱼类产卵场	山区、河流、耕地、传统村落、煤层气埋藏，空气质量优良天数占比73%，人均水资源量630m³，现状耕地面积低于保护目标	河流、国家重要湿地
经济水平	人均GDP21240元，略低于全国平均水平	—	—	经济发展水平较低	发达	—	—	乡镇经济发达	—	—
规划年限	11年	—	20年	2013～2030年	(2017)～2030年	(2018)～2035年	2018～2035年	—	(2021)～2035年	—
现状人口	—	—	总人口41万，县城人口9万	总人口30万，负增长态势	—	总人口48万，县城人口12万	总人口100万，净流出趋势	—	县域常住人口39万	常住人口98万，城镇人口52万

分类	2011-01	2012-01	2013-01	2014-01	2017-01	2018-01	2019-01	2020-01	2021-01	2022-01
规划人口	总人口80万，县城人口30万，重点镇人口2.6万，一般镇人口1万	—	总人口64万，县城人口15万	总人口55万	总人口65万，县城人口30万	总人口70万，县城人口30万	总人口120万，城镇人口90万	—	县域规划人口45万	—
用地面积情况	县域1316km²	—	—	—	规划县城建设用地36km²	—	—	—	—	国土开发强度21%
城镇化水平	现状42%	—	现状31%，规划62%	现状38%，规划75%	—	—	现状51%	—	现状45%，规划70%	2035年城镇化80%
规划重点镇/一般镇数量	5/13	—	6/9	5/3	—	—	5/6	—	—	3/6
其他城市与城镇	邻近区域中心城市甲	—	东西均为人口100万的大城市	—	南部特大城市	—	规划1个港城	—	—	—
现状城镇职能与产业	—	国家历史文化名城，海陆空交通枢纽，与邻近的B、C市共同构成该省重要的城镇发展组群	—	—	—	工业基础薄弱，第三产业以传统服务业为主	—	—	—	—
规划城镇性质与职能	城镇职能：县城综合服务，重点镇A农产品加工，重点镇B商贸和旅游，重点镇C旅游和建材，重点镇D商贸服务，重点镇E化工和物流	—	—	—	—	县城城市性质：新兴临港重化产业基地，区域重要的工贸、旅游城市	—	—	—	—

分类	2011-01	2012-01	2013-01	2014-01	2017-01	2018-01	2019-01	2020-01	2021-01	2022-01
规划产业布局及更新改造	—	—	20km² 工业园区	矿产开采及煤化工业	保留：新兴产业示范区、物流产业园区、食品加工产业园区；新增：北部、中部、南部3个产业园区；规划：温泉别墅区	保留：省级经济开发区；新建：东部园区及西部工业园区；引进：重大石化项目	依托港口发展临港型产业、大型畜禽场	填海建设热电厂和产业园区	20km²工业园区、全面开采三层气、腾空传统村落发展文化旅游产业、液化煤层气战略储备库	
自然资源管控	—	—	—	—	—	—	—	国家公园的核心区划入生态保护红线，在国家公园核心区局部搬迁居民点，复垦增补一定数量的耕地；国家公园一般控制区明确不破坏生态功能的适度旅游和必要的公共服务设施	河道两岸建设500m生态林带	河流大堤、河流内堤
交通条件	高速公路、一般公路	—	—	县域主要公路、铁路、高速公路、高速互通或出口	交通便利	高速公路	铁路、高速公路	高速公路、其他公路	高速公路	规划高速公路及立交、现状高速公路及立交、干线公路

三、评析要点

（一）相关规范标准

★所涉及的相关规范标准

1.《中共中央 国务院关于建立国土空间规划体系并监督实施的若干意见》（中发〔2019〕18号）（必看）；

2. 中共中央办公厅 国务院办公厅印发《关于建立以国家公园为主体的自然保护地体系的指导意见》（2019年6月）（必看）；

3. 中共中央办公厅 国务院办公厅印发《关于在国土空间规划中统筹划定落实三条控制线的指导意见》（2019年11月）（必看）；

4.《市级国土空间总体规划编制指南（试行）》（必看）；

5.《资源环境承载能力和国土空间开发适宜性评价指南（试行）》；

6.《城市规划原理》（第4版）第261～270页（必看）；

7.《城市综合交通体系规划标准》GB/T 511328—2018；

8.《风景名胜区条例》（2016修订）；

9.《水污染防治法》（2017修订）；

10.《湿地保护法》（2021）。

（二）城镇等级与职能定位

掌握城镇等级结构与职能定位的规划方法，结合题目限定条件，对应考查要点为城镇职能定位是否与发展条件匹配、城镇等级结构是否合理（表3-1-2）。

城镇等级与职能定位相关知识　　　　　　　　　　　　表3-1-2

分类	相关要求	备注
城市性质的确定	城市性质：城市在一定地区、国家以至于更大范围内的政治、经济与社会发展中所处的地位和担负的主要职能，由城市形成与发展的主导因素的特点所决定，由该因素组成的基本部门的主要职能所体现。确定方法如下。 ①从城市在国民经济中所承担的职能方面确定（城镇体系规划规定了区域内城镇的合理分布、城镇的职能分工和相应规模） （a）上位规划所确定的职能分工与规模控制； （b）在所属城镇群中的职能分工。 ②从城市形成与发展的基本因素中去研究、认识城市形成与发展的主导因素 （a）自然资源条件； （b）区位产业特征； （c）其他发展条件（历史文化名城等）	2012-01（非常规题）整体考查
城镇职能定位	城市职能是城市在一定地域内经济、社会发展中所发挥的作用和承担的分工，应结合实际的地理、经济、资源条件综合确定。 ①充分利用资源要素：依托历史文化、风景名胜等资源发展旅游型城镇。 ②合理保护生态环境：综合考虑生态限制性因素，避免引入对生态环境造成威胁的产业。 （a）高耗水产业：火电、化工、造纸、冶金、纺织、建材、食品、机械； （b）污染型产业：化工、炼油、化学制药、印染、橡胶、塑料、制革	通常考查生态敏感区域工业发展问题
城镇等级结构	根据城镇发展特点，市域城镇空间组合类型可分均衡式、单中心极核式、分片组团式和轴带式四种类型。大多数情况下，重点镇作为"承上启下"的功能，承接部分中心城市的功能，辐射带动周边一般镇的发展，其数量会比一般镇少	通常考查重点镇与一般镇的数量关系

（三）人口与城镇化水平预测

掌握人口与城镇化水平发展规律及预测方法，结合题目限定条件，对应考查要点人口与城镇化水平预测是否符合发展趋势、镇发展规模是否符合发展趋势且有所差异（表3-1-3）。

人口与城镇化水平预测 表 3-1-3

分类	相关要求	备注
人口规模	①相关概念 总人口＝城镇人口（县城人口＋各镇区人口）＋乡村人口 平均增长率＝（规划人口/现状人口）$^{1/n}$－1，其中 n 为规划年限 ②发展趋势 人口变化由自然增长和机械增长（人口迁移）两部分构成 2019 年全国人口自然增长率为 0.334‰	易错点： 县城人口≠城镇人口
城镇化率水平	①相关概念 常住人口城镇化率＝（常住城镇人口/常住总人口）×100% ②参考指标 2021 年全国常住人口城镇化率为 64.72% 2019 年各省常住人口城镇化率： 超过 80%：上海、北京、天津； 60%～80%：广东、江苏、浙江、辽宁等； 50%～60%：山西、湖南、四川、河南等； 低于 50%：甘肃、云南、贵州、西藏 城镇化发展的 S 曲线（纳瑟姆曲线） 工业化初期：城镇化率低于 30%； 工业化中期或扩张期：城镇化率 30%～70%； 工业化后期或成熟期：城镇化率高于 70% 城镇人口比重(%) 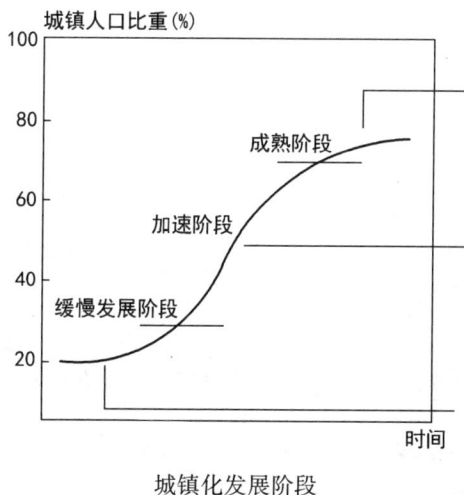 城镇化发展阶段	常考考点： 现状条件落后城市预测结果过大

（四）空间布局

掌握各类空间要素的布局原则，结合实际发展条件，对应考查要点为重点镇分布是否合理（考虑自然条件、资源禀赋、交通联系）、交通网络布局是否合理（考虑公路、铁路、港口、机场）、产业布局是否合理（考虑交通条件、资源禀赋、环境保护要求）（表 3-1-4）。

分类		相关要求
城镇分布		①重点镇布局：重点镇应分布均衡，但不绝对平均，应综合考虑自然条件、交通区位、城镇发展方向等因素； ②城镇布局与地形：城镇布局应选择地形起伏不大的地段，避开相对标高变化较大的山地； ③城镇布局与交通：城镇间应有便捷的交通联系，应分别考虑县城、重点镇、一般镇的对外交通联系需求
交通网络布局	公路	①中小城市，高速公路应远离城市中心，采用互通式立体交叉以专用的入城道路（或一般等级公路）与城市联系，且应关注高速公路出入口设置； ②国道、省道等过境公路应以切线或环线绕城而过，不应穿越城镇影响城镇布局发展； ③山区道路选线应尽量减少建设工程量，尽量沿等高线布置，不应横切山体； ④道路选线不应穿过生态敏感区或者历史文化保护区域
	铁路	①铁路货运站场应与城市产业布局相协调，宜与公路、港口等货运枢纽和货运节点结合设置，并应有便捷的集疏运通道； ②铁路选线应从城镇边缘通过，不应穿越城镇造成分割
	港口	①大型货运港口应优先发展铁路、水路集疏运方式，并应规划独立的集疏运道路，集疏运道路应与国家和省级高速公路网络顺畅衔接（关注疏港交通，港口与县城、工业区间的联系）； ②港口不应选在自然保护区、风景名胜区、鱼类繁殖区等区域
	机场	①机场布置应实现共享，避免重复建设，布置在城镇密集区域； ②应布置在城市主导风向两侧； ③应与铁路编组站保持适当的距离
产业布局		①污染型产业布局： （a）与风向关系：污染型产业不应布置在城市主导风向的上风向地带； （b）与地形关系：污染型产业不应布置在四周环山或者山谷地带，易造成烟气滞留等情况，加重环境污染； （c）与生态环境要素关系：污染型产业不应布置在风景名胜区、水源地、自然保护区及其他生态敏感地带周边。 ②产业布局与交通条件： （a）工业园区、物流园区应有便捷的对外交通联系； （b）机场周边可布置仪表、电子等产业，不应布置化工、建材等产业。 ③产业布局与资源条件： 园区应设置在靠近原料地和消费市场的地方。 ④产业协作： 相关产业应相对集中，便于协作

（五）资源利用与环境保护

掌握各类自然资源的保护要求及合理利用方式，对应考查要点为资源条件是否得到有效利用、自然环境是否得到有效保护（表 3-1-5）。

资源利用与环境保护相关要求 表 3-1-5

分类	相关要求
风景名胜区	禁止开山、采石、开矿、开荒等破坏景观、植被和地形地貌的活动，禁止修建储存爆炸性、易燃性、放射性等物品的设施
饮用水源保护区	不得设置与供水需要无关的码头，禁止设置油库、墓地，禁止从事农牧业活动、倾倒堆放工业废渣及城市垃圾等有害废弃物；不准新建、扩建向水体排放污染物的建设项目
自然保护地	自然保护地按生态价值和保护强度高低依次分为 3 类，即国家公园、自然保护区、自然公园（包括森林公园、地质公园、海洋公园、湿地公园等各类自然公园） 不得建设污染环境、破坏自然或者景观的生产设施；建设其他项目，其污染排放不得超过国家和地方规定的污染物排放标准

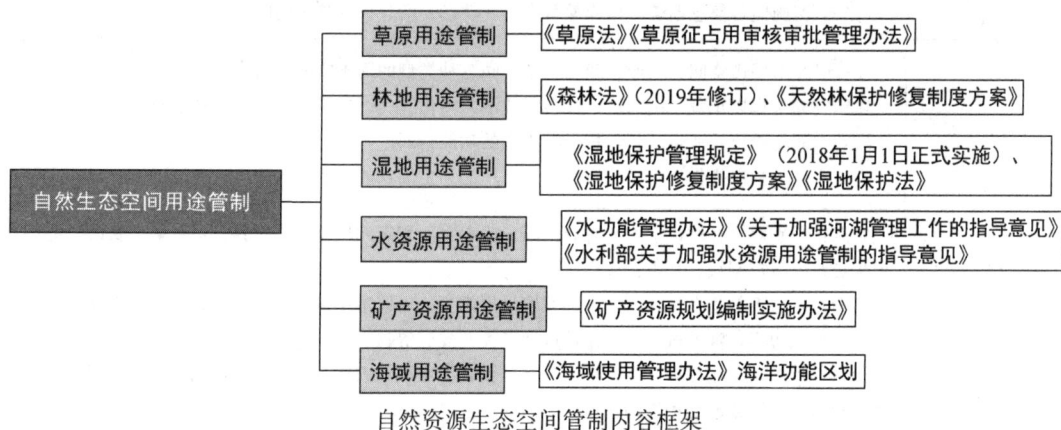

自然生态空间用途管制
- 草原用途管制 —— 《草原法》《草原征占用审核审批管理办法》
- 林地用途管制 —— 《森林法》（2019年修订）、《天然林保护修复制度方案》
- 湿地用途管制 —— 《湿地保护管理规定》（2018年1月1日正式实施）、《湿地保护修复制度方案》《湿地保护法》
- 水资源用途管制 —— 《水功能管理办法》《关于加强河湖管理工作的指导意见》《水利部关于加强水资源用途管制的指导意见》
- 矿产资源用途管制 —— 《矿产资源规划编制实施办法》
- 海域用途管制 —— 《海域使用管理办法》海洋功能区划

自然资源生态空间管制内容框架

（六）国土空间规划的基本概念

相关概念来源于《省级国土空间规划编制指南（试行）》及《资源环境承载能力和国土空间开发适宜性评价指南（试行）》的部分内容（表 3-1-6）。

国土空间规划的基本概念 表 3-1-6

术语	定义
国土空间	国家主权与主权权利管辖下的地域空间，包括陆地国土空间和海洋国土空间
国土空间规划	对国土空间的保护、开发、利用、修复作出的总体部署与统筹安排
国土空间保护	对承担生态安全、粮食安全、资源安全等国家安全的地域空间进行管护的活动
国土空间开发	以城镇建设、农业生产和工业生产等为主的国土空间开发活动
国土空间利用	根据国土空间特点开展的长期性或周期性使用和管理活动
生态修复和国土综合整治	遵循自然规律和生态系统内在机理，对空间格局失衡、资源利用低效、生态功能退化、生态系统受损的国土空间，进行适度人为引导、修复或综合整治，维护生态安全、促进生态系统良性循环的活动

术语	定义
国土空间用途管制	以总体规划、详细规划为依据，对陆海所有国土空间的保护、开发和利用活动，按照规划确定的区域、边界、用途和使用条件等，核发行政许可、进行行政审批等
主体功能区	以资源环境承载能力、经济社会发展水平、生态系统特征以及人类活动形式的空间分异为依据，划分出具有某种特定主体功能、实施差别化管控的地域空间单元
国土空间规划分区	国土空间规划分区是以全域覆盖、不交叉、不重叠为基本原则，以国土空间的保护与保留、开发与利用两大管控属性为基础，根据市县主体功能区战略定位，结合国土空间规划发展策略，将市县全域国土空间划分为生态保护区、自然保留区、永久基本农田集中区、城镇发展区、农业农村发展区、海洋发展区6类基本分区，并明确各分区的核心管控目标和政策导向。同时，还可对城镇发展区、农业农村发展区、海洋发展区等规划基本分区进行细化分类
国土空间规划"一张图"	国土空间规划"一张图"是指以自然资源调查监测数据为基础，采用国家统一的测绘基准和测绘系统，整合各类空间关联数据，建成全国统一的国土空间基础信息平台后，再以此平台为基础载体，结合各级、各类国土空间规划编制，建设从国家到市县级、可层层叠加打开的国土空间规划"一张图"实施监督信息系统，形成覆盖全国、动态更新、权威统一的国土空间规划"一张图"
"三区三线"	"三区"是指城镇空间、农业空间、生态空间三种类型的国土空间。其中： 城镇空间是指以承载城镇经济、社会、政治、文化、生态等要素为主的功能空间； 农业空间是指以农业生产、农村生活为主的功能空间； 生态空间是指以提供生态系统服务或生态产品为主的功能空间 "三线"分别对应在城镇空间、农业空间、生态空间划定的城镇开发边界、永久基本农田、生态保护红线三条控制线。其中： 城镇开发边界是指在一定时期内因城镇发展需要，可以集中进行城镇开发建设，重点完善城镇功能的区域边界，涉及城市、建制镇以及各类开发区等； 永久基本农田是指按照一定时期人口和经济社会发展对农产品的需求，依据国土空间规划确定的不得擅自占用或改变用途的耕地； 生态保护红线是指在生态空间范围内具有特殊重要生态功能，必须强制性严格保护的陆域、水域、海域等区域
"双评价"	"双评价"是指资源环境承载能力与国土空间开发适宜性评价。 资源环境承载能力评价，指的是基于特定发展阶段、经济技术水平、生产生活方式和生态保护目标，一定地域范围内资源环境要素能够支撑农业生产、城镇建设等人类活动的最大规模。 国土空间开发适宜性评价，指的是在维系生态系统健康和国土安全的前提下，综合考虑资源环境等要素条件，特定国土空间进行农业生产、城镇建设等人类活动的适宜程度
"双评估"	"双评估"是指国土空间开发保护现状评估、现行空间类规划实施情况评估。 国土空间开发保护现状评估一般以安全、创新、协调、绿色、开放、共享等理念构建的指标体系为标准，从数量、质量、布局、结构、效率等角度，找出一定区域国土空间开发保护现状与高质量发展要求之间存在的差距和问题所在。同时，可在现状评估的基础上，结合影响国土空间开发保护因素的变动趋势，分析国土空间发展面临的潜在风险。 现行空间类规划实施评估是指对现行土地利用总体规划、城乡总体规划、林业草业规划、海洋功能区划等空间类规划，在规划目标、规模结构、保护利用等方面的实施情况进行评估，并识别不同空间规划之间的冲突和矛盾，总结成效和问题。 现在一般以自然资源部出台的《城市体检评估规程》为主要的评估方法和指南

术语	定义
生态单元	具有特定生态结构和功能的生态空间单元,体现区域(流域)生态功能系统性、完整性、多样性、关联性等基本特征
第三次全国国土调查	第三次全国国土调查,简称"三调"。"三调"于2017年10月启动,以2019年12月31日为标准时点,全面查清我国陆地国土的利用现状。国土空间规划体系一采用CGCS2000国家大地坐标系和1985国家高程基准作为空间定位基础。2021年3月,"三调"工作已基本完成,待上报党中央、国务院审议通过后,将为各级国土空间规划编制提供详实的数据支撑

第二节 国土空间规划方案评析(中心城区)

一、考查要点

国土空间规划方案评析(中心城区),主要以考查中、小城市国土空间规划中中心城区空间布局规划为主,每年必考,一般为考试第二题,总分值15分,评析内容涉及城市定位、城市规模、空间布局、用地布局、交通与市政设施配套、资源环境保护六大方面(图3-2-1)。

相关真题:2011-02、2012-02、2013-02、2014-02、2017-01、2017-02、2018-02、2019-02、2020-02、2021-02、2022-02

国土空间规划方案评析——中心城区

城市定位 表3-2-2
城市主要职能和产业选择是否与发展条件相符 2011-02、2020-02

城市规模 表3-2-3
城市人口规模与城镇化水平预测是否合理 2011-02、2014-02
城市人均建设用地规模是否符合要求 2012-02、2014-02、2017-01、2018-02

城市空间布局 表3-2-4
整体发展方向是否与其自然环境及交通区位条件相适应 2013-02
总体布局结构是否与各环境要素相适应并集约利用现有空间条件 2011-02、2014-02、2017-01、2019-02、2020-02、2021-02、2022-02

城市用地布局 表3-2-5
各类建设用地规模、布局情况是否符合相关要求 2010-04、2011-02、2012-02、2013-02、2014-02、2017-02、2018-02、2019-02、2020-02、2021-02、2022-02
各类建设用地之间是否存在相互干扰关系 2010-04、2011-02、2014-02、2017-02、2018-02、2019-02、2020-02、2021-02、2022-02

交通与市政设施配套 表3-2-6
内部交通网络是否顺畅、便捷、高效 2010-04、2011-02、2014-02、2017-02、2018-02、2019-02、2020-02、2021-02
对外交通网络是否与区域城镇发展相衔接,符合主要物流和客流的联系方向 2011-02、2012-02、2014-02、2017-02、2018-02、2019-02、2020-02、2021-02、2022-02
各类交通设施选址是否合理 2011-02、2013-02、2019-02、2021-02、2022-02
各类市政设施布局是否合理 2011-02、2013-02、2014-02、2019-02、2021-02、2022-02

资源环境保护 表3-2-7
是否合理保护生态、农业及历史人文资源 2017-02、2018-02、2019-02、2020-02、2021-02、2022-02

图 3-2-1 国土空间规划方案评析(中心城区)考查要点

二、历年考点分布

国土空间规划方案评析(中心城区)的考查形式以方案主要问题与理由评述为主,通常会限定评述的内容，如用地布局、道路交通等。表 3-2-1 汇总 2011 年起历年具体的考查内容。

国土空间规划方案评析（中心城区）历年考点分布   表 3-2-1

分类	2011-02	2012-02	2013-02	2014-02	2017-02	2018-02	2019-02	2020-02	2021-02	2022-02
提问形式	[限定范围]问题＋理由	[限定范围]问题＋理由	问题＋理由	[限定范围]问题＋原因	不合理＋理由及依据	不当＋理由	[限定范围]问题＋理由	问题＋理由	问题	[限定范围]问题
回答形式	找茬＋解析	[限定范围]找茬＋解析	找茬＋解析	[限定范围]找茬＋解析	找茬＋解析＋规范	找茬＋解析	[限定范围]找茬＋解析	找茬＋解析	找茬	[限定范围]找茬
限定范围	城镇规模、产业发展及其布局、道路、市政设施	用地规模、布局、交通组织	—	城镇规模、规划布局、道路交通	—	—	空间布局、用地布局、资源保护、交通组织	—	资源环境与安全、用地布局、道路交通、重要基础设施	资源环境、用地布局、道路交通、市政设施
行政等级	镇	县级市	某城市	北方某县	县级市	县级市	县城	县城	县城	特大城市远郊新城
区位与自然地理格局	西部大河沿岸、邻近高山林业水源涵养区	—	中间高四周低，南、西、北侧有河流	县域中部山间盆地	河流绕城、北部山地林区、南部基本农田、西部荒地	Ⅱ类气候区	—	滨海	滨河	距中心城区30km
资源环境与管控区域	旅游资源丰富，河流	北湖	基本农田	生态环境良好、资源丰富	农业、林业资源，湿地	省级风景名胜区，河流	水源地、河流、湿地、基本农田保护范围、国家级风景名胜区，古城保护线	耕地、滨海湿地、海域、河流	河流、蓄滞洪区、基本农田储备区	耕地、园地、水源保护区范围、河流
城市性质	—	—	—	—	—	—	—	风景旅游城市、临港制造业基地	—	—
发展产业与园区	电解铝产业	—	—	商贸物流	—	高新技术产业区	—	—	科教产业、制造业、旅游休闲产业	研发制造和休闲服务业

分类	2011-02	2012-02	2013-02	2014-02	2017-02	2018-02	2019-02	2020-02	2021-02	2022-02
发展方向与组团结构	东、西两翼拓展	铁西区:产品物流园区和居住区、中部城区:老城区和多功能新城;东部城区:高新化工材料生产、食品加工为主的工业组团	向南发展,铁路两侧:工业用地和仓储用地;北侧水系:湿地公园和15hm²广场用地	老城区:传统商贸服务业;东侧:高铁新区及高新技术产业基地;西南部:传统产业园区升级	向西:工业仓库;向南:现代居住新区	—	东片区、西片区、风景旅游度假组团、职教服务组团、高铁组团、南部工业组团、西部工业组团	组团式分布:高铁组团、综合组团A、综合组团B、旅游组团、岛屿组团、拟填海区	老城片区、科教片区、旅游休闲片区、居住片区、工业仓储片区	河东片区布局政策性住房,承接中心城疏散人口,北部为工业区,中部为办公生活区,南部为综合休闲服务区,北部和南部设置城镇弹性发展区,沿入城主干道设置留白用地
总人口	现状2860人,规划6000人	—	现状25万人	现状14.7万人,规划25万人	规划21万人	规划32万人	规划32万人	规划35万人	—	—
用地面积	现状492000m²,规划894000m²	规划43km²	—	现状15.6km²,规划27km²	规划22km²	—	规划36km²	—	—	—
人均用地	现状172m²,规划149m²	—	—	现状106.1m²,规划108m²	—	—	现状103.5m²,规划112m²	—	—	—
规划年限	2009~2020	—	—	—	—	—	—	—	—	—
用地占比		工业占比35%	—	—	居住占比45%	—	—	—	—	—
交通条件	对外交通便捷,过境公路	高速公路	铁路客运站、铁路货运站、一级公路	高速公路、高速铁路、高铁站	对外交通便捷,高速公路、高速公路出入口	—	—	高铁站、铁路货运站、高速公路、港口、港口码头	铁路、铁路货运站、铁路客运站、高速公路及其出入口	城际铁路及机场、轨道交通站点、高速公路及其出入口
市政及其他重要设施	垃圾填埋场	—	水厂、污水处理厂	—	—	现状输油管线	—	油品仓库、给水厂及取水口、污水处理厂	供水厂、污水处理厂	供水厂、污水处理厂、环卫设施

三、评析要点

(一) 相关规范标准

★所涉及的相关规范标准

1.《中共中央 国务院关于建立国土空间规划体系并监督实施的若干意见》(中发〔2019〕18 号)(必看);

2. 中共中央办公厅 国务院办公厅印发《关于建立以国家公园为主体的自然保护地体系的指导意见》(2019 年 6 月)(必看);

3. 中共中央办公厅 国务院办公厅印发《关于在国土空间规划中统筹划定落实三条控制线的指导意见》(2019 年 11 月)(必看);

4.《自然资源部关于全面开展国土空间规划工作的通知》(自然资发〔2019〕87 号)(必看)。

5.《市级国土空间总体规划编制指南(试行)》(必看);

6.《城市体检评估规程》(必看);

7.《城市规划原理》教材(2011 年版)P110~263(必看);

8.《城市用地分类与规划建设用地标准》GB 50137—2011;

9.《城市公共设施规划规范》GB 50442—2008;

10.《城市综合交通体系规划标准》GB/T 511328—2018;

11.《风景名胜区条例》(2016 年修订);

12.《土地管理法》(2019 年修订);

13.《基本农田保护条例》(2011 年修订);

14.《城市环境卫生设施规划标准》GB/T 50337—2018;

15.《城市排水工程规划规范》GB 50318—2017。

(二) 城市定位

掌握城市定位的确定方法,对应考查要点为城市主要职能和产业选择是否与发展条件相符(表 3-2-2)。

城市定位相关知识　　　　　　　　　　　　　　　　　表 3-2-2

分类	相关知识
城市职能定位	城市职能是城市在一定地域内经济、社会发展中所发挥的作用和承担的分工,应结合实际的地理、经济、资源条件综合确定。 ①充分利用资源要素:依托历史文化、风景名胜等资源发展旅游型城镇。 ②合理保护生态环境:综合考虑生态限制性因素,避免引入对生态环境造成威胁的产业。 高耗水产业:火电、化工、造纸、冶金、纺织、建材、食品、机械; 污染型产业:化工、炼油、化学制药、印染、橡胶、塑料、制革

(三) 城市规模

掌握城市人口与城镇化率发展规律及预测方法,以及城市建设用地标准相关知识,对应考查要点为判断城市人口规模与城镇化水平预测是否合理、城市人均建设用地规模是否符合要求(表 3-2-3)。

分类	相关知识					
人口规模	考虑自身发展情况(通常考查限制发展地区增长速率过快) 平均增长率＝(规划人口/现状人口)$^{1/n}$－1，其中 n 为规划年限(参考指标：2019 年全国人口自然增长率为 0.334‰) 近几年基本不会再考增长率计算，人口预测要"以水定人"					
城镇化水平	考虑自身发展情况(通常考查限制发展地区增长过快) 参考指标：2019 年全国常住人口城镇化率为 60.6% 　　　　　2019 年各省常住人口城镇化率： 　　　　　超过 80%：上海、北京、天津； 　　　　　60%～80%：广东、江苏、浙江、辽宁等； 　　　　　50%～60%：山西、湖南、四川、河南等； 　　　　　低于 50%：甘肃、云南、贵州、西藏					

建设用地规模

① 规划人均城市建设用地面积标准(应根据现状人均城市建设用地面积指标、城市(镇)所在的气候区以及规划人口规模综合确定)

气候区	现状人均城市建设用地面积指标（m²）	允许采用的规划人均城市建设用地面积指标（m²）	允许调整幅度		
			规划人口规模 ≤20 万	规划人口规模 20 万～50 万	规划人口规模 >50 万
Ⅰ Ⅱ Ⅵ Ⅶ	≤65	65～85	>0	>0	>0
	65.1～75	65～95	+0.1～+20	+0.1～+20	+0.1～+20
	75.1～85	75～105	+0.1～+20	+0.1～+20	+0.1～+15
	85.1～95	80～110	+0.1～+20	-5.0～+20	-5.0～+15
	95.1～105	90～110	-5.0～+15	-10～+15	-10～+10
	105.1～115	95～115	-10～-0.1	-15～-0.1	-20～-0.1
	>115	≤115	<0	<0	<0
Ⅲ Ⅳ Ⅴ	≤65	65～85	>0	>0	>0
	65.1～75	65～95	+0.1～+20	+0.1～+20	+0.1～+20
	75.1～85	75～100	-5.0～+20	-5.0～+20	-5.0～+15
	85.1～95	85～105	-10～+15	-10～+15	-10～+10
	95.1～105	80～105	-15～+10	-15～+10	-15～+5
	105.1～115	90～110	-20～-0.1	-20～-0.1	-25～-5
	>115	≤110	<0	<0	<0

　　注：新建城市(镇)、首都的规划人均城市建设用地面积指标不适用本表。
　② 新建城市(镇)的规划人均城市建设用地面积指标宜在 85.1～105.0m² 确定。
　③ 首都的规划人均城市建设用地面积指标应在 105.1～115.0m² 确定。
　④ 边远地区、少数民族地区城市(镇)以及部分山地城市(镇)、人口较少的工矿业城市(镇)、风景旅游城市(镇)等，不符合本表规定时，应专门论证确定规划人均城市建设用地面积指标，且上限不得大于 150.0m²。
　近几年基本不会再考具体数值的问题，但需要"以水定城"来考虑用地发展规模

（四）空间布局

掌握城市整体发展方向、形态、结构和总体布局规律，对应考查要点为判断城市整体发展方向是否与其自然环境及交通区位条件相适应、城市总体布局结构是否与各环境要素相适应并集约利用现有空间条件（表3-2-4）。

城市空间布局相关要求 表 3-2-4

分类		相关要求
城市空间发展方向		影响城市发展方向的因素： ① 自然条件：地形地貌、河流水系、地质条件等土地的自然因素； ② 人工环境：高速公路、铁路、高压输电线等区域基础设施的建设状况以及区域产业布局和区域中各城市间的相对位置关系等因素； ③ 城市建设现状与城市形态结构：确定新区是依托旧城区在各方向上均等发展，还是摆脱旧城区，在某一特定方向上另行建立完整新区； ④ 规划及政策性因素：如农田保护政策及文物保护的规划或政策，限制城市用地扩展过多占用耕地及向地下文化遗址、地上文物古迹集中地区的扩展； ⑤ 其他因素：考虑土地产权、农民土地征用补偿、城市建设中的"城中村"问题等社会问题
总体布局结构	集中型	（中小城市多采用）各项建设用地集中连片发展，就其道路网形式而言，分为网络状、环状、环形放射状、混合状以及沿江、沿海或沿主要交通干线带状发展等模式。 ① 优点： (a) 布局紧凑，节约用地，节省建设投资； (b) 容易低成本配套建设各项生活服务设施和基础设施； (c) 居民工作、生活出行距离较短，城市氛围浓郁，交往需求易于满足。 ② 缺点： (a) 城市用地功能分区不明显，工业与生活区紧邻，处理不当易造成环境污染； (b) 城市用地大面积集中连片布置，不利于城市道路交通的组织，越往市中心，人口和经济密度越高，交通流量越大； (c) 城市进一步发展，会出现"摊大饼"的现象，即城市居住区与工业区层层包围，城市用地连绵不断地向四周扩展，城市总体布局可能陷入混乱
	分散型	（大城市多采用）城市分为若干相对独立的组团，组团间大多被河流、山川等自然地形、矿藏资源或对外交通分隔，组团间一般有便捷的交通联系。 ① 优点： (a) 布局灵活，城市用地发展和容量具有弹性，容易处理好近期与远期的关系； (b) 接近自然、环境优美； (c) 各城市物质要素的布局关系井然有序、疏密有致。 ② 缺点： (a) 城市用地分散，土地利用不集约； (b) 各城区不易统一配套建设基础设施，分开建设成本较高； (c) 如果每个城区的规模达不到最低要求，城市氛围不浓郁； (d) 跨区工作和生活出行成本高，居民联系不便
		在考虑整体布局结构、选择建设用地时，应少占耕地，不占用基本农田，地形坡度在 25°以上的地区不应作为建设用地，同时避开灾害区、矿藏区、军事保护区、文物古迹、自然敏感区等

(五) 用地布局

掌握各类城市建设用地面积标准、结构要求及布局原则，对应考查要点为判断城市各类建设用地规模、布局情况是否符合相关要求、城市各类建设用地之间是否存在相互干扰关系（表 3-2-5）。

城市用地布局相关要求
表 3-2-5

分类		相关要求
规划建设用地标准		各类用地人均建设用地面积标准与建设用地结构标准 | 用地类型	人均建设用地面积 （m²）	占城市建设用地比例 （%）
---	---	---
居住用地	Ⅰ、Ⅱ、Ⅵ、Ⅶ气候区：28～38 Ⅲ、Ⅳ、Ⅴ气候区：23～36	25～40
公共管理与公共服务用地	5.5	5～8
工业用地	—	15～30
道路与交通设施用地	12	10～25
绿地与广场用地	10（其中公园绿地≥8）	10～15 | 注：近年公共管理与公共服务用地、道路与交通设施用地占比应提升。 工矿城市（镇）、风景旅游城市（镇）以及其他具有特殊情况的城市（镇），其规划城市建设用地结构可根据实际情况具体确定
布局原则	居住用地	① 自然环境：布局在自然环境优良的地区，有合适的地形与工程地质条件，选择向阳、通风的坡面，尽可能接近水面和风景优美的环境； ② 用地形状：应有适宜的规模与用地形状，有利于空间组织和建设工程经济； ③ 功能关系：在城市外围选择居住用地，需考虑与现有城区的功能结构关系，利用旧城区公共设施、就业设施
	公共设施用地	① 布局要求：按照与居民生活的密切程度确定合理的服务半径，结合城市道路与交通规划、城市景观组织要求，并考虑合理的建设顺序； ② 布局结构：中小城市以集中、单中心、综合为主，大城市或组团带状城市以分散、多中心、多分工为主； ③ 行政办公设施：用地布局宜采取集中与分散相结合的方式，以便提高效率； ④ 文化娱乐设施：规划中宜保留原有的文化娱乐设施，规划新的大型游乐设施用地应选址在城市中心区外围交通方便的地段； ⑤ 体育设施：新建体育设施用地布局应满足用地功能、环境和交通疏散的要求，并适当留有发展用地； ⑥ 医疗卫生设施：用地布局应考虑服务半径，选址在环境安静、交通便利的地段。传染性疾病的医疗卫生设施宜选址在城市边缘地区的下风方向。大城市应规划预留"应急"医疗设施用地； ⑦ 教育科研设施：新建高等院校和对场地有特殊要求重建的科研院所，宜在城市边缘地区选址，并宜适当集中布局； ⑧ 社会福利设施：老年人设施布局宜邻近居住区环境较好的地段，残疾人康复设施应在交通便利，且车流、人流干扰少的地带选址
	商业服务业设施用地	① 中小城市：商业中心多为综合中心，一般可安排在城市几何中心、人口分布重心或容易塑造城市中心形象的地段； ② 大城市：商业宜按市级、区级和地区级分级设置，形成相应等级和规模的商业金融中心。应具有良好的交通通达性，又不要对城市交通干路造成干扰，特别不宜在城市交通主干路两侧沿路布置商业金融中心设施

分类		相关要求
布局原则	工业用地	① 环境影响：考虑工业用地与城市风向、地形、河流流向之间的关系。二、三类工业用地（化工、冶金、炼钢、造纸）： （a）不应布置在当地主导风向的上风向； （b）不应布置在城市的盆地、峡谷地带（静风频率高，城市污染难以扩散）； （c）不应布置在河流上游地区。 ② 环境需求：充分考虑相关工业类型的环境需求： （a）地形要求：自然坡度与生产工艺、运输方式和排水坡度相适应。例如，利用重力运输的水泥厂等应设置在山坡地，对安全距离要求高的设置在丘陵。 （b）水源要求：注意工业与农业用水的协调平衡。耗水量大的工业类型（火力发电、造纸、纺织、化纤）应布置在供水量充沛可靠的地方。 （c）能源要求：须有可靠的能源供应，大量用电的炼铝、铁合金等尽可能靠近电源布置。 ③ 其他布局要求：职工的居住用地应分布在卫生条件较好的地段，尽量靠近工业区并有便捷的交通联系。工业区与城市各部分保持紧凑集中，互不妨碍
	物流仓储用地	① 布局要求： （a）小城市：宜设置独立的地区来布置各类仓库，宜较集中地布置在城市边缘，靠近铁路车站、公路或河流的区域。 （b）大、中城市：应采用集中与分散相结合的方式，适当分散地布置在恰当的位置。 ② 岸线关系：沿河、湖、海布置仓库时，必须留出岸线，照顾城市居民生活
	绿地与广场用地	① 防护绿地：具有卫生、隔离和安全防护的功能。工业区、仓库区、市政设施、铁路及高速公路两侧须留出防护绿地。 ② 广场用地：城市游憩集会广场规模，原则上，小城市和镇不得超过 $1hm^2$，中等城市不得超过 $2hm^2$，大城市不得超过 $3hm^2$，特大城市不得超过 $5hm^2$
	建设用地相互关系	① 通勤出行：居住用地应协调与城市就业区和商业中心等功能地域的相互关系，减少居住—工作、居住—消费的出行距离与时间。 ② 干扰防护：居住用地与工业用地、仓储用地邻近时，居住用地应位于主导风向的上风向，并按照环境保护等法规规定保持必要的防护距离（卫生防护带）。 ③ 功能联系：工业用地与物流仓储用地应有机结合，便于货物运输
	用地布局与交通系统关系	① 运输需求： （a）工业：多沿公路、铁路、通航河流进行布置，交通运输条件关系到工业企业的生产运行效益； （b）物流仓储：对外应依托港口、机场、铁路、高速公路等交通设施，对内应有便捷的货运交通道路进入区域交通系统。 ② 交通影响：快速路、主干路（交通性干路）两侧不应设置吸引大量车流、人流的公共建筑物的出入口

（六）交通与市政设施配套

掌握城市综合交通体系及市政设施配套的相关知识，对应考查要点为判断城市内部交通网络是否顺畅、便捷、高效；城市对外交通网络是否与区域城镇发展相衔接，符合主要物流和客流的联系方向；各类交通设施选址是否合理；各类市政设施布局是否合理（表 3-2-6）。

交通与市政设施配套相关要求　　　　　　　　　　　　　　　　表 3-2-6

分类		相关要求
综合交通体系	城市内部交通	① 组团联系：分散布局的城市，各相邻片区、组团之间宜有 2 条以上干线道路。 ② 道路选线：应尽量减少建设工程量，尽量沿等高线布置，不应横切山体。 ③ 路网系统：城市建设用地内部的城市干线道路的间距不宜超过 1.5km。路网密度应适当，均衡分布，内密外疏

分类		相关要求
综合交通体系	城市对外交通	① 过境交通：城市Ⅱ级主干路及以上等级干线道路不宜穿越城市中心区。 ② 高速公路： （a）特大城市设环形高速公路连接各高速公路，内设快速路与城市路网连接； （b）中小城市高速公路应远离城市中心，采用互通形式以专用的入城干路接入城市。高速公路出入口位置合理，其间距宜为 5~10km，最小不小于 4km。 ③ 铁路：铁路选线应从城镇边缘通过，不应穿越城镇造成分割
	交通设施	① 铁路客运站：大城市可设置多个，在市中心边缘，距离市中心 2~3km；中小城市多设置一个，位于城区边缘。 ② 公路客运站：设置在中心区边缘或铁路客运站附近，便于换乘。客运站应与城市对外公路干线有紧密的联系。 ③ 货运站：中小城市设置综合性货运站，大城市按性质分别设置于其服务地段。 ④ 港口：客运港口应靠近城市中心，使旅客有方便的交通条件；货运港口应与工业用地紧密结合，方便工业原材料和产品的运输
市政设施		① 污水处理厂：应设置卫生防护用地，且不应位于河流上游。 ② 垃圾填埋场：不应位于城市主导发展方向上，距 20 万人口以上城市不宜小于 5km，距 20 万人口以下城市不宜小于 2km

（七）资源环境保护

掌握各类自然资源的保护要求及合理利用方式，对应考查要点为判断是否合理保护生态、农业及历史人文资源（表 3-2-7）。

资源环境保护相关要求　　　　　　　　　表 3-2-7

分类	相关要求
风景名胜区	禁止开山、采石、开矿、开荒等破坏景观、植被和地形、地貌的活动，禁止修建储存爆炸性、易燃性、放射性等的设施。 禁止设立各类开发区和在核心景区内建设宾馆、招待所、培训中心、疗养院以及与风景名胜资源保护无关的其他建筑物
饮用水源保护区	不得设置与供水需要无关的码头，禁止设置油库、墓地、从事农牧业活动、倾倒堆放工业废渣及城市垃圾等有害废弃物。不准新建、扩建向水体排放污染物的建设项目
自然保护区	不得建设污染环境、破坏资源或者景观的生产设施；建设其他项目，其污染排放不得超过国家和地方规定的污染物排放标准
永久基本农田	严格保护永久基本农田，严格控制非农业建设占用耕地
湿地公园	应纳入城市绿线划定范围，禁止破坏城市湿地水体体系资源

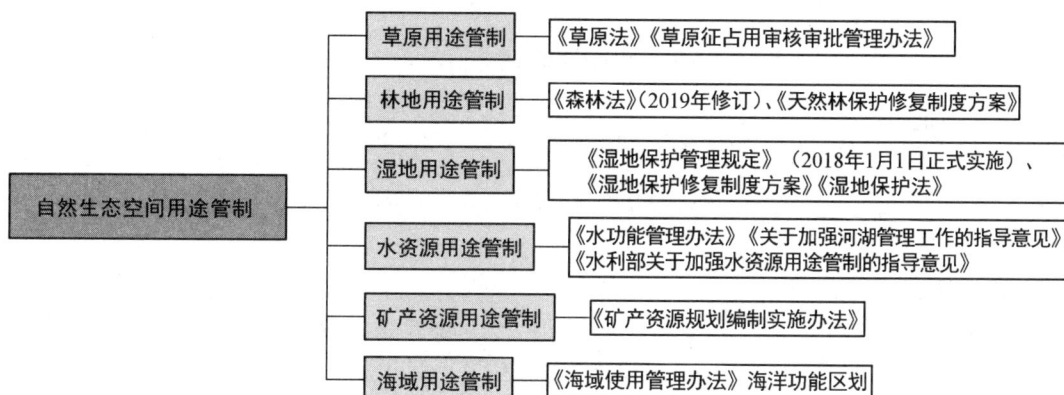

自然生态空间用途管制
- 草原用途管制 —— 《草原法》《草原征占用审核审批管理办法》
- 林地用途管制 —— 《森林法》（2019年修订）、《天然林保护修复制度方案》
- 湿地用途管制 —— 《湿地保护管理规定》（2018年1月1日正式实施）、《湿地保护修复制度方案》《湿地保护法》
- 水资源用途管制 —— 《水功能管理办法》《关于加强河湖管理工作的指导意见》《水利部关于加强水资源用途管制的指导意见》
- 矿产资源用途管制 —— 《矿产资源规划编制实施办法》
- 海域用途管制 —— 《海域使用管理办法》海洋功能区划

自然资源生态空间管制内容框架

第三节 修建性详细规划方案评析

一、考查要点

修建性详细规划方案评析，以居住小区规划设计方案评析为主，基本上为每年必考，一般为考试第三题，总分值 15 分，评析内容涉及经济技术指标、总体布局、建筑布局、交通组织、配套设施、居住环境六大方面（图 3-3-1）。

相关真题：2011-03、2012-03、2013-03、2014-03、2017-03、2018-03、2019-03、2020-03、2021-03、2022-03

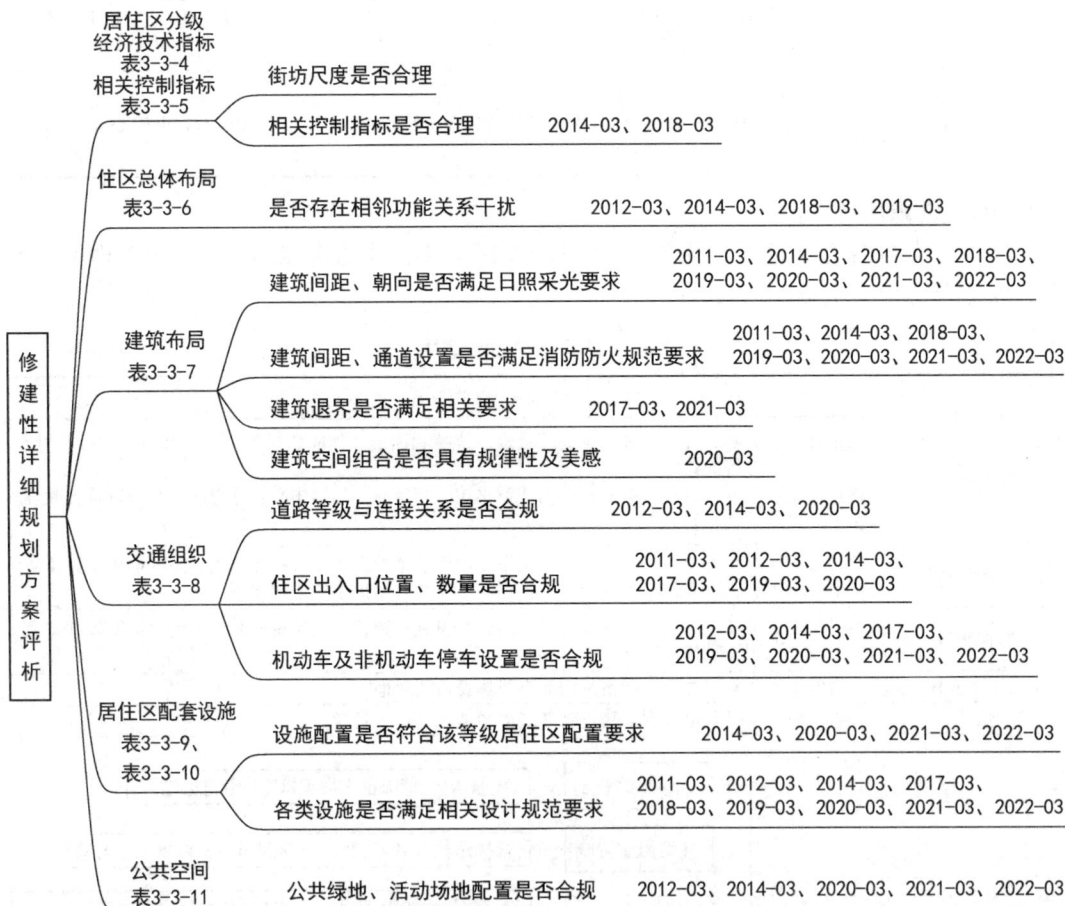

图 3-3-1 修建性详细规划方案评析考查要点

二、历年考点分布

修建性详细规划方案评析在考查形式上除 2013 年考查方案优缺点评析外，其余基本均为方案主要问题与理由评述。表 3-3-1 汇总 2011 年起历年具体的考查内容，可帮助考生更好地掌握该类型题目的出题思路和考查重点，并在具体知识点复习的过程中有所侧重。

修建性详细规划历年考查点汇总　　表3-3-1

分类	2011-03	2012-03	2013-03	2014-03	2017-03	2018-03	2019-03	2020-03	2021-03	2022-03
提问形式	分析＋问题	问题＋理由	问题＋理由	[限定范围]评析优缺点	问题＋理由	问题＋理由	问题＋理由	问题＋原因	问题＋理由	问题＋理由
回答形式	找茬＋解析	找茬＋解析	找茬＋解析	对比解析	找茬＋解析	找茬＋解析	找茬＋解析	找茬＋解析	找茬＋解析	找茬＋解析
气候类型	北方寒冷地区	—	—	北方	北方	北方	北方	北方	北方	南方
地区类型	某城市住区	某市大学科技园及教师住宅区	某大城市开放性小区	某城市住区	城市老住区改造	某城市住区	—	—	某城市住区	某城市住区
围合边界	快速路、主干路、次干路、支路	主干路、次干路、支路	次干路、支路	主干路、次干路、支路	次干路、支路	主干路、次干路、支路	主干路、次干路、支路	主干路、次干路、支路	主干路、支路	主干路、次干路、支路
面积大小	15.1hm²	51hm²	24hm²	15hm²	25hm²	40hm²	23hm²	18.5hm²	23hm²	32hm²
规模等级	五分钟生活圈	十分钟生活圈	五分钟生活圈	五分钟生活圈	十分钟生活圈	十分钟生活圈	五分钟生活圈	五分钟生活圈	五分钟生活圈	十分钟生活圈
人口户数	—	—	—	—	—	—	—	—	1800户	—
住宅类型	多、高层	—	高层	高层	多、高层	多、高层	高层	多、高层	多、高层	多、高层
住宅层数	4-6-12-15-18	—	—	12-15-16	6-9-12-18	6-12-15-17-24	18-22-26	5-6-11-17-21-26	7-12-24-26	7-11-22-26-27
控制指标	日照系数1.7	—	—	日照系数1.3	日照系数1.6	—	—	日照系数多层1.8、高层1.2	日照系数1.6	日照系数1.2
	住宅层高2.7m	—	—	住宅层高2.95m	建筑限高70m	—	—	住宅层高2.9m	住宅层高3m，裙房4.5m	建筑层高3m
	—	—	—	建筑限高45m	容积率2	—	—	公园8%活动场地	公园8%活动场地	容积率2.3
配套设施	小学	小学	—	片区中心小学	小学	小学	小学	小学	小学（历史建筑）	九年一贯制中小学
	幼儿园	幼儿园	—	全日制幼儿园	幼儿园	幼儿园	幼儿园	幼儿园	幼儿园	18班幼儿园

分类	2011-03	2012-03	2013-03	2014-03	2017-03	2018-03	2019-03	2020-03	2021-03	2022-03
配套设施	商业服务设施	商业中心	—	商业设施	商业综合体	商业配套设施	底层商业	商业	大型商场	再生资源回收点
	社区中心	地下停车场	—	地下车库出入口	文化活动中心	社区活动中心	服务中心	文化服务站、托老所与社区卫生站	文化活动站、社区中心、老年中心	社会综合服务中心、托老所、配套设施
	组团活动场地（地下停车场）	—	—	停车场	地下车库出入口	步行街	自行车停车区	物业管理、社区服务站、警务处与厕所	运动场	地下车库出入口
	停车场	—	—	—	—	—	地下车库出入口	健身会所	500个地面停车位，1500个地下停车位	非机动车停车场
	—	—	—	—	—	—	—	小型多功能运动场	地下停车出入口10个	—
	—	—	—	—	—	—	—	地面机动车停车数量为户数的20%	—	—
其他用地与管控条件	—	市级文物保护单位	—	省级文物保护单位	—	加油站	加油站	公交场站用地	—	工业物流园
	—	大学科技园	—	城市绿带	—	滨河公园	—	滨河生态绿带	—	绿地
	—	—	—	—	—	—	—	—	—	公交首末站
	—	—	—	—	—	—	—	—	—	危险品防护安全线

三、评析要点

（一）相关规范标准

★所涉及的相关规范标准

1.《城市居住区规划设计标准》GB 50180—2018（必看）；

2.《建筑设计防火规范》GB 50016—2014（2018年版）；

3.《民用建筑设计统一标准》GB 50352—2019；

4.《城市综合交通体系规划标准》GB/T 51328—2018；

5.《中小学校设计规范》GB 50099—2011；

6.《托儿所、幼儿园建筑设计规范》JGJ 39—2016（2019年版）；

7. 《汽车加油加气加氢站技术标准》GB 50156—2021；

8. 《城市道路公共交通站、场、厂工程设计规范》CJJ/T 15—2011。

★新版 《城市居住区规划设计标准》 主要变化解读

住房和城乡建设部批准 2018 年 12 月 1 日起实施国家标准《城市居住区规划设计标准》[下文简称新版《标准》，编号 GB 50180—2018，原国家规范《城市居住区规划设计规范》GB 50180—93（下文简称原《规范》）废止]。本次修订是在我国城镇化进程不断加快，人民生活水平不断提高，城市居住区开发形式、居住环境与生活需求越来越多元化的大背景下所进行的，全面贯彻落实新时代国家的发展理念与发展要求，积极将"以人为本、尊重自然、传承历史、绿色低碳"等理念融入城市规划全过程（表 3-3-2）。

《城市居住区规划设计标准》目录结构　　　　表 3-3-2

组成部分	主要技术内容	条文（个）	强制性条文（个）	与原《规范》对应
章（7）	1. 总则	4	—	1. 总则
	2. 术语	11	—	2. 术语、代号
	3. 基本规定	10	1	新增
	4. 用地与建筑	10	5	3. 用地与建筑；5. 住宅；7. 绿地
	5. 配套设施	6		6. 公共服务设施
	6. 道路	5	—	8. 道路
	7. 居住环境	8	—	4. 规划布局与空间环境；7. 绿地
附录（3）	附录 A　技术指标与用地面积计算方法	3	—	附录 A　附图及附表
	附录 B　居住区配套设施设置规定	3	—	
	附录 C　居住区配套设施规划建设控制要求	3	—	
引用标准（5）	《建筑设计防火规范》GB 50016—2014（2018 年版）			新增（删除原 9. 竖向；10. 综合管线内容）
	《建筑气候区划标准》GB 50178—93			
	《城市工程管线综合规划规范》GB 50289—2016			
	《城市综合交通体系规划标准》GB/T 51328—2018			
	《城乡建设用地竖向规划规范》CJJ 83—2016			

新版《标准》修订工作主要技术内容包括适用范围调整、框架结构调整和主要内容调整三个方面（表 3-3-3）。

《城市居住区规划设计标准》修订主要技术内容　　　　表 3-3-3

方面	调整内容
适用范围调整	从"城市居住区的规划设计"修改为"城市规划的编制以及城市居住区的规划设计"
内容框架调整	① 章节变化 ★由 11 个章节减少到 7 个章节，新增基本规定和居住环境，增加引用标准目录，删除工程管线综合及竖向设计的有关技术内容，简化了术语概念（术语从 33 个减至 11 个）。 ② 强制性条文的修改与调整 ★共提出 6 个强制性条文（原《规范》有 14 条），新增 1 条，删去 7 条，另外 7 条经修改整合后形成了 5 条。主要涉及居住区选址的安全性原则、居住街坊用地与建筑控制指标、公共绿地和集中绿地控制指标、住宅建筑间距日照标准等内容
主要内容调整	① 调整居住区分级控制方式与规模 ★融合"生活圈"概念的居住区分级，不再以人口规模划分等级，而以人的基本生活需求和步行可达为基础划分等级。 ★以"居住街坊"为基本生活单元的"小街区、密路网"格局。 ② 统筹、整合、细化居住区用地与建筑相关控制指标 ★不鼓励高强度开发居住用地，明确规定容积率与住宅建筑高度控制最大值。 ③ 优化配套设施控制指标和设置规定 ★强调不同生活圈满足不同的生活需求，对应新版居住区分类标准，并将城市公共服务设施与社区服务设施、便民服务设施分列。 ★针对居住区全龄化发展需求，对老年人、儿童活动设施、无障碍设施、基层群众体育活动设施等提出了控制要求。 ④ 优化公共绿地控制指标和设置规定 ★增加城市公园绿地在居住区层级的配建控制指标，居住区人均公共绿地指标大幅度增加，同时强调了绿地更接近家门、方便居民使用的功能要求

（二）居住区分级

掌握新版《标准》居住区分级划分标准，对应考查要点为确定考题住区规模等级、判断街坊尺度是否合理。

新版《标准》中 3.0.4 条规定"居住区按照居民在合理的步行距离内满足基本生活需求的原则，可分为十五分钟生活圈居住区、十分钟生活圈居住区、五分钟生活圈居住区及居住街坊四级"，其中居住街坊相当于原《规范》的居住组团规模，是居住的基本生活单元，围合居住街坊的道路皆为城市道路，开放支路网系统，不可封闭管理，体现"小街区、密路网"的发展要求。同时，规定了依据分级对应规划建设配套设施和公共绿地（表 3-3-4）。

居住区分级　　　　表 3-3-4

等级	十五分钟 生活圈居住区	十分钟 生活圈居住区	五分钟 生活圈居住区	居住街坊
步行距离 （m）	800～1000	500	300	尺度：150～250
居住人口 （人）	50000～100000	15000～25000	5000～12000	1000～3000

等级	十五分钟 生活圈居住区	十分钟 生活圈居住区	五分钟 生活圈居住区	居住街坊
住宅数量 （套）	17000～32000	5000～8000	1500～4000	300～1000
围合边界	城市干路或用地界线	城市干路、支路或 用地边界线	支路及以上级城市 道路或用地边界线	支路等城市道路或 用地边界线
用地面积 （hm²）	130～200	32～50	8～18	2～4
对应设施 等级	配套设施 （A、B、U、S4）	配套设施 （A、B、U、S4）	社区服务设施 （R12、R22、R32）	便民服务设施 （R11、R21、R31）
对应绿地 类别	公共绿地 （G1、G3）	公共绿地 （G1、G3）	公共绿地 （G1、G3）	集中绿地、宅旁绿地

（三）经济技术指标

掌握新版《标准》相关技术指标的控制要求并结合题干中给出的特定控制指标要求，对应考查要点为判断相关控制指标是否合理。

新版《标准》中4.0.1条规定"各级生活圈居住区用地应合理配置、适度开发，其控制指标应符合规定"。依据往年出题规律，题干信息会给出所要考查的特定控制指标数值（多为建筑限高要求），如题干无特定说明，可适当关注图中有无明显超出控制指标上限或下限的情况（表3-3-5）。

相关控制指标要求　　　　　　　　　　　　　　　　　表3-3-5

控制指标	相关要求
建筑高度	根据新版《标准》中表4.0.2，住宅建筑高度控制最大值为80m（约26层）
建筑密度	根据新版《标准》中表4.0.2，居住街坊建筑密度控制最大值为43%
容积率	根据新版《标准》中表4.0.2，居住街坊住宅用地容积率控制最大值为3.1
绿地率	根据新版《标准》中表4.0.2、表4.0.3，绿地率一般应大于30%，城市旧区应大于25%

（四）总体布局

掌握新版《标准》及《城市规划原理》教材（2011年版）中有关居住区选址、总体功能布局关系的相关内容，对应考查要点为是否存在相邻功能关系干扰（表3-3-6）。

住区总体布局相关要求　　　　　　　　　　　　　　　　表3-3-6

类别	相关要求	备注
功能布局 关系	① 与干扰性功能的布局关系：避免干扰功能在住区周边布局。例如，加油加气站、高等级变电站等有防护要求的设施，应远离住区人员密集区布置。 ② 与景观性功能的布局关系：合理利用景观性功能，保留视线通廊。 ③ 与保护性功能的布局关系：关注住区与历史文化等保护性要素之间的关系	注：配套设施布局情况 可对应表3-3-10统一考虑

(五) 建筑布局

掌握新版《标准》及《城市规划原理》教材（2011 年版）中有关住宅建筑布局的相关内容，对应考查要点为判断建筑间距、朝向是否满足日照采光要求，建筑间距、通道设置是否满足消防防火规范要求，建筑退界是否满足相关要求，建筑空间组合是否具有规律性及美感（表 3-3-7）。

建筑布局相关要求 表 3-3-7

类别		相关要求	备注
日照采光		① 住宅建筑日照要求： （a）一般住宅建筑按所在气候区和常住人口规模规定其日照标准（新版《标准》中表 4.0.9）。 特殊情况： （b）老年人居住建筑日照标准不应低于冬至日日照时数 2h； （c）在原设计建筑外增加任何设施不应使相邻住宅原有日照标准降低，既有住宅建筑进行无障碍改造加装电梯除外； （d）旧区改建项目内新建住宅日照标准不应低于大寒日日照时数 1h。 ② 其他建筑日照要求： （a）中小学普通教室冬至日满窗日照不应少于 2h。 （b）幼儿园、托儿所生活用房冬至日底层满窗日照不应少于 3h。 （c）医院、疗养院半数以上病房、疗养室能获得冬至日不少于 2h 日照。 ③ 建筑朝向：朝向尽量避免西向，北方建筑不宜采用围合式布局	注①：一般地，按题干所给日照间距系数进行计算 注②：配套设施日照采光内容可对应表 3-3-10 统一考虑
消防防火	防火	一、二级耐火等级多层建筑之间防火间距为 6m，多层与高层之间为 9m，高层与高层之间为 13m	—
	消防	① 当建筑物沿街道部分的长度大于 150m 或总长度大于 220m 时，应设置穿过建筑物的消防车道，确有困难时应设置环形消防车道。 ② 有封闭内院或天井的建筑物，当内院或天井的短边长度大于 24m 时，宜设置进入内院或天井的消防车道。 ③ 有封闭内院或天井的建筑物，当该建筑物沿街时，应设置连通街道和内院的人行通道（可利用楼梯间），其间距不宜大于 80m。 注：a＞150m（长条形建筑物），a+b＞220m（L形建筑物），a+b+c＞220m（U形建筑物） 消防车道设置要求	

154

类别	相关要求	备注
建筑退界	① 退让道路红线如下表。 | 与建（构）筑物关系		城市道路（m）	附属道路（m） | |---|---|---|---| | 建筑物面向道路 | 无出入口 | 3.0 | 2.0 | | | 有出入口 | 5.0 | 2.5 | | 建筑物山墙面向道路 | | 2.0 | 1.5 | | 围墙面向道路 | | 1.5 | 1.5 | ② 退让绿线、紫线、蓝线：无统一规定，各地方规定有所差异。 （a）北京：建筑在解决市政、交通、消防问题前提下可不退让绿化、文物控制线。 （b）广州：退让蓝线、绿线最小距离均为旧城区 6m，其他地区 10m	—
建筑空间组合	① 与河流水系、公园绿地的关系：邻景观面布置多层，远离景观面布置高层，保证视线的均好性。 ② 与日照、通风和噪声的关系：充分利用住宅建筑空间组合方式，结合当地主导风向、周边环境、温度湿度等气候条件，实现争取日照、防止日晒、通风防风、噪声防治 [可参考《城市规划原理》（第四版）第 511～514 页]	—

（六）交通组织

掌握新版《标准》有关道路设计、停车场布置相关规定，结合现行国家标准《城市综合交通体系规划标准》GB/T 51328—2018，对应考查要点为判断道路等级、宽度与连接关系是否合规，判断住区出入口数量、与交叉口及相邻出入口间距是否合规，判断机动车及非机动车停车设置是否合规（表 3-3-8）。

新版《标准》不再强调"人车分流"的相关概念，其中第 6.0.2 条提出"应采取小街区、密路网的交通组织方式，路网密度不应小于 8km/km²，城市道路间距不应超过 300m，宜为 150～250m，并应与居住街坊的布局相结合。"

交通组织相关控制要求　　　　　　表 3-3-8

类别	相关要求	备注
道路组织	① 居住区内各级城市道路：支路的红线宽度宜为 14～20m。道路断面形式应满足适宜步行及自行车骑行的要求，人行道宽度不应小于 2.5m。 ② 居住街坊附属道路：应满足消防、救护、搬家等车辆的通达要求，主要附属道路的路面宽度不应小于 4m，其他附属道路的路面宽度不宜小于 2.5m。 ③ 道路连接要求：支路道路不宜直接与干线道路形成交叉连通。道路交叉口不应规划超过 4 条道路的多路交叉口，必须满足安全停车视距三角形限界的要求，相交道路的交角不应小于 70°，地形条件特殊困难时，不应小于 45°	—
出入口设置	① 住区机动车出入口： （a）居住街坊附属道路至少应有 2 个车行出入口连接城市道路。 （b）车行出入口不应设置在城市快速路、主干路上。 （c）与交叉口间距：（国标）中等城市、大城市的主干路交叉口，自道路红线交叉点起沿线 70m 范围内不应设置机动车出入口。 ② 住区人行出入口：居住街坊人行出入口间距不宜超过 200m	注：次干路、支路沿线出入口与交叉口最小间距无国家标准规定，各地方控制性详细规划技术准则内有具体要求

类别		相关要求	备注
停车场设置	配套要求	应配套设置居民机动车和非机动车停车场(库)，居住街坊应配置临时停车位	—
	地上机动车停车	地面停车位数量不宜超过住宅总套数的 10%，地面机动车停车场宜按每个停车位 25～30m² 计算停车位数量： ① 当停车数为 50 辆及以下时，可设置 1 个出入口； ② 当停车数为 51～500 辆时，应设置 2 个出入口； ③ 当停车数大于 500 辆时，应设置 3 个出入口	
	地上非机动车停车	非机动车停车场(库)应设置在方便居民使用的位置，其出入口不宜设置在交叉口附近，且要求如下： ① 停车场出入口宽度不应小于 2m； ② 停车数大于或等于 300 辆时，应设置不少于 2 个出入口； ③ 停车区应分组布置，每组停车区长度不宜超过 20m	
	地下机动车车库	车库出入口与连接道路间宜设置缓冲段(从车库出入口坡道起坡点算起)： ① 当出入口与基地道路垂直时，缓冲段长度不宜小于 5.5m； ② 当出入口与基地道路平行时，应设不小于 5.5m 的缓冲段再汇入基地道路； ③ 当出入口直接连接基地外城市道路时，其缓冲段长度不宜小于 7.5m	

（七）配套设施

掌握新版《标准》中居住区配套设施相关要求，对应考查要点为判断设施配置是否符合该等级居住区配置要求及各类设施是否满足相关设计规范要求（表 3-3-9）。

居住区配套设施设置   表 3-3-9

类别	十五分钟生活圈居住区	十分钟生活圈居住区	五分钟生活圈居住区	居住街坊
公共管理和公共服务设施	**初中** **大型多功能运动场地** **卫生服务中心** 门诊部 **养老院** **老年养护院** 文化活动中心 社区服务中心 街道办事处 司法所	**小学** **中型多功能运动场地**	—	—
商业服务设施	商场 餐饮设施 银行营业网点 电信营业网点 邮政营业场所	商场 菜市场或生鲜超市 餐饮设施 银行营业网点 电信营业网点	—	—
市政公用设施	开闭所	—	—	—

156

类别	十五分钟 生活圈居住区	十分钟 生活圈居住区	五分钟 生活圈居住区	居住街坊
交通场站	**公交车站**	**公交车站**	—	—
社区服务 设施	—	—	社区服务站 文化活动站 **小型多功能运动场地** **室外综合健身场地** **幼儿园** 托老所 社区商业网点 再生资源回收点 **生活垃圾收集站** 公共厕所	—
便民服务 设施	—	—	—	物业管理与服务 **儿童、老年人活动场地** 室外健身器械 便利店 邮件和快递送达设施 **生活垃圾收集点** 居民非机动车停车场 居民机动车停车场

注：表中所列设施为各等级应配建的项目，下划线加粗的为宜独立设置设施，其余为可联合建设设施。

掌握新版《标准》及特定设施相应的建筑设计规范要求，对应考查要点为判断各类设施是否满足相关设计规范要求（表3-3-10）。

主要配套设施设计规范要求　　　　　　　　　　　　　表3-3-10

设施类型	相关要求
中小学	① 服务半径：初中服务半径不宜大于1000m，小学服务半径不宜大于500m。 ② 选址安全性要求：应避开城市干路交叉口等交通繁忙路段，学生上下学穿越城市道路时应有相应的安全措施。应远离殡仪馆、医院太平间、传染病院等建筑。不应与大型公共娱乐场所、商场、批发市场等人流密集场所相毗邻。 ③ 出入口：校园应设置2个出入口，出入口布置应避免人流、车流交叉。出入口应与市政交通衔接，但不应直接与城市主干路连接，校园主要出入口应设置缓冲场地。 ④ 层数控制：小学主要教学用房不应设在4层以上，中学主要教学用房不应设在5层以上。 ⑤ 活动场地：应设置不低于200m环形跑道和60m直跑道的运动场，并配置符合标准的球类场地，各球类场地的长轴宜南北向布置。 ⑥ 距离控制：教室的外窗与相对的教学用房或室外运动场地边缘间的距离不应小于25m。主要教学用房设置窗户的外墙与铁路路轨的距离不应小于300m，与高速公路、地上轨道交通线或城市主干路的距离不应小于80m(当距离不足时，应采取有效的隔声措施)。 ⑦ 日照要求：普通教室冬至日满窗日照不应少于2h

设施类型	相关要求
幼儿园	① 服务半径：不宜大于 300m。 ② 选址要求：应设于阳光充足、接近公共绿地、便于家长接送的地段。不应与不利于幼儿身心健康的场所毗邻，包括集贸市场、娱乐场所、医院传染病房、垃圾中转站、通信发射塔、高压输电线等。 ③ 出入口：不应直接设置在城市干路一侧，应设置供车辆和人员停留的场地，且不应影响城市道路交通。 ④ 独立设置及层数控制：四个班及以上的应独立设置，两个班及以下可与居住建筑合建。建筑层数不宜超过 3 层。 ⑤ 活动场地：应设室外活动场地，每班专用室外活动场地面积不宜小于 $60m^2$。 ⑥ 日照要求：幼儿生活用房应布置在当地最好朝向，冬至日底层满窗日照不应少于 3h。活动场地应有不少于 1/2 的活动面积在标准的建筑日照阴影线之外
公交首末站	出入口：车辆出入口不应设在道路交叉口进口端、主干路或快速路上，宜设置在次干路、支路上，且应满足以下要求： (a) 与主干路交叉口的距离不应小于 70m； (b) 与次干路交叉口、桥梁和隧道等出入口的距离不应小于 50m； (c) 与支路交叉口的距离不应小于 30m； (d) 与城市道路规划红线的距离不应小于 7.5m，并在距出入口边线内 2m 处作视点的 120°范围内至边线外 7.5m 以上不应有遮挡视线障碍物
其他配套设施	① 文化活动中心：宜结合或靠近绿地设置。 ② 商场：应集中布局在居住区相对居中的位置。 ③ 市政设施：锅炉房应适当远离住宅，变电站不能布置在公共绿地中

（八）居住环境

掌握新版《标准》中公共空间配置要求，对应考查要点为判断公共绿地、活动场地配置是否合规（表 3-3-11）。

公共空间配置要求　　　　　　　　　　表 3-3-11

等级	相关要求
各级生活圈	① 配置要求：应配套规划建设公共绿地，并应集中设置具有一定规模，且能开展休闲、体育活动的居住区公园。 ② 公共绿地建设要求：人均公共绿地面积十五分钟生活圈 $2m^2$，十分钟生活圈 $1m^2$，五分钟生活圈 $1m^2$。 ③ 居住区公园建设要求： (a) 居住区公园最小规模，十五分钟生活圈 $5hm^2$，十分钟生活圈 $1hm^2$，五分钟生活圈 $0.4hm^2$； (b) 居住区公园最小宽度，十五分钟生活圈 80m，十分钟生活圈 50m，五分钟生活圈 30m； (c) 应设置 10%～15% 的体育活动场地

等级	相关要求
居住街坊	① 配置要求：应结合住宅建筑布局设置集中绿地和宅旁绿地。 ② 集中绿地建设要求： (a) 新区建设不应低于 $0.5m^2/$人，旧区改建不应低于 $0.35m^2/$人； (b) 宽度不应小于 8m； (c) 在标准的建筑日照阴影线范围之外的绿地面积不应少于 1/3，其中应设置老年人、儿童活动场地

第四节　建设项目用地规划选址方案评析

一、考查要点

建设项目用地规划选址方案的评析以选址条件分析为主，考查形式及所涉及的项目类型相对灵活、多变，评析内容涉及与项目紧密相关的专业知识，评析要点包括上位规划依据、外部环境分析、用地条件分析、方案比选四个方面（图 3-4-1）。

相关真题：2011-06、2012-06、2013-04、2013-06、2014-06、2017-06

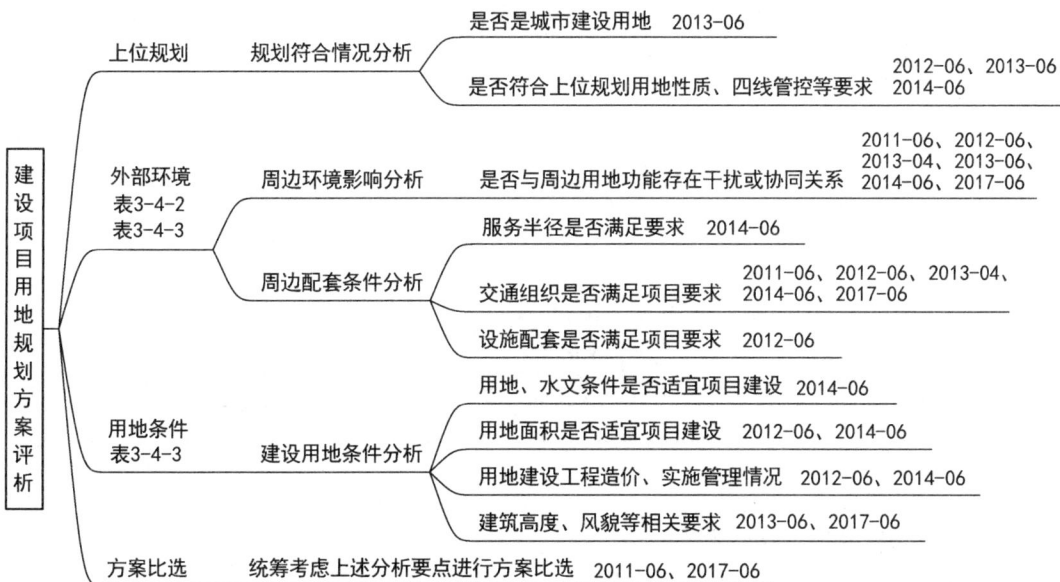

图 3-4-1　建设项目用地规划选址方案考查要点

二、历年考点分布

建设项目用地规划试题的考查形式以选址方案评析、多方案比选为主，2012 年相对特殊考查了选址遵循的原则。10 年内所涉及的考查对象包括主要物流商务园、农副产品交易市场、博物馆、宾馆、医疗中心、体育馆、客运站、客运枢纽等，其中由于交通设施选址常结合交通规划评析一同考查，故本书将交通设施选址方案评析与道路交通专项规划评析的内容合并于第五节。表 3-4-1 汇总 2011 年起历年具体的考查内容（除交通设施）。

建设项目用地规划选址历年考点分布　　　　　　　　　　　　表 3-4-1

分类	2011-06	2012-06	2013-04	2013-06	2014-06	2017-06
提问形式	二选一＋解析 八选一＋解析	遵循原则	[限定范围] 问题	问题	问题	三选一＋优缺 点解析
题目类型	方案比选	选址原则	方案评析	方案评析	方案评析	方案比选
考查对象	物流商务园 农副产品交易 市场	历史专题博物馆	产业选择 农副产品加工 企业 废旧家电拆解 企业 房地产开发项目	高档宾馆	综合医疗中心 分院	5000 座体育馆
城市等级	县城	国家历史文化 名城	县城	山区乡镇	大城市中心区 外围独立组团	某市
周边功能	三级航道 物流仓储 工业 居住 公共服务配套	—	省级风景名胜区 河流 农田	历史文化名村 （古树、保护 建筑） 河流 耕地 栗子林	中小学 风景区 行洪河道 居住 公共服务商业	百年名校（教学 区、生活区、 历史风貌区） 湖泊
交通条件	高速公路	—	省道	沥青路	交通干路 轻轨站点	主、次干路 支路
特殊条件	—	纪念重大历史 事件	环境优美 文化深厚	用地面积 建筑面积 建筑高度	组团人口 规模要求 地势情况 建设规模 用地调整	校内共建

三、评析要点

（一）相关规范标准及教材内容

★所涉及的相关规范标准及教材内容

1. 《城市规划原理》（第四版）第 282～283 页（必看）；

2. 《综合医院建筑设计规范》GB 51039—2014；

3. 《体育建筑设计规范》JGJ 31—2003；

4. 《文化馆建筑设计规范》JGJ/T 41—2014；

5. 《展览建筑设计规范》JGJ 218—2010；

6. 《博物馆建筑设计规范》JGJ 66—2015；

7. 《图书馆建筑设计规范》JGJ 38—2015；

8. 《老年人照料设施建筑设计标准》JGJ 450—2018；

9. 《旅馆建筑设计规范》JGJ 62—2014；

10. 《乡镇集贸市场规划设计标准》CJJ/T 87—2020；

11. 《城市消防站设计规范》GB 51054—2014；

12. 《汽车加油加气加氢站技术标准》GB 50156—2021；

13. 《石油化工企业设计防火标准》GB 50160—2008（2018年版）。

（二）周边环境影响分析

掌握风景名胜区、文物保护单位、历史文化名城名镇名村、自然保护区和重要湿地等各类保护区域对其中建设项目的控制要求（表3-4-2）。

各类保护区域内建设项目管控要求

表 3-4-2

类别	保护区域	建设要求	规范来源
风景名胜区	—	禁止开山、采石、开矿、开荒等破坏景观、植被和地形、地貌的活动，禁止修建储存爆炸性、易燃性、放射性等的设施。 禁止设立各类开发区和在核心景区内建设宾馆、招待所、培训中心、疗养院以及与风景名胜资源保护无关的其他建筑物	《风景名胜区条例》第二十六、二十七条
文物保护单位	—	建设工程选址应当尽可能避开不可移动文物	《文物保护法》第二十条
历史文化名城名镇名村	—	建设工程选址应尽可能避开历史建筑。 在历史文化街区、名镇、名村核心保护范围内，不得新建、扩建除必要的基础设施和公共服务设施以外的设施。 历史文化街区、名镇、名村建设控制地带内新建建筑物、构筑物，应当符合保护规划确定的建设控制要求。 历史文化街区、名镇、名村应整体保护，保持传统格局、历史风貌和空间尺度，不得改变与其相互依存的自然景观和环境	《历史文化名城名镇名村保护条例》第二十一、二十六、二十八、三十四条
自然保护区	核心区和缓冲区	不得建设任何生产设施	《自然保护区条例》第三十二条
	实验区	不得建设污染环境、破坏资源或者景观的生产设施；建设其他项目，其污染排放不得超过国家和地方规定的污染物排放标准	
	外围保护地带	不得建设损害自然保护区内环境质量的设施	
饮用水源保护区	一级保护区	禁止新建、扩建与供水设施和保护水源无关的建设项目。 不得设置与供水需要无关的码头，禁止设置油库、墓地、从事农牧业活动、倾倒堆放工业废渣及城市垃圾等有害废弃物	《饮用水水源保护区污染防治管理规定》第十二、十九条
	二级保护区	不准新建、扩建向水体排放污染物的建设项目。 禁止建设化工、电镀、皮革、造纸、冶炼等有严重污染的企业	
	准保护区	禁止建设城市垃圾、粪便和易溶、有毒废弃物的堆放场站	
森林公园	—	在珍贵景物、重要景点和核心景区，除必要的保护和附属设施外，不得建设宾馆、招待所、疗养院和其他工程设施	《森林公园管理办法》第十条
洪水调洪区	—	建设用地选择必须避开洪涝、泥石流灾害高风险区域，必须满足行洪需要，留出行洪通道。严禁在行洪用地空间范围内进行有碍行洪的城市建设活动	《城市防洪规划规范》第四章

(三) 常见项目选址具体要求

掌握常见公共服务设施、市政设施、工业项目选址的具体要求，对应考查要点为判断项目选址的外部、内部条件要求（表 3-4-3）。

常见项目选址具体要求   表 3-4-3

类别		具体要求
公共服务设施	综合医院	① 上位要求：综合医院选址应符合当地城镇规划、区域卫生规划和环保评估的要求。 ② 选址要求 (a) 地形宜力求规整，适宜医院功能布局； (b) 宜便于利用城市基础设施； (c) 环境宜安静，应远离污染源，远离易燃、易爆物品的生产和储存区，并应远离高压线路及其设施； (d) 不应邻近少年儿童活动密集场所，不应污染、影响城市的其他区域。 ③ 交通：宜面临 2 条城市道路，医院出入口不应少于 2 处，人员出入口不应兼作尸体或废弃物出口。 ④ 配套：在医疗用地内不得建职工住宅。医疗用地与职工住宅用地毗连时，应分隔，并应另设出入口。在门诊、急诊和住院用房等入口附近应设车辆停放场地
	体育建筑	① 上位要求：体育建筑基地的选择，应符合城镇当地总体规划和体育设施的布局要求，讲求使用效益、经济效益、社会效益和环境效益。 ② 选址要求 (a) 便于利用城市已有基础设施； (b) 与污染源、高压线路、易燃易爆物品场所之间的距离达到有关防护规定，防止洪涝、滑坡等自然灾害，注意体育设施使用时对周围环境的影响。 ③ 交通 (a) 根据体育设施规模大小，基地至少应分别有 1 面或 2 面临接城市道路； (b) 出入口不宜少于 2 处，以不同方向通向城市道路； (c) 观众出入口处应留有疏散通道和集散场地，观众疏散道路应避免集中人流与机动车流相互干扰； (d) 基地内应设置各种车辆的停车场，如因条件限制，停车场也可在邻近基地的地区
	文化馆	① 上位要求：文化馆建筑选址应符合当地文化事业发展和城乡规划的要求。 ② 选址要求 (a) 新建文化馆宜有独立的建筑基地，当与其他建筑合建时，应满足使用功能的要求，且自成一区，并应设置独立的出入口； (b) 应选择位置适中、交通便利、便于群众文化活动的地区； (c) 环境应适宜，并宜结合城镇广场、公园绿地等公共活动空间综合布置； (d) 应选在工程地质及水文地质较好的地段； (e) 与各种污染源及易燃、易爆场所的控制距离应符合国家现行有关标准的规定； (f) 当文化馆基地距医院、学校、幼儿园、住宅等建筑较近时，室外活动场地及建筑内噪声较大的功能用房应布置在医院、学校、幼儿园、住宅等建筑的远端，并应采取防干扰措施。 ③ 交通 (a) 基地至少应设有 2 个出入口，且当主要出入口紧邻城市交通干路时，应符合城乡规划的要求并应留出疏散缓冲距离； (b) 人流和车辆交通路线应合理，道路布置应便于道具展品的运输和装卸； (c) 功能分区应明确，群众活动区宜靠近主出入口或布置在便于人流集散的部位； (d) 基地内应设置机动车及非机动车停车场(库)

类别	具体要求
展览馆	① 上位要求：展览建筑的选址应符合城市总体规划的要求，并应结合城市经济、文化及相关产业的要求进行合理布局。 ② 选址要求 （a）宜选择地势平缓、场地干燥、排水通畅、空气流通、工程地质及水文地质条件较好的地段； （b）基地应具有相应的市政配套条件，特大型、大型展览建筑应充分利用附近的公共服务和基础设施； （c）交通应便捷，且应与航空港、港口、火车站、汽车站等交通设施联系方便； （d）不应选在有害气体和烟尘影响的区域内，且与噪声源及储存易燃、易爆物场所的距离应符合国家现行有关安全、卫生和环境保护等标准的规定。 ③ 交通 （a）特大型展览建筑基地应至少有 3 面直接临接城市道路，大型、中型展览建筑基地应至少有 2 面直接临接城市道路，小型展览建筑基地应至少有 1 面直接临接城市道路； （b）特大型、大型、中型展览建筑基地应至少有 2 个不同方向通向城市道路的出口； （c）基地内应设置机动车和自行车的停放场地。 ④ 布局 （a）展览建筑应按不小于 $0.20m^2/$人配置集散用地，室外场地的面积不宜少于展厅占地面积的 50%； （b）展览建筑的建筑密度不宜大于 35%
博物馆	① 上位要求：应符合城乡规划和文化设施布局的要求。 ② 选址要求 （a）博物馆建筑宜独立建造。当与其他类型建筑合建时，博物馆建筑应自成一区。 （b）基地的自然条件、街区环境、人文环境应与博物馆的类型及其收藏、教育、研究的功能特征相适应。 （c）基地面积应满足博物馆的功能要求，并宜有适当发展余地。 （d）应场地干燥、排水通畅、通风良好。与易燃易爆场所、噪声源、污染源的距离，应符合国家现行有关安全、卫生、环境保护标准的规定。 （e）在历史建筑、保护建筑、历史遗址上或其近旁新建、扩建或改建博物馆建筑，应遵守文物管理和城乡规划管理的有关法律和规定。 （f）避开易因自然或人为原因引起沉降、地震、滑坡或洪涝的地段，空气或土地已被或可能被严重污染的地段，有吸引啮齿动物、昆虫或其他有害动物的场所或建筑附近。 ③ 交通 （a）基地出入口的数量应根据建筑规模和使用需要确定，且观众出入口应与藏品、展品进出口分开设置。 （b）人流、车流、物流组织应合理；藏品、展品的运输线路和装卸场地应安全、隐蔽，且不应受观众活动的干扰。 （c）特大型馆、大型馆建筑的观众主入口到城市道路出入口的距离不宜小于 20m，观众出入口广场应设有供观众集散的空地。 （d）基地内设置的停车位数量，应按其总建筑面积的规模计算确定。 ④ 布局 （a）应便利观众使用、确保藏品安全、便于运营管理。 （b）室外场地与建筑布局应统筹安排，并应分区合理、明确、互不干扰、联系方便。 （c）新建博物馆建筑的建筑密度不应超过 40%

类别（左侧合并单元格）：公共服务设施

类别		具体要求
公共服务设施	图书馆	① 上位要求：公共图书馆需符合当地的城市总体规划要求。 ② 选址要求 (a) 选择地理位置适中、交通便利、环境相对安静、工程地质及水文地质等自然条件和市政设施条件较为有利的地段。 (b) 需远离各种污染源及易燃、易爆场所，按照有关法规，满足防护距离的要求。 (c) 原则上单独建造为好，将使用性质相近的建筑组合建造也是一种可行的方式。 ③ 布局 (a) 各功能区形成相对独立的区域，布置留有发展余地。 (b) 在条件许可时单独设出入口及室外活动场地。 (c) 新建公共图书馆的建筑密度最好能控制在 40% 以下
	养老院	① 选址要求 老年人照料设施建筑基地应选择在工程地质条件稳定、不受洪涝灾害威胁、日照充足、通风良好的地段，交通方便、基础设施完善、公共服务设施使用方便的地段，应远离污染源、噪声源及易燃、易爆、危险品生产、储运的区域。 ② 交通 (a) 老年人照料设施建筑基地及建筑物的主要出入口不宜开向城市主干路。货物、垃圾、殡葬等运输宜设置单独的通道和出入口。 (b) 道路系统应保证救护车辆能停靠在建筑的主要出入口处，且应与建筑的紧急送医通道相连。 (c) 应设置机动车和非机动车停车场
	旅馆	① 上位要求：旅馆建筑的选址应符合当地城乡总体规划的要求，并应结合城乡经济、文化、自然环境及产业要求进行布局。 ② 选址要求 (a) 基地的用地大小应符合国家和地方政府的相关规定； (b) 基地宜具有相应的市政配套条件。 ③ 交通 (a) 基地应至少有 1 面直接临城市道路或公路，或应设道路与城市道路或公路相连接。位于特殊地理环境中的旅馆建筑，应设置水路或航路等其他交通方式； (b) 当旅馆建筑设有 200 间（套）以上客房时，其基地的出入口不宜少于 2 个，出入口的位置应符合城乡交通规划的要求； (c) 基地内应设置机动车和非机动车的停放场地或停车库。 ④ 布局 (a) 总平面布置应功能分区明确、总体布局合理，各部分联系方便、互不干扰； (b) 当旅馆建筑与其他建筑共建在同一基地内或同一建筑内时，旅馆建筑部分应单独分区，客人使用的主要出入口宜独立设置； (c) 四级和五级旅馆建筑的主要人流出入口附近宜设置专用的出租车排队候客车道或候客车位

类别		具体要求
公共服务设施	集贸市场	选址要求 （a）应符合交通便利、有利于人流和物流的集散、确保内外交通顺畅安全、符合消防安全要求、与建成区公共服务设施联系方便且互不干扰。 （b）不应跨越铁路布置，不应沿三级或三级以上公路两侧布置，不应占用交通性干路、桥头、码头、车站等交通量大的地段；在公路一侧布置的集贸市场应与公路保持20m以上的间距；位于建成区之外的集贸市场应与对外交通和生活性干路联系方便；位于建成区内的集贸市场可依托生活性道路进行布置。 （c）应处理好与历史文化、自然景观要素之间的关系，不应影响和损害历史文化、自然景观环境。 （d）宜根据实际情况，结合现有广场、路边、闲置空场地等开敞空间设置，分时复合利用。 （e）应与教育、医疗机构等人员密集场所的主要出入口之间保持20m以上的距离，宜结合商业街和公共活动空间布局。 （f）固定市场不应与消防站相邻布局，临时市场、庙会等活动区域应规划布置在不妨碍消防车辆通行的地段。 （g）应与燃气调压站、液化石油气气化站等火灾危险性大的场所保持50m以上的防火间距。应远离有毒、有害污染源，远离生产或储存易燃、易爆、有毒等危险品的场所，防护距离不应小于100m。 （h）以农产品及农业生产资料为主要商品类型的市场，宜独立占地，且应与住宅区之间保持10m以上的间距
	中小学幼儿园	详见表3-3-10（多与居住区结合考查）
市政设施	消防站	① 选址要求 （a）消防站与加油站、加气站等易燃、易爆危险场所的距离不应小于50m； （b）辖区内有生产、贮存危险化学品单位的，消防站应设置在常年主导风向的上风或侧风处，其边界距生产、贮存危险化学品的危险部位不宜小于200m。 ② 交通：执勤车辆主出入口应设在便于车辆迅速出动的部位，且距医院、学校、幼儿园、托儿所、影剧院、商场、体育场馆、展览馆等人员密集场所的公共建筑的主要疏散出口和公交站台不应小于50m
	加油加气站	① 选址要求：应符合城乡规划、环境保护和防火安全的要求，并应选在交通便利的地方。 ② 交通 （a）宜靠近城市道路，但不宜选在城市干路的交叉路口附近； （b）与重要公共建筑物的主要出入口（包括铁路、地铁和二级及以上公路的隧道出入口）不应小于50m
工业项目	石油化工企业	选址要求 （a）宜位于邻近城镇或居民区全年最小频率风向的上风侧； （b）应采取防止泄漏的可燃液体和受污染的消防水排出厂外的措施； （c）石油化工企业的生产区沿江河岸布置时，宜位于邻近江河的城镇、重要桥梁、大型锚地、船厂等重要建筑物或构筑物的下游； （d）在山区或丘陵地区，石油化工企业的生产区应避免布置在窝风地带； （e）应远离人口密集区、饮用水源地、重要交通枢纽等区域

第五节 道路交通专项及交通设施选址方案评析

一、考查要点

交通专项的考查题目主要包括交通体系规划方案评析、交通设施选址方案评析以及交通场站用地布局方案评析三种类型。由于三种题型的解题思路有所差别，下面将分别梳理其考查要点与解题思路（图 3-5-1）。

相关真题：2011-04、2012-04、2013-05、2014-04、2017-04、2018-04、2019-04、2020-04、2021-04、2022-04

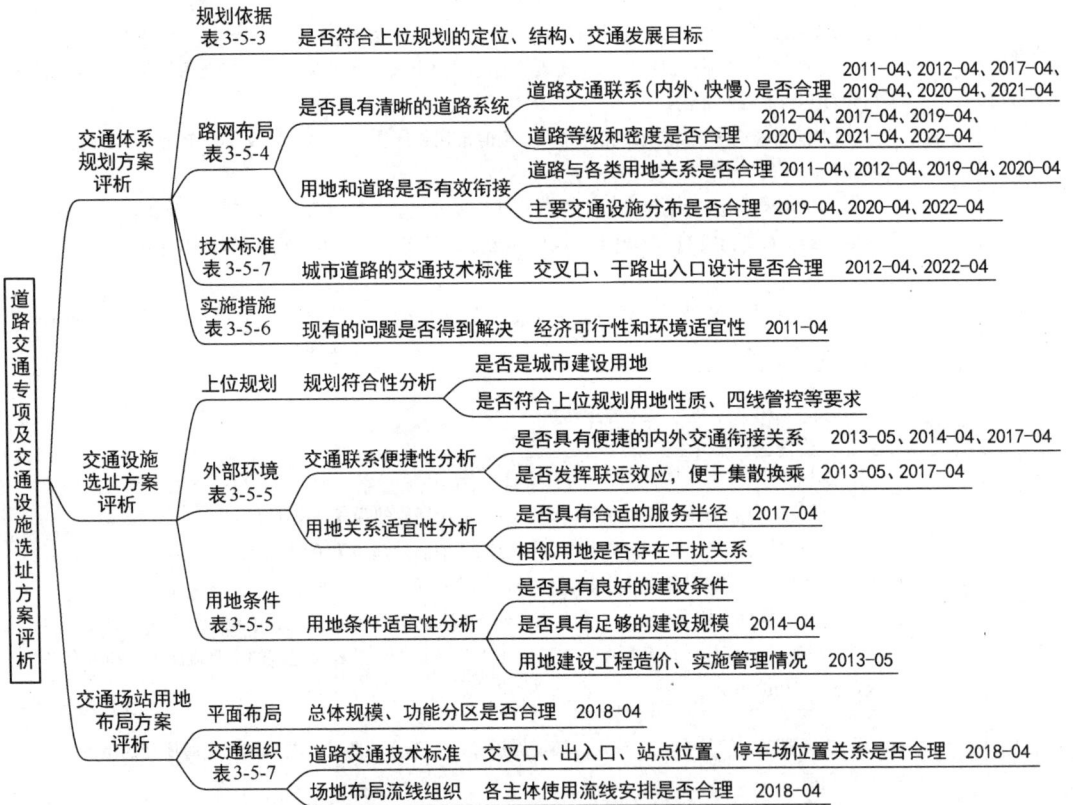

道路交通专项及交通设施选址方案评析

交通体系规划方案评析
- 规划依据 表3-5-3 —— 是否符合上位规划的定位、结构、交通发展目标
- 路网布局 表3-5-4
  - 是否具有清晰的道路系统
    - 道路交通联系（内外、快慢）是否合理 2011-04、2012-04、2017-04、2019-04、2020-04、2021-04
    - 道路等级和密度是否合理 2012-04、2017-04、2019-04、2020-04、2021-04、2022-04
  - 用地和道路是否有效衔接
    - 道路与各类用地关系是否合理 2011-04、2012-04、2019-04、2020-04
    - 主要交通设施分布是否合理 2019-04、2020-04、2022-04
- 技术标准 表3-5-7 —— 城市道路的交通技术标准 —— 交叉口、干路出入口设计是否合理 2012-04、2022-04
- 实施措施 表3-5-6 —— 现有的问题是否得到解决 —— 经济可行性和环境适宜性 2011-04

交通设施选址方案评析
- 上位规划 —— 规划符合性分析
  - 是否是城市建设用地
  - 是否符合上位规划用地性质、四线管控等要求
- 外部环境 表3-5-5
  - 交通联系便捷性分析
    - 是否具有便捷的内外交通衔接关系 2013-05、2014-04、2017-04
    - 是否发挥联运效应，便于集散换乘 2013-05、2017-04
  - 用地关系适宜性分析
    - 是否具有合适的服务半径 2017-04
    - 相邻用地是否存在干扰关系
- 用地条件 表3-5-5 —— 用地条件适宜性分析
  - 是否具有良好的建设条件
  - 是否具有足够的建设规模 2014-04
  - 用地建设工程造价、实施管理情况 2013-05

交通场站用地布局方案评析
- 平面布局 —— 总体规模、功能分区是否合理 2018-04
- 交通组织 表3-5-7
  - 道路交通技术标准 —— 交叉口、出入口、站点位置、停车场位置关系是否合理 2018-04
  - 场地布局流线组织 —— 各主体使用流线安排是否合理 2018-04

图 3-5-1 道路交通专项及交通设施选址方案评析考查要点

二、历年考点分布

交通专项考查形式以交通规划评析和交通设施选址为主，交通场站用地布局考查较少，仅 2018 年考查了相关内容。表 3-5-1 汇总 2011 年起历年具体的考查内容。

交通专项历年考点分布 表 3-5-1

分类	2011-04	2011-06	2012-04	2013-05	2014-04	2017-04	2018-04	2019-04	2020-04	2021-04	2022-04
提问形式	[限定范围]分析优缺点+推荐	比选+理由；选址+理由	[限定范围]问题；选址+理由	哪个较好；优缺点；选址+理由；哪个较好；优缺点	分析；是否；问题	简述问题；选址+理由	不足	问题+理由	问题+理由	问题；更优+理由	[限定范围]问题+理由

166

分类	2011-04	2011-06	2012-04	2013-05	2014-04	2017-04	2018-04	2019-04	2020-04	2021-04	2022-04
回答形式	二选一＋对比解析	二选一＋解析;八选一＋解析	［限定范围］找茬;二选一＋解析	二选一;对比解析;二选一＋解析	判断＋解析;判断＋解析;找茬	找茬;三选一＋解析	找茬	找茬＋解析	找茬＋解析	找茬;二选一＋解析	找茬＋解析
类型细分	交通线路优选	交通线路优选＋建设项目选址	交通体系评析＋交通设施选址	交通线路优选＋交通设施选址	交通体系评析＋交通设施选址	交通体系评析＋交通设施选址	交通设施布局评析	交通体系评析	交通体系评析	交通线路优选	交通规划评析
考查对象	高速公路	货运铁路	城市道路网	货运铁路通道	公路客运站	城市道路与对外道路衔接	汽车客运站为主客运枢纽	综合交通体系	综合交通体系	疏港高速公路	道路系统
	—	—	城际铁路车站	公共汽车客运站	客流方向	客运交通枢纽	—	—	—	港口作业区	停车设施
城市等级	发达地区中等城市	县城	县城	省会市郊铁路小镇	建制镇	主城区周边县级市	大城市市郊	沿江城市组团	大城市中心城区A片区	沿海港口城市	副中心片区
重要交通要素	两个出入口	三级航道	主干路	铁路货场	现状与规划日输送旅客量	干路	站前广场	300m×400m左右路网	方格状道路系统	现状高速公路和互通立交	道路网络密度约10km/km²
	高速公路	高速公路	路网密度	年货运量	市郊铁路及车站	公路	站房综合体	步行休闲区	道路间距350～400m	货运铁路及站场	渠化道路交叉口
	高速公路出入口A/B/C/D/E/F/G/H	高速公路出入口	火车站	现有国道	高速公路	绕城高速	客运车辆停车区	公交首末站	地铁线路	干线公路	互通式立交
	—	—	老国道	一级公路	—	轨道交通客运线	辅助用房	高速公路	地铁站	城市干路	机动车公共停车场(库)

分类	2011-04	2011-06	2012-04	2013-05	2014-04	2017-04	2018-04	2019-04	2020-04	2021-04	2022-04
重要交通要素	—	—	新国道	高速公路	—	轨道交通线路站点和线路	社会车辆地下车库出口/入口	快速路	公交枢纽站	干散货作业区、集装箱作业区	P＋R停车换乘停车场(库)
	—	—	城际铁路站选址一/二	铁路编组站站台	—	高速公路出入口	客运车辆出口/入口	轨道交通站点和线路	—	拟建高速公路和互通立交线路1/2/3	轨道线路与站点
其他影响要素	北山	煤炭和建材	人口规模	为本市与周边县市服务	人口规模	三面环山	地铁站出口	跨河向东发展	大型城市公园	A市中心城区	商业商贸服务功能
	海湾	河流	用地规模	镇中心区	现状与规划占地	山地	公交停靠站	居住功能	商业商务市级公共服务功能为主的城市次中心	国家级出口加工区	河流
	—	中心城市	老城区	仓储物流	老镇区	中心区	出租车下客区	长江	居住功能	市郊公园	湖泊
	—	中心镇	市中心	工业用地	商业用地	公园绿地	自行车停车设施	A/B/C组团	—	永久基本农田范围	—
	—	邻县县城	工业区	—	居住用地	—	主/次干路	主城区	—	生态保护红线范围	—
	—	—	住宅区	—	其他各类用地	—	—	—	—	山体、河流、海域	—

三、评析要点

(一) 相关规范标准及教材内容

★所涉及的相关规范标准及教材内容

1. 《城市综合交通体系规划标准》GB/T 51328—2018（必看）;

2. 《城市轨道交通线网规划标准》GB/T 50546—2018;

3. 《城市对外交通规划规范》GB 50925—2013;

4. 《城市道路交叉口规划规范》GB 50647—2011;

5. 《城市道路工程设计规范》CJJ 37—2012（2016 年版）;

6. 《城市停车规划规范》GB/T 51149—2016;

7.《交通客运站建筑设计规范》JGJ/T 60—2012。

★**新版 《城市综合交通体系规划标准》 主要变化解读**

住房和城乡建设部批准 2019 年 3 月 1 日起实施国家标准《城市综合交通体系规划标准》（下文简称《交通标准》），编号 GB/T 51328—2018，原国家规范《城市道路交通规划设计规范》GB 50220—1995 废止（下文简称原《交通规范》）。本次修订是在我国的城市和城市交通发展从理念、目标、对象和内涵，还是体系、方法、内容和外延上都在发生巨大变化的基础上进行的，以适应新时期城市交通发展的要求，指导城市综合交通体系的协调（表 3-5-2）。

《城市综合交通体系规划标准》目录结构　　　　　表 3-5-2

组成部分	主要技术内容	条文（个）	与原《交通规范》对应
章（15）	1. 总则	5	1. 总则
	2. 术语	17	2. 术语
	3. 基本规定	11	新增
	4. 综合交通与城市空间布局	4	新增
	5. 城市交通体系协调	18	新增
	6. 规划实施评估	3	新增
	7. 城市对外交通	15	新增
	8. 客运枢纽	10	新增
	9. 城市公共交通	27	3. 城市公共交通
	10. 步行与非机动车交通	16	4. 自行车交通；5. 步行交通
	11. 城市货运交通	12	6. 城市货运交通
	12. 城市道路	48	7. 城市道路系统
	13. 停车场与公共加油加气站	22	8. 城市道路交通设施
	14. 交通调查与需求分析	4	新增
	15. 交通信息化	5	新增
附录（2）	附录 A　车辆换算系数	2	附录 A　车型换算系数
	附录 B　城市综合交通体系规划主要内容	2	新增
引用标准（2）	《汽车加油加气加氢站技术标准》GB 50156	—	新增
	《城市道路交叉口规划规范》GB 50647		

新版《城市综合交通体系规划标准》修订工作主要技术内容包括发展理念调整、框架结构调整和主要内容调整三个方面（表 3-5-3）。

《城市综合交通体系规划标准》修订主要技术内容　　　　　表 3-5-3

方面	调整内容
发展理念调整	从以指导建设为主转向建设与管理并重，贯彻以人为中心和可持续发展理念
内容框架调整	① 章节变化 ★由 8 个章节增加到 15 个章节，新增基本规定、综合交通与城市空间布局、城市交通体系协调、规划实施评估、城市对外交通、客运枢纽、交通调查与需求分析、交通信息化的相关内容

方面	调整内容
主要内容调整	② 强调综合交通体系与各系统的协调关系 ★对综合协调、交通与土地利用协调、城市交通内部各子系统协调、城市内部交通与对外交通协调进行了规定。 ★对交通引导城市空间布局优化、出行距离优化、城市开发等方面进行规定。 ③ 适应增量与存量不同发展阶段 ★存量地区重点在设施能力的挖潜、路权的重新划分和交通需求管理政策；增量地区应以满足和引导交通需求为重要导向，并为城市未来的发展留有弹性。《交通标准》要求规划服务于城市发展的全过程，进行滚动规划与实施评估。 ④ 强调绿色交通优先原则 ★重点在用地和路权分配中充分落实绿色交通优先。拓展丰富了公共交通的内容，将公共交通系统划分为集约型公共交通系统与辅助型公共交通系统，规范了轨道交通快线、有轨电车、快速公共汽(电)车系统的规划。 ⑤ 提出按照功能确定设施指标 ★原《交通规范》多以空间性指标为主形成指标体系，如密度、间距等，《交通标准》在延续继承部分统计指标的基础上，尽量采用基于交通特征和设施功能为基础的指标体系进行分类指导，同时与空间性指标建立联系。 ⑥ 贯彻"小街区、密路网"和街区开放理念 ★将道路与城市活动相结合，按照街区尺度确定支路网密度，并将开放街区中可以作为步行、自行车通行的非市政道路纳入支路系统，以提升步行、自行车交通网络的密度。 ⑦ 引入交通需求管理 ★规定城市应综合利用法律法规、经济、行政等交通需求管理手段，合理调节交通需求的总量、时空分布和方式结构，引导小客车、摩托车等个体机动化交通合理出行，提高步行、自行车、城市公共交通方式的出行比例

（二）城市交通体系

掌握城市综合交通体系规划相关知识，对应交通体系规划方案评析考查要点为是否具有清晰的道路系统，包括内外、快慢交通关系和道路等级密度合理性（表3-5-4）。

城市交通体系相关知识 表 3-5-4

分类			相关知识
城市交通分类	城市交通	按出行目的地分	**城市对外交通** 出行至少有一端在城区外，包括铁路、公路、水运和航空等
			城市内部交通 出行两端都在城区内
		按服务对象分	**城市客运交通** 包括城市公共汽(电)车、城市轨道交通、快速公共汽车与有轨电车、辅助型公共交通
			城市货运交通 包括城市对外货运枢纽及其集疏运交通、城市内部货运、过境货运和特殊货运交通
			城市交通的分类

分类		相关知识
城市对外交通	城市对外交通	① 内外交通联系：对外交通一般不直接穿越城区，避免内外交通干扰。 ② 线路变更：城市发展需要将对外交通线位外移或采用高架等形式避免内外干扰。 ③ 与城市道路联系：尽可能减少城市道路与对外交通干路的平面交叉口数量
	公路	① 分类：高速公路、一级公路、二级公路、三级公路和四级公路。 ② 数量关系：特大城市和大城市主要对外联系方向上应有 2 条二级以上等级的公路。 ③ 与城市道路衔接关系：高速公路应与城市快速路或主干路衔接，一级、二级公路应与城市主干路或次干路衔接。 ④ 高速公路出入口：宜设置在建成区边缘，特大城市可在建成区内设置，其平均间距宜为 5～10km，最小间距不应小于 4km
	铁路	① 铁路分类：按运输功能应分为普速铁路、高速铁路和城际铁路，按技术等级应分为铁路干线、铁路支线和铁路专用线等。 ② 专用线路设置：港区、工业区、工矿企业等可根据运输需要设置铁路专用线。 ③ 铁路线路与建成区：铁路进入建成区，应结合沿线建设现状、规划用地布局、环境要求等，合理确定铁路线路
	港口	港口选址应符合城市环境要求，与水厂、水库取水口和水源保护区保持安全距离
	机场	机场周边土地使用应符合批准的机场噪声影响值线图的规定，并采取噪声防护措施
城市公共交通	城市公共交通	① 公共交通换乘：城市公共交通不同方式、不同线路之间的换乘距离不宜大于 200m，换乘时间宜控制在 10min 以内。 ② 衔接：城际铁路、城际公交、城乡客运班线、镇村公交应与城市客运枢纽相衔接
	城市轨道交通	① 线路布置：城市轨道交通线路走向应与客流走廊主方向一致。不宜邻近物流仓储用地、货运交通用地、大型市政公用设施用地及非建设用地。城市轨道交通快线宜进入城市中心区，并应加强与城市轨道交通干线的换乘衔接。 ② 站点距离：城市轨道交通线路分为快线和干线。

城市轨道交通站点距离表：

大类	小类	布局	平均站点距离（km）
快线	快线 A	中客流及以上等级客流走廊	＞3.5
	快线 B		2.0～3.5
干线	干线 A	大客流及以上等级客流走廊	1.0～2.0
	干线 B	大、中客流走廊	0.5～1.0

分类		相关知识
城市货运交通	城市对外货运枢纽	① 地区性货运中心和内陆港与居住区、医院、学校等的距离不应小于 1km。 ② 过境货运交通禁止穿越城市中心区，且不宜通过中心城区
	城市内部货运交通	① 生产性货运中心、生活性货物集散点不应设置在居住用地内。 ② 生产性货运中心：宜依托工业用地或仓储物流用地设置。 ③ 生活性货物集散点：具备与城市对外货运枢纽便捷连接的设施条件，并宜邻近居住用地、商业服务中心，分散布局

分类		相关知识
城市道路	城市道路的功能等级	城市道路的功能等级 另外，公共交通专用路应按照Ⅲ级主干路计入统计；中心城区内的公路应按照其承担的城市交通功能分级，纳入城市道路统计
	城市道路网布局	① 交叉口数量：道路交叉口相交道路不宜超过 4 条。 ② 布局关系 (a) 城市Ⅱ级主干路及以上等级干线道路不宜穿越城市中心区。 (b) 规划人口规模 100 万及以上的城市主要对外方向应有 2 条以上城市干线道路，其他对外方向宜有 2 条城市干线道路。 (c) 分散布局的城市，各相邻片区、组团之间宜有 2 条以上城市干线道路。 (d) 带形城市应确保城市长轴方向的干线道路贯通，且不宜少于 2 条，道路等级不宜低于Ⅱ级主干路
	干线道路系统	① 间距：城市建设用地内部的城市干线道路的间距不宜超过 1.5km。 ② 路网密度

规划人口规模（万人）	干线道路网密度（km/km²）
≥200	1.5～1.9
100～200	1.4～1.9
50～100	1.3～1.8
20～50	1.3～1.7
≤20	1.5～2.2

另外，通常我国城市中较为重要的是干线道路网络所围合的街区尺度，基本在 1km×1km 左右，即路网密度为 2km/km²。

③ 干线道路不得穿越历史文化街区与文物保护单位保护范围，以及其他历史地段

① 城市集散道路和支线道路系统应保障步行、非机动车和城市街道活动的空间，避免引入大量通过性交通。

② 路网密度：城市不同功能地区的集散道路与支线道路密度，应结合用地布局和开发强度综合确定。

类别	街区尺度（m）		路网密度（km/km²）
	长	宽	
居住区	≤300	≤300	≥8
商业区与就业集中的中心区	100～200	100～200	10～20
工业区、物流园区	≤600	≤600	≥4

（分类左侧合并单元格："集散道路与支线道路"）

分类		相关知识
城市道路	道路衔接与交叉	① 城市主要对外公路应与城市干线道路顺畅衔接,规划人口规模 50 万以下的城市可与次干路衔接。 ② 支线道路不宜直接与干线道路形成交叉连通。 ③ 高速铁路、城际铁路、高速公路、城市快速路与各类铁路、公路及城市干线道路相交时均应设置立体交叉形式。 ④ 斜交交叉口的最小交叉角为 70°
	其他功能道路	① 7 度地震设防的城市每个疏散方向应有不少于 2 条对外放射的城市道路。 ② 城市滨水道路结合岸线利用规划滨水道路,在道路与水岸之间宜保留一定宽度的自然岸线及绿带。 ③ 沿生活性岸线布置的城市滨水道路,道路等级不宜高于Ⅲ级主干路。 ④ 以旅游交通组织为主的道路应减少其所承担的城市交通功能

(三) 主要交通设施选址原则

掌握主要交通设施选址原则,对应交通规划体系方案评析考查要点为审查用地和道路系统是否有效衔接,包括路网交通量分配是否合理、交通设施分布是否合理;以及交通设施选址方案评析考查要点为交通联系便捷性分析、用地关系适宜性分析、用地条件适宜性分析 (表 3-5-5)。

主要交通设施选址原则 表 3-5-5

分类		相关内容
客运站	客运枢纽	① 城市综合客运枢纽 (a) 服务于航空、铁路、公路、水运等对外客流集散与转换,可兼顾城市内部交通的转换功能。 (b) 应便于连接城市对外联系通道,并服务城市主要活动中心,可位于中心区边缘。 (c) 宜与城市公共交通枢纽结合设置,枢纽内主要换乘交通方式出入口之间旅客步行距离不宜超过 200m。 (d) 避免与交通性干路间的互相干扰。 ② 城市公共交通枢纽 宜与城市大型公共建筑、公共汽(电)车首末站以及轨道交通车站等合并布置
	公路汽车客运站	宜结合铁路、港口、机场布局,并与城市交通系统相衔接
	铁路客运站	① 高速、快速铁路客运站应在中心城区内合理设置; ② 城际铁路客运站应靠近中心城镇和城市主要中心设置
货运站	共同原则 (用地条件适宜性)	① 应有供水、排水、供电和通信等条件; ② 应避开易发生地质灾害的区域,与有害物品、危险品等污染源的防护距离应符合环境保护、安全和卫生等国家现行有关标准的规定; ③ 近远期结合,近期建设有足够场地,并有发展余地
	公路货运站	结合铁路货站、港区、工业区、仓储区和物流园区合理设置
	铁路货运站	① 宜设置在中心城区外围,应具有便捷的集疏运通道,可结合公路、港口等货运枢纽合理设置; ② 铁路编组站、动车段(所)等设施宜布局在中心城区边缘或之外,编组站应布置于铁路干线汇合处,并与铁路干线顺畅连接,可与铁路货运站结合设置

（四）经济可行性及环境适宜性

掌握经济可行性及环境适宜性的相关知识，对应交通体系规划方案评析考查要点，关注建设方案是否能够达到预期目标并具有可行性（表3-5-6）。

经济可行性及环境适宜性相关内容   表3-5-6

方面	相关内容
建设成本	① 相同条件下，依托原本线路改建相对于新建线路具有较低成本； ② 道路选线须尽可能减少拆迁，避免大规模拆除集镇、村庄等
用地布局影响	高架路在城区通过，需要留有一定防护距离；并对两侧用地选择带来一定制约
景观环境影响	高架路周边建设需采取一定措施，避免对周边用地景观环境造成不利影响

（五）城市道路交通及主要交通设施设计技术标准

掌握城市道路交通技术标准，对应交通体系规划方案评析及交通场站用地布局方案评析考查要点为明确道路交叉口、干路出入口设计是否合理及主要交通设施设计技术标准（表3-5-7）。

城市道路交通及主要交通设施设计技术标准相关内容   表3-5-7

方面	相关内容
道路交叉口与建筑基地出入口	① 道路开口 （a）承担高速、快速交通的道路，严禁两侧用地直接开口； （b）城市主干路两侧用地原则上不应直接开口，但以地块出入交通为主的服务型道路允许两侧用地直接向道路开口； （c）大型、特大型交通、文化、体育、娱乐、商业等人员密集的建筑基地出入口不应少于2个，且不宜设置在同一条城市道路上。 ② 道路交叉口与基地出入口间距 （a）中等城市、大城市的主干路交叉口，自道路红线交叉点起沿线70m范围内不应设置机动车出入口； （b）建筑基地机动车出入口距离人行横道、人行天桥、人行地道（包括引道、引桥）的最近边缘线不应小于5m，距离地铁出入口、公共交通站台边缘不应小于15m，距离公园、学校及有儿童、老年人、残疾人使用建筑的出入口最近边缘不应小于20m
汽车客运站设计标准	① 站级分级 （见下表） ② 布局分区 分区明确，应包括站前广场、站房、营运停车场和其他附属建筑等内容，各种流线避免相互交叉干扰。 ③ 汽车进站口、出站口 （a）一、二级汽车客运站进站口、出站口应分别设置，三、四级汽车客运站宜分别设置； （b）当用地两面临路时，出入口宜设置在交通负荷量较少的次要道路上，或分设在主、次要道路上，以减轻主要道路的交通负荷； （c）汽车进站口、出站口与城市干路之间宜设有车辆排队等候的缓冲空间； （d）汽车进站口、出站口与旅客主要出入口之间应设置不小于5m的安全距离，并应有隔离措施。 ④ 旅客主要出入口 旅客主要出入口距离轨道交通出入口、公交站点不宜过远。 ⑤ 站前广场 （a）站前广场需合理组织社会车流、出租车车流和公交车车流，应设置社会停车场，并应合理划分城市公共交通、小型客车和小型货车的停车区域，出租车的等候区应独立设置； （b）站前广场不应设置地下车库出入口

分级	发车位（个）	年平均日旅客发送量（人次/d）
一级	≥20	≥10000
二级	13～19	5000～9999
三级	7～12	2000～4999
四级	≤6	300～1999
五级	—	≤299

第六节　历史文化保护规划方案评析

一、考查要点

历史文化保护专题主要考查保护范围划定及保护规划方案评析，常和规划条件与程序、违法处罚及建设项目选址结合考查，其评析要点主要包括保护要求和周边要素协调关系两个方面（图 3-6-1）。

相关真题：2013-06、2014-07、2017-05、2018-05、2019-05、2019-06、2020-05、2021-05、2022-05

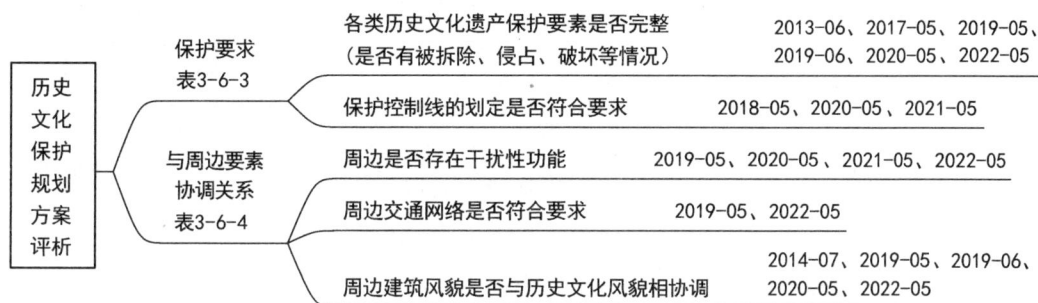

图 3-6-1　历史文化保护规划方案评析考查要点

二、历年考点分布

近几年，独立考查历史文化保护专题的题目较多，历史文化遗产保护要素也出现在其他类型方案评析的题目之中，同样在答题要点中涉及相关知识点。表 3-6-1 汇总 2011 年起历年具体的考查内容。

历史文化保护专题历年考点分布　　　　表 3-6-1

分类	2013-06	2014-07	2017-05	2017-06	2018-05	2019-05	2019-06	2020-05	2021-05	2022-05
提问形式	不当之处	违反法规＋规定；处理	规划程序；事项	[逐一]优缺点分析＋推荐	[限定范围]内容	问题＋原因	说明考虑方面＋理由	问题＋理由	问题＋理由	问题＋理由
回答形式	找茬	背书＋解析；背书	背书	[逐个]对比解析＋三选一	背书	找茬＋解析	背书＋解析	找茬＋解析	找茬＋解析	找茬＋解析
类型细分	历史保护＋建设项目选址	历史保护＋违法查处	历史保护＋规划程序	历史保护＋建设项目选址	历史保护	历史保护	历史保护＋规划条件	历史保护	历史保护	历史保护
考查对象	建设项目选址	法规与违法查处	规划程序	建设项目选址	文保单位的保护界线	历史文化街区保护	规划条件	历史文化街区保护	历史文化街区保护	历史文化名城
建设项目	高档宾馆	棚改区	环境整治项目	5000 座的体育馆	晚清私家宅院	历史文化街区	市级博物馆	历史文化街区	历史文化街区	古城复兴规划

分类		2013-06	2014-07	2017-05	2017-06	2018-05	2019-05	2019-06	2020-05	2021-05	2022-05
历史保护要素		历史文化名村	国家历史文化名城	国家历史文化名镇	百年名校	省会城市中心区	文物保护单位	文物保护单位	文物建筑	核心保护范围	历史城区
		观音庙	历史文化街区	历史文化名镇保护规划	国家和地方级文保单位	古塔借景	历史建筑	建设控制地带	文物院墙	建设控制地带	历史文化街区
		保护建筑	规划紫线	核心保护区	优秀历史建筑	传统建筑	核心保护范围	—	核心保护范围（地下文物埋藏区）	历史河道	历史地标古塔
		古树名木	保护区	—	历史风貌保护区	省级文物保护单位	建设控制地带	—	建设控制地带	—	古桥
		—	建控地带限高	—	历史教学区	保护范围	—	—	—	—	城墙遗址
		—	—	—	历史生活区	建设控制地带	—	—	—	—	历史街巷
其他相关要素		河流	6层居住小区	危房	城市中心区	—	新建地铁线路	观景亭	一级普通消防站	现状液化石油气仓库	新城
		山丘	4栋商业楼	公益性服务设施	现代教学区	—	规划新建道路	市级博物馆	小型剧院	规划次高压调压站	高层住宅区
		现状沥青路	棚改区	基础设施	现代生活区	—	现状道路	河流	地铁出入口	一类工业用地	拟新建城门
		耕地	已有住宅区	—	西部为拓展区域	—	现代商业设施	山景风景区	小广场与地下停车场	文化创意产业	拟建明清旅游风情街
		规划控制绿地	层高增加	—	湖泊	—	文化设施	小学	—	公园绿地	拟新建停车场
		栗子林	楼高增加	—	城市主干路	—	加油站	居住区	—	现状空地	拟建游客中心
		用地面积	—	—	城市次干路	—	一般建筑	商业区	—	—	等高线及高程
		建筑面积	—	—	—	—	—	主干路	—	—	改造区
		拟建高度	—	—	—	—	—	次干路	—	—	新建城市道路

三、评析要点

（一）相关规范标准及教材内容

★所涉及的相关规范标准及教材内容

1. 《文物保护法》（2017年修正）（必看）；
2. 《历史文化名城保护规划标准》GB/T 50357—2018（必看）；
3. 《历史文化名城名镇名村保护条例》（2017年修正）（必看）；
4. 《城市紫线管理办法》。

（二）历史文化遗产保护要素

掌握历史文化遗产保护要素分类，明确其相关概念界定及分级方式（表3-6-2）。

历史文化遗产保护要素分类　　　　　　　　　　　　　　　　表3-6-2

内容	相关知识
文化遗产分类	文化遗产的分类
文物保护单位	① 概念界定：文物保护单位为中国大陆对确定纳入保护对象的不可移动文物的统称。 ② 分级：全国重点文物保护单位，省级文物保护单位，市、县级文物保护单位
历史文化名城、街区、名镇、名村	① 历史文化名城：保护文物特别丰富并且具有重大历史价值或者革命纪念意义的城市，由国务院核定公布为历史文化名城。 ② 历史文化街区、名镇、名村：保护文物特别丰富并且具有重大历史价值或者革命纪念意义的城镇、街道、村庄，由省、自治区、直辖市人民政府核定公布为历史文化街区、村镇，并报国务院备案。 ③ 历史文化名城保护范围内应当有2个以上的历史文化街区

（三）保护要求及保护控制线划定

掌握各类历史文化遗产保护要素的保护要求及保护控制线的划定原则，对应考查思路为审各类历史文化遗产保护要素是否完整（是否有被拆除、侵占、破坏等情况）及审保护控制线的划定是否合理（表 3-6-3）。

保护要求及保护控制线划定相关要求　　　　　　　　　　　　　　表 3-6-3

类别	相关要求
文物保护单位	① 保护控制线：各级文物保护单位，分别由省、自治区、直辖市人民政府和市、县级人民政府划定必要的保护范围和一定的建设控制地带。 ② 相关建设要求 （a）文物保护单位的保护范围内不得进行其他建设工程或者爆破、钻探、挖掘等作业。 （b）文物保护单位的建设控制地带内进行建设工程，不得破坏文物保护单位的历史风貌。 ——工程设计方案应当根据文物保护单位的级别，经相应的文物行政部门同意后，报城乡建设规划部门批准。 （c）建设工程选址，应当尽可能避开不可移动文物。因特殊情况不能避开的，对文物保护单位应当尽可能实施原址保护。 ——实施原址保护的，建设单位应当事先确定保护措施，根据文物保护单位的级别报相应的文物行政部门批准；未经批准的，不得开工建设。 ——无法实施原址保护，必须迁移异地保护或者拆除的，应当报省、自治区、直辖市人民政府批准；迁移或者拆除省级文物保护单位的，批准前须征得国务院文物行政部门同意。全国重点文物保护单位不得拆除；需要迁移的，须由省、自治区、直辖市人民政府报国务院批准。 ③ 修缮、保养、迁移、重建、使用 （a）文物保护单位的修缮、迁移、重建，由取得文物保护工程资质证书的单位承担。 （b）对不可移动文物进行修缮、保养、迁移，必须遵守不改变文物原状的原则。 （c）不可移动文物已经全部毁坏的，应当实施遗址保护，不得在原址重建。但是，因特殊情况需要在原址重建的，由省、自治区、直辖市人民政府文物行政部门报省、自治区、直辖市人民政府批准；全国重点文物保护单位需要在原址重建的，由省、自治区、直辖市人民政府报国务院批准。 （d）使用不可移动文物，必须遵守不改变文物原状的原则，负责保护建筑物及其附属文物的安全，不得损毁、改建、添建或者拆除不可移动文物
历史文化名城、街区、名镇、名村	① 保护控制线：保护规划应划定历史文化街区、名镇、名村的核心保护范围和建设控制地带。 ② 保护原则 （a）应当整体保护，保持传统格局、历史风貌和空间尺度，不得改变与其相互依存的自然景观和环境。 （b）应控制历史文化名城、名镇、名村的人口数量，改善历史文化名城、名镇、名村的基础设施、公共服务设施和居住环境。 ③ 相关建设要求 （a）从事建设活动，应当符合保护规划的要求，不得损害历史文化遗产的真实性和完整性，不得对其传统格局和历史风貌构成破坏性影响。 （b）禁止开山、采石、开矿等破坏传统格局和历史风貌的活动；占用保护规划确定保留的园林绿地、河湖水系、道路等，在历史建筑上刻划、涂污。 （c）核心保护范围内，不得进行新建、扩建活动，必要的基础设施和公共服务设施除外。 ——但应在城市、县人民政府城乡规划主管部门核发《建设工程规划许可证》《乡村建设规划许可证》前，应当征求同级文物主管部门的意见。 （d）核心保护范围内的历史建筑，应当保持原有的高度、体量、外观形象及色彩等

178

类别	相关要求
历史建筑	① 任何单位或者个人不得损坏或者擅自迁移、拆除历史建筑。 ② 建设工程选址应当尽可能避开历史建筑，因特殊情况不能避开的，应当尽可能实施原址保护。 ——对历史建筑实施原址保护的，建设单位应当事先确定保护措施，报城市、县人民政府城乡规划主管部门会同同级文物主管部门批准。 ——因公共利益需要进行建设活动，对历史建筑无法实施原址保护、必须迁移异地保护或者拆除的，应当由城市、县人民政府城乡规划主管部门会同同级文物主管部门，报省、自治区、直辖市人民政府确定的保护主管部门会同同级文物主管部门批准。 ③ 对历史建筑进行外部修缮装饰、添加设施以及改变历史建筑的结构或者使用性质 ——应当经城市、县人民政府城乡规划主管部门会同同级文物主管部门批准，并依照有关法律、法规的规定办理相关手续
保护控制线划定要求及原则	① 城市紫线 （a）概念：是指国家历史文化名城内的历史文化街区和省、自治区、直辖市人民政府公布的历史文化街区的保护范围界线，以及历史文化街区外经县级以上人民政府公布保护的历史建筑的保护范围界线。 （b）划定：在编制城乡规划时应当划定保护历史文化街区和历史建筑的紫线。国家历史文化名城的城市紫线由城市人民政府在组织编制历史文化名城保护规划时划定。其他城市的城市紫线由城市人民政府在组织编制城市总体规划时划定。 ② 历史文化街区核心保护范围界线的划定 （a）应保持重要眺望点视线所及范围的建筑物外观界面及相应建筑物的用地边界完整。 （b）应保持现状用地边界完整。 （c）应保持构成历史风貌的自然景观边界完整。 ③ 历史文化街区建设控制地带界线的划定 （a）应以重要眺望点视线所及范围建筑外观界面相应的建筑用地边界为界线。 （b）应将构成历史风貌的自然景观纳入，并应保持视觉景观的完整性。 （c）应将影响核心保护范围风貌的区域纳入，宜兼顾行政区划管理的边界

注：下划线部分为与历史保护相关的规划程序。

（四）周边要素协调关系

掌握各类历史文化遗产保护要素与周边要素协调关系的相关要求，对应考查要点为审周边是否存在干扰性功能、周边交通网络是否符合要求、周边建筑风貌是否与历史文化风貌相协调（表3-6-4）。

与周边要素协调关系相关要求　　　　　　　　　　　　　　　表3-6-4

类别	相关要求
干扰性功能	① 在文物保护单位的保护范围和建设控制地带内，不得建设污染文物保护单位及其环境的设施，不得进行可能影响文物保护单位安全及其环境的活动。对已有的污染文物保护单位及其环境的设施，应当限期治理。 ② 在历史文化名城、名镇、名村保护范围内禁止修建生产、储存爆炸性、易燃性、放射性、毒害性、腐蚀性物品的工厂、仓库等

类别	相关要求
交通网络	① 历史文化街区内不应设置高架道路、立交桥、高架轨道、客货运枢纽、大型停车场、大型广场、加油站等交通设施。 ② 地下轨道选线不应穿越历史文化街区。 ③ 历史文化街区内道路的宽度、断面、路缘石半径、消防通道的设置应符合历史风貌的保护要求，道路的整修宜采用传统的路面材料及铺砌方式
建筑风貌	① 历史文化街区、名镇、名村建设控制地带内的新建建筑物、构筑物，应当符合保护规划确定的建设控制要求。 ② 历史建筑保护范围内新建、扩建、改建的建筑，应在高度、体量、立面、材料、色彩、功能等方面与历史建筑相协调，并不得影响历史建筑风貌的展示

第七节 村庄规划方案评析

一、考查要点

村庄规划是法定规划，是国土空间规划体系中乡村地区的详细规划。村庄规划方案评析主要评析村庄规划中具体建设内容（图 3-7-1）。

相关真题：2020-07

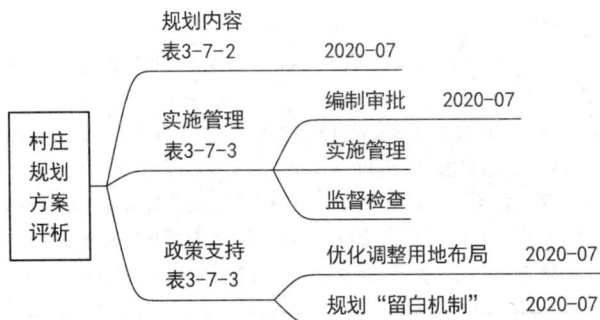

图 3-7-1 村庄规划方案评析考查要点

二、历年考点分布

从考试情况来看，虽然村庄规划方案评析一直是考试大纲中的考点，但一直不是近些年考试的热点，而 2020 年有所调整，2020-07 依据大纲增补文件《自然资源部办公厅关于加强村庄规划促进乡村振兴的通知》及村庄规划的相关内容考查了村庄规划的方案评析（表 3-7-1）。

村庄规划方案评析历年考点分布 表 3-7-1

分类	2020-07
题目形式	问题＋理由
题目类型	村庄规划
关键信息	镇三个相邻的行政村共同组织编制村庄规划 预留 8% 的建设用地为机动指标 局部调整了生态保护红线以新增部分宅基地 建设小型农产品加工厂和农机具制造厂 3m 宽土路改造为 9m 宽水泥路

三、评析要点

（一）相关规范标准及教材内容

★ 所涉及的相关规范标准及教材内容

1.《自然资源部办公厅关于加强村庄规划促进乡村振兴的通知》（自然资办发〔2019〕35号）（必看）；

2.《国土空间调查、规划、用途管制用地用海分类指南（试行）》；

3.《自然资源部 国家发展改革委 农业农村部关于保障和规范农村一二三产业融合发展用地的通知》（自然资办发〔2021〕16号）；

4.《自然资源部办公厅关于进一步做好村庄规划工作的意见》。

（二）村庄规划内容

掌握村庄规划的主要内容及其相关控制要求（表3-7-2）。

村庄规划内容要求   表3-7-2

分类	相关要求
规划范围	村庄规划范围为村域全部国土空间，可以一个或几个行政村为单元编制
主要规划内容	① 统筹村庄发展目标。落实上位规划要求，充分考虑人口资源环境条件和经济社会发展、人居环境整治等要求，研究制定村庄发展、国土空间开发保护、人居环境整治目标，明确各项约束性指标。 ② 统筹生态保护修复。落实生态保护红线划定成果，明确森林、河湖、草原等生态空间，尽可能多地保留乡村原有的地貌、自然形态等，系统保护好乡村自然风光和田园景观。加强生态环境系统修复和整治，慎砍树、禁挖山、不填湖，优化乡村水系、林网、绿道等生态空间格局。 ③ 统筹耕地和永久基本农田保护。落实永久基本农田和永久基本农田储备区划定成果，落实补充耕地任务，守好耕地红线。统筹安排农、林、牧、副、渔等农业发展空间，推动循环农业、生态农业发展。完善农田水利配套设施布局，保障设施农业和农业产业园发展合理空间，促进农业转型升级。 ④ 统筹历史文化传承与保护。深入挖掘乡村历史文化资源，划定乡村历史文化保护线，提出历史文化景观整体保护措施，保护好历史遗存的真实性。防止大拆大建，做到应保尽保。加强各类建设的风貌规划和引导，保护好村庄的特色风貌。 ⑤ 统筹基础设施和基本公共服务设施布局。在县域、乡镇域范围内统筹考虑村庄发展布局以及基础设施和公共服务设施用地布局，规划建立全域覆盖、普惠共享、城乡一体的基础设施和公共服务设施网络。以安全、经济、方便群众使用为原则，因地制宜提出村域基础设施和公共服务设施的选址、规模、标准等要求。 ⑥ 统筹产业发展空间。统筹城乡产业发展，优化城乡产业用地布局，引导工业向城镇产业空间集聚，合理保障农村新产业新业态发展用地，明确产业用地用途、强度等要求。除少量必需的农产品生产加工外，一般不在农村地区安排新增工业用地。 ⑦ 统筹农村住房布局。按照上位规划确定的农村居民点布局和建设用地管控要求，合理确定宅基地规模，划定宅基地建设范围，严格落实"一户一宅"。 ⑧ 统筹村庄安全和防灾减灾。分析村域内地质灾害、洪涝等隐患，划定灾害影响范围和安全防护范围，提出综合防灾减灾的目标以及预防和应对各类灾害危害的措施。 ⑨ 明确规划近期实施项目。研究提出近期急需推进的生态修复整治、农田整理、补充耕地、产业发展、基础设施和公共服务设施建设、人居环境整治、历史文化保护等项目，明确资金规模及筹措方式、建设主体和方式等

分类	相关要求			

| | "三调"工作方案用地分类与国土空间调查、规划、用途管制用地用海分类对接 | | | |

| 相关用地 | | | | |

<table>
<tr><td colspan="2">"三调"工作方案用地分类</td><td colspan="3">国土空间调查、规划、用途管制用地用海分类</td></tr>
<tr><td>一级类</td><td>二级类</td><td>三级类</td><td>二级类</td><td>一级类</td></tr>
<tr><td rowspan="2">07 住宅用地</td><td rowspan="2">0702 农村宅基地</td><td>070301 一类农村宅基地</td><td rowspan="2">0703 农村宅基地</td><td rowspan="2">07 居住用地</td></tr>
<tr><td>070302 二类农村宅基地</td></tr>
<tr><td>08 公共管理与公共服务用地</td><td>08H2 科教文卫用地</td><td>—</td><td>0704 农村社区服务设施用地</td><td></td></tr>
<tr><td rowspan="2">10 交通运输用地</td><td>1004 城镇村道路用地</td><td>060102 村庄内部道路用地</td><td rowspan="2">0601 乡村道路用地</td><td rowspan="4">06 农业设施建设用地</td></tr>
<tr><td>1006 农村道路</td><td>060101 村道用地</td></tr>
<tr><td rowspan="2">12 其他土地</td><td rowspan="2">1202 设施农用地</td><td rowspan="2">—</td><td>0602 种植设施建设用地</td></tr>
<tr><td>0603 畜禽养殖设施建设用地</td></tr>
<tr><td></td><td></td><td></td><td>0604 水产养殖设施建设用地</td><td></td></tr>
</table>

《国土空间调查、规划、用途管制用地用海分类指南（试行）》（2020年）用地含义

① 农村宅基地：指农村村民用于建造住宅及其生活附属设施的土地，包括住房、附属用房等用地。

（a）一类农村宅基地：指农村用于建造独户住房的土地。

（b）二类农村宅基地：指农村用于建造集中住房的土地。

② 农村社区服务设施用地：指为农村生产生活配套的社区服务设施用地，包括农村社区服务站以及村委会、供销社、兽医站、农机站、托儿所、文化活动室、小型体育活动场地、综合礼堂、农村商店及小型超市、农村卫生服务站、村邮站、宗祠等用地，不包括中小学、幼儿园用地。

③ 农业设施建设用地：指对地表耕作层造成破坏的，为农业生产、农村生活服务的乡村道路用地以及种植设施、畜禽养殖设施、水产养殖设施建设用地。

（a）乡村道路用地：指村庄内部道路用地以及对地表耕作层造成破坏的村道用地。

村道用地：指在农村范围内，乡道及乡道以上公路以外，用于村间、田间交通运输，服务于农村生活生产的对地表耕作层造成破坏的硬化型道路（含机耕道），不包括村庄内部道路用地和田间道。

村庄内部道路用地：指村庄内的道路用地，包括其交叉口用地，不包括穿越村庄的公路。

（b）种植设施建设用地：指对地表耕作层造成破坏的，工厂化作物生产和为生产服务的看护房、农资农机具存放场所等，以及与生产直接关联的烘干晾晒、分拣包装、保鲜存储等设施用地，不包括直接利用地表种植的大棚、地膜等保温、保湿设施用地。

（c）畜禽养殖设施建设用地：指对地表耕作层造成破坏的，经营性畜禽养殖生产及直接关联的圈舍、废弃物处理、检验检疫等设施用地，不包括屠宰和肉类加工场所用地等。

（d）水产养殖设施建设用地：指对地表耕作层造成破坏的，工厂化水产养殖生产及直接关联的硬化养殖池、看护房、粪污处置、检验检疫等设施用地。

《第三次全国国土调查工作分类认定细则》（2019年）用地含义

① 农村道路：在农村范围内，南方宽度≥1.0m且≤8m，北方宽度≥2.0m且≤8m，用于村间、田间交通运输，并在国家公路网络体系之外，以服务于农村农业生产为主要用途的道路（含机耕道）。

② 设施农用地

（a）生产设施用地：直接用于设施农业项目辅助生产的设施用地。

（b）附属设施用地：直接用于经营性畜禽养殖生产设施及附属设施用地，直接用于作物栽培或水产养殖等农产品生产的设施及附属设施用地。

（c）配套设施用地：晾晒场、粮食果品烘干设施、粮食和农资临时存放场所、大型农机具临时存放场所等规模化粮食生产所必需的配套设施用地。

★辨析：

农产品深加工、农家乐、餐饮、住宿用地等，不直接为生产服务或与生产直接关联，不属于设施农业用地范围

（三）村庄规划的实施管理要求及政策支持

掌握村庄规划的编制、审批、监督检查主体及相关政策支持（表3-7-3）。

村庄规划的实施管理及政策支持　　　　　　　　　　　表3-7-3

分类	相关要求
编制审批	在城镇开发边界外的乡村地区，以一个或几个行政村为单元，由乡镇政府组织编制"多规合一"的实用性村庄规划，作为详细规划，报上一级政府审批
实施管理	① 严格用途管制 村庄规划一经批准，必须严格执行。乡村建设等各类空间开发建设活动，必须按照法定村庄规划实施乡村建设规划许可管理。 确需占用农用地的应统筹农用地转用审批和规划许可，减少申请环节优化办理流程。 确需修改规划的，严格按程序报原规划审批机关批准。 ② 加强监督检查 市、县自然资源主管部门要加强评估和监督检查，及时研究规划实施中的新情况，做好规划的动态完善。国家自然资源督察机构要加强对村庄规划编制和实施的督察，及时制止和纠正违反本意见的行为。鼓励各地探索研究村民自治监督机制，实施村民对规划编制、审批、实施全过程监督
政策支持	① 优化调整用地布局 允许在不改变县级国土空间规划主要控制指标情况下，优化调整村庄各类用地布局。涉及永久基本农田和生态保护红线调整的，严格按国家有关规定执行，调整结果依法落实到村庄规划中。 ② 规划"留白"机制 各地可在乡镇国土空间规划和村庄规划中预留不超过5%的建设用地机动指标，村民居住、农村公共公益设施、零星分散的乡村文旅设施及农村新产业新业态等用地可申请使用。机动指标使用不得占用永久基本农田和生态保护红线

【例题】（2011年版教材）

南方山区某村庄因受洪灾而几乎全部垮塌，决定开展灾后重建规划。该村村址位于某省道北侧，武江由其南边经过，总用地面积约为20万m²。灾后仍存留少量现状建筑和菜园。基地高程均低于10年一遇洪水位。用地现状图和用地规划图分别如图3-7-2所示。

【问题】评述该规划的主要优点。

【参考答案】

1. 村庄空间布局紧凑，有利于节约土地和尽量少占农田、菜地，体现了集约化发展的基本原则。

2. 规划布局因地制宜，充分利用现有古树、鱼塘和低洼地，结合公共开敞空间以及公共建筑进行合理布设，包括三所幼儿园、一处老年人活动中心、一处休闲广场和一处村民活动中心。同时，以道路环道将其串联，形成独特的池塘绿化系统，通过与周边自然景观的渗透融合，彰显村庄原有自然特色。

3. 规划道路尽量利用现有道路进行拓宽，合理控制直接面向省道的开口数量，并形成良好的内部循环系统。

4. 绝大部分住宅坐北朝南布置，每户宅基地面积适当。养猪场采用集中分户设置的方式，满足"人畜分离"规定。

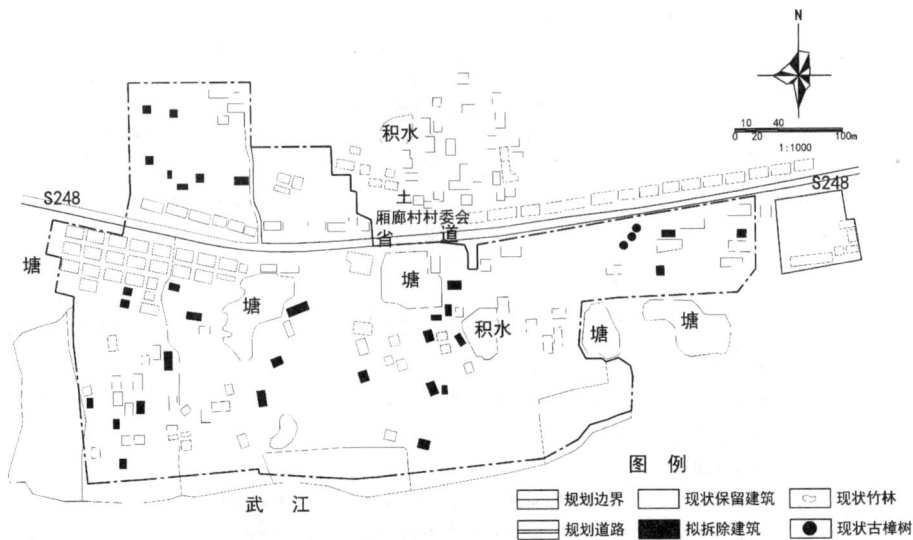

(a) 现状图

图 例

规划边界		现状保留建筑		现状竹林	
规划道路		拟拆除建筑		现状古樟树	

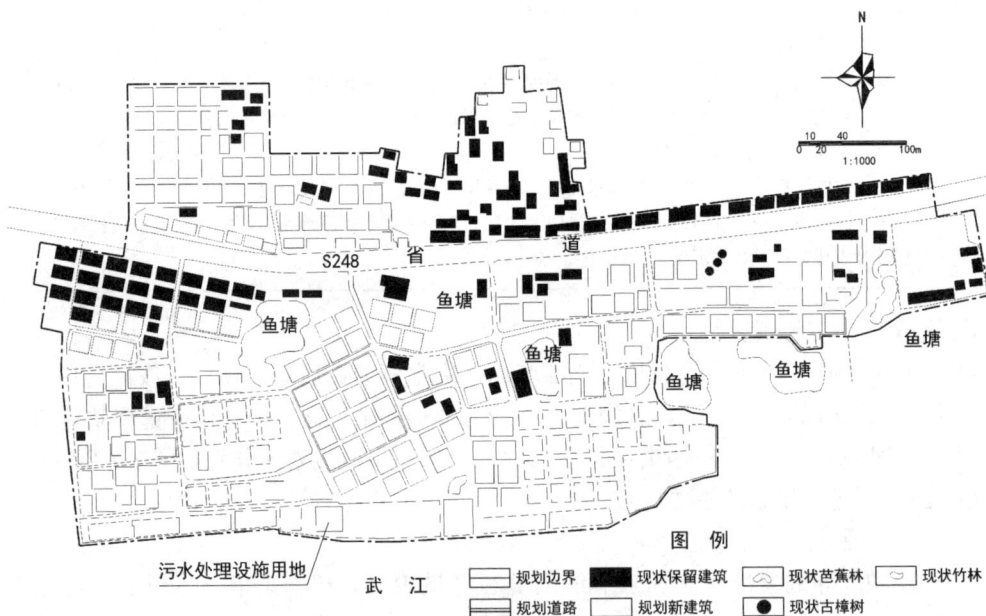

(b) 用地规划图

图 例

规划边界	现状保留建筑	现状芭蕉林	现状竹林	
规划道路	规划新建筑	现状古樟树		

图 3-7-2　某村庄用地现状图与灾后重建用地规划图

第八节　国土空间规划的编制、审批与修改

一、考查要点

国土空间规划的组织、编制、审批和修改近年来仅 2012 年和 2014 年考查过控制性详细规划的修改程序，但 2020 年和 2021 年的第七题均部分涉及关于村庄规划和历史文化名镇保护规划的编制和审批，值得关注。答题过程中需着重关注规划类型，明确其所涉及的

相关主体及所对应的规划程序（图 3-8-1）。

相关真题：2012-05、2014-05

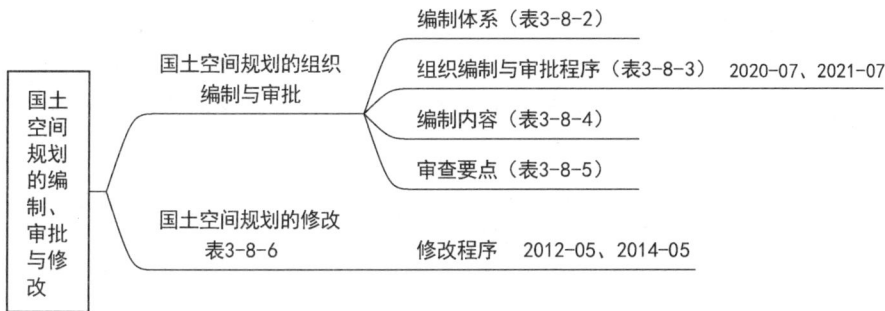

图 3-8-1　国土空间规划的编制、审批与修改考查要点

二、历年考点分布（表 3-8-1）

国土空间规划的编制、审批与修改历年考点分布　　　　　　　表 3-8-1

分类	2012-05	2014-05
题目形式	问题	工作程序
题目类型	控制性详细规划修改	控制性详细规划修改
相关信息	规划院对控制性详细规划修改的必要性进行论证 规划院将论证情况口头向规划局汇报 经规划局同意后规划院修改了控制性详细规划 规划局将修改后的控制性详细规划报市人民政府批准 报市人大常委会和上级人民政府备案	房企经拍卖得 60hm² 居住用地土地使用权 已办理相关规划许可 3 年未动工建设 市政府决定依法收回该幅土地 采纳市人大代表建议 适当增加绿地和商业用地重新入市

三、评析要点

（一）相关规范标准

★所涉及的相关规范标准

1.《中共中央 国务院关于建立国土空间规划体系并监督实施的若干意见》（中发〔2019〕18 号）（必看）；

2.《自然资源部关于全面开展国土空间规划工作的通知》（自然资发〔2019〕87 号）（必看）；

3.《省级国土空间规划编制指南（试行）》（必看）；

4.《市级国土空间总体规划编制指南（试行）》（必看）；

5.《城乡规划法》（2019 年修订）（必看）；

6.《城市规划实务》教材（2011 年版）P1～23（必看）；

7.《历史文化名城名镇名村街区保护规划编制审批办法》。

（二）国土空间规划的组织编制与审批

掌握规划的编制体系、组织编制与审批程序、审查要点。

2019 年 5 月，自然资源部印发《关于全面开展国土空间规划工作的通知》（自然资发〔2019〕87 号），全面部署开展各级国土空间规划编制，并要求各地加强衔接和上下联动，基于国土空间基础信息平台，搭建从国家到市县级的国土空间规划"一张图"实施监督信息系统，形成覆盖全国、动态更新、权威统一的国土空间规划"一张图"，明确国土空间规划报批审查的要点。

明确各地不再新编和报批主体功能区规划、土地利用总体规划、城镇体系规划、城市（镇）总体规划、海洋功能区划等。已批准的规划期至 2020 年后的省级国土规划、城镇体系规划、主体功能区规划、城市（镇）总体规划，以及原省级空间规划试点和市县"多规合一"试点等，要按照新的规划编制要求，将既有规划成果融入新编制的同级国土空间规划中。今后工作中，主体功能区规划、土地利用总体规划、城乡规划、海洋功能区划等统称为"国土空间规划"（表 3-8-2～表 3-8-5）。

编制体系 表 3-8-2

总体规划	详细规划		相关专项规划
全国国土空间规划			专项规划
省国土空间规划			专项规划
市国土空间规划	（边界内）详细规划	（边界外）村庄规划	专项规划
县国土空间规划			
镇（乡）国土空间规划			—

组织编制与审批 表 3-8-3

规划类型			编制	审批
总体规划	全国国土空间规划		自然资源部会同相关部门	国务院
	省域国土空间规划		省级人民政府	同级人大常委会审议后报国务院
	市县乡镇	国务院审批的城市国土空间规划	城市人民政府	同级人大常委会审议后，由省级人民政府报国务院审批
		其他市县和乡镇国土空间规划	本级人民政府	省级人民政府明确内容和程序要求，省、自治区、直辖市人民政府审批
详细规划	城镇开发边界内的集中建设地区		市县国土空间规划主管部门	市县人民政府
	城镇开发边界外的乡村地区：村庄规划		乡镇人民政府	市县人民政府
专项规划	海岸带、自然保护地等专项规划及跨行政区域或流域的国土空间规划		所在区域或上一级自然资源主管部门牵头组织编制	同级政府审批
	涉及空间利用的某一领域专项规划		相关主管部门组织编制	"谁审批、谁监管""管什么、批什么"
专项规划中的保护规划	历史文化名城保护规划		历史文化名城人民政府	省、自治区、直辖市人民政府审批
	历史文化名镇保护规划		所在地县级人民政府	省、自治区、直辖市人民政府审批
	历史文化名村保护规划		所在地县级人民政府	省、自治区、直辖市人民政府审批
	历史文化街区保护规划		所在地城市、县人民政府	省、自治区、直辖市人民政府审批

编制内容 表 3-8-4

分级	编制省级、市级国土空间总体规划编制指南相关内容
省级国土空间规划	省级国土空间规划是对全国国土空间规划纲要的落实和深化，是一定时期内省域国土空间保护、开发、利用、修复的政策和总纲，是编制省级相关专项规划、市县等下位国土空间规划的基本依据，在国土空间规划体系中发挥承上启下、统筹协调作用，具有战略性、协调性、综合性和约束性；应成为引领"三生空间"科学布局、推动高质量发展和高品质生活的重要手段，也必须落实好重大发展战略，提高规划实施的权威和效应

分级	编制省级、市级国土空间总体规划编制指南相关内容
省级国土空间规划	省级国土空间规划目标年为2035年，近期目标年为2025年，远景展望至2050年。编制主体为省级人民政府，由省级自然资源主管部门会同相关部门开展具体编制工作。编制程序包括准备工作、专题研究、规划编制、规划多方案论证、规划公示、成果报批及规划公告等。规划成果则包括规划文本、附表、图件、说明和专题研究报告，以及基于国土空间规划基础信息平台的国土空间规划"一张图"等。 《省级国土空间规划编制指南（试行）》（以下简称《省级指南》）提出了国土空间规划的重点管控性内容，包括目标与战略、开发保护格局、资源要素保护与利用、基础支撑体系、区域协调与规划传导六方面内容。自然资源部对规划编制给出了指导性要求，包括探索"绿水青山就是金山银山"的实现路径，完善生态产品价值实现机制，提升自然资源资产的经济、社会和生态价值。 《省级指南》特别指出，在进行规划论证和审批时，面对存在重大分歧和颠覆性意见的意见、建议，行政层面不要轻易拍板，要经过充分论证后形成决策方案。 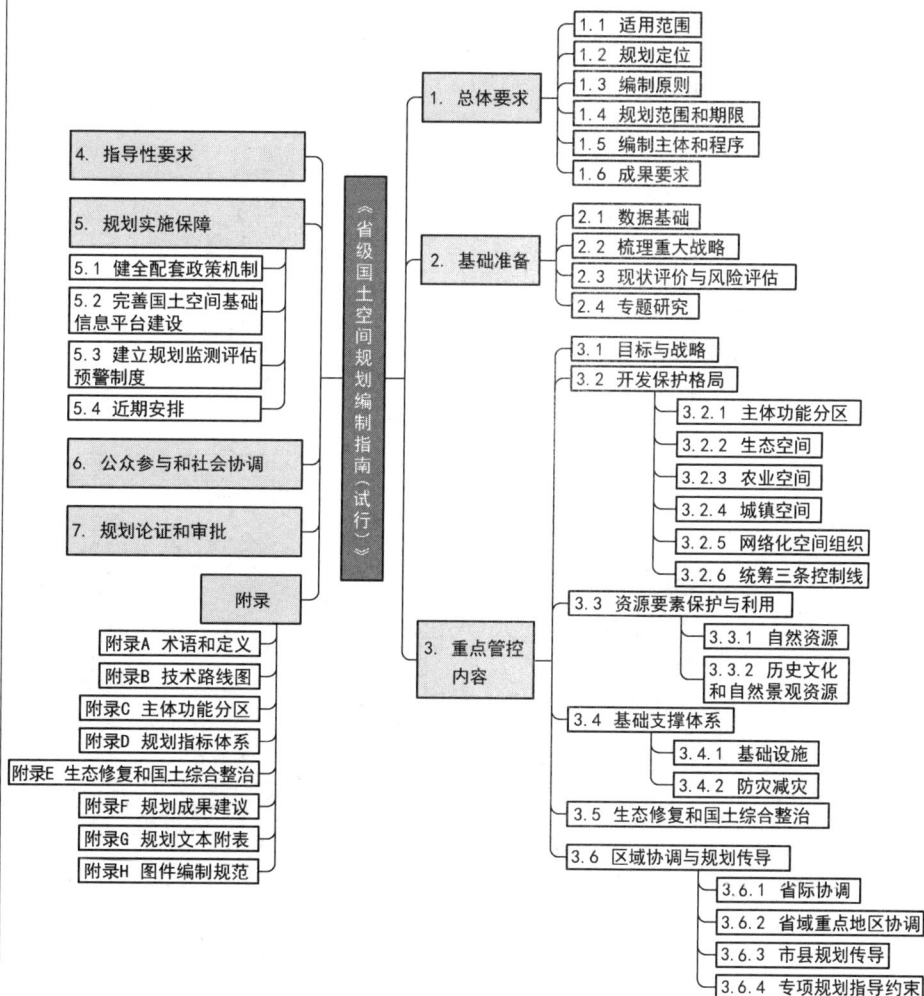 《省级国土空间规划编制指南（试行）》内容框架

分级	编制省级、市级国土空间总体规划编制指南相关内容
市级国土空间总体规划	自然资源部办公厅印发《市级国土空间总体规划编制指南（试行）》（以下简称《市级指南》），指导和规范市级国土空间总体规划编制工作。本轮规划目标年为2035年，近期至2025年，远景展望至2050年。 《市级指南》旨在贯彻落实《中共中央 国务院关于建立国土空间规划体系并监督实施的若干意见》《自然资源部关于全面开展国土空间规划工作的通知》，突出体现"多规合一"要求，强调市级国土空间总体规划的战略引领、底线管控作用，从总体要求、基础工作、主要编制内容、公众参与和多方协同、审查要求5个方面提出了规划编制的原则性、导向性要求。 《市级指南》明确了市级国土空间总体规划的定位、工作原则、规划范围、期限和层次等，并对编制主体与程序、成果形式作出了规定。《指南》强调，市级国土空间总体规划是市域国土空间保护、开发、利用、修复和指导各类建设的行动纲领，应注重体现综合性、战略性、协调性、基础性和约束性。编制市级国土空间总体规划，要坚持以人民为中心、坚持底线思维、坚持一切从实际出发，做好陆海统筹、区域协同、城乡融合，体现市级国土空间总体规划的公共政策属性，注重创新规划工作方法。 《市级指南》要求，编制市级国土空间总体规划必须建立在扎实的工作基础上：以第三次全国国土调查为基础，统一工作底图底数；分析当地自然地理格局，开展资源环境承载能力和国土空间开发适宜性评价；对现行城市总体规划、土地利用总体规划等空间类规划和相关政策实施进行评估，开展灾害和风险评估；根据实际需要，加强重大专题研究；开展总体城市设计研究，将城市设计贯穿规划全过程。 《市级国土空间总体规划编制指南（试行）》内容框架

审查要点

自然资源部《关于全面开展国土空间规划工作的通知》

一、全面启动国土空间规划编制，实现"多规合一"

二、做好过渡期内现有空间规划的衔接协同

三、明确国土空间规划报批审查的要点

省级国土空间规划审查要点

① 国土空间开发保护目标

② 国土空间开发强度、建设用地规模，生态保护红线控制面积、自然岸线保有率，耕地保有量及永久基本农田保护面积，用水总量和强度控制等指标的分解下达

③ 主体功能区划分，城镇开发边界、生态保护红线、永久基本农田的协调落实情况

④ 城镇体系布局，城市群、都市圈等区域协调重点地区的空间结构

⑤ 生态屏障、生态廊道和生态系统保护格局，重大基础设施网络布局，城乡公共服务设施配置要求

⑥ 体现地方特色的自然保护地体系和历史文化保护体系

⑦ 乡村空间布局，促进乡村振兴的原则和要求

⑧ 保障规划实施的政策措施

⑨ 对市县级规划的指导和约束要求等

市级国土空间总体规划审查要点

① 市域国土空间规划分区和用途管制规则

② 重大交通枢纽、重要线性工程网络、城市安全与综合防灾体系、地下空间、邻避设施等设施布局，城镇政策性住房和教育、卫生、养老、文化体育等城乡公共服务设施布局原则和标准

③ 城镇开发边界内，城市结构性绿地、水体等开敞空间的控制范围和均衡分布要求，各类历史文化遗存的保护范围和要求，通风廊道的格局和控制要求；城镇开发强度分区及容积率、密度等控制指标，高度、风貌等空间形态控制要求

④ 中心城区城市功能布局和用地结构等

其他市、县、乡镇级国土空间规划审批要点

由各省（自治区、直辖市）根据本地实际，参照上述审查要点制定

四、改进规划报批审查方式

五、做好近期相关工作

做好规划编制基础工作

开展双评价工作

开展重大问题研究

科学评估三条控制线

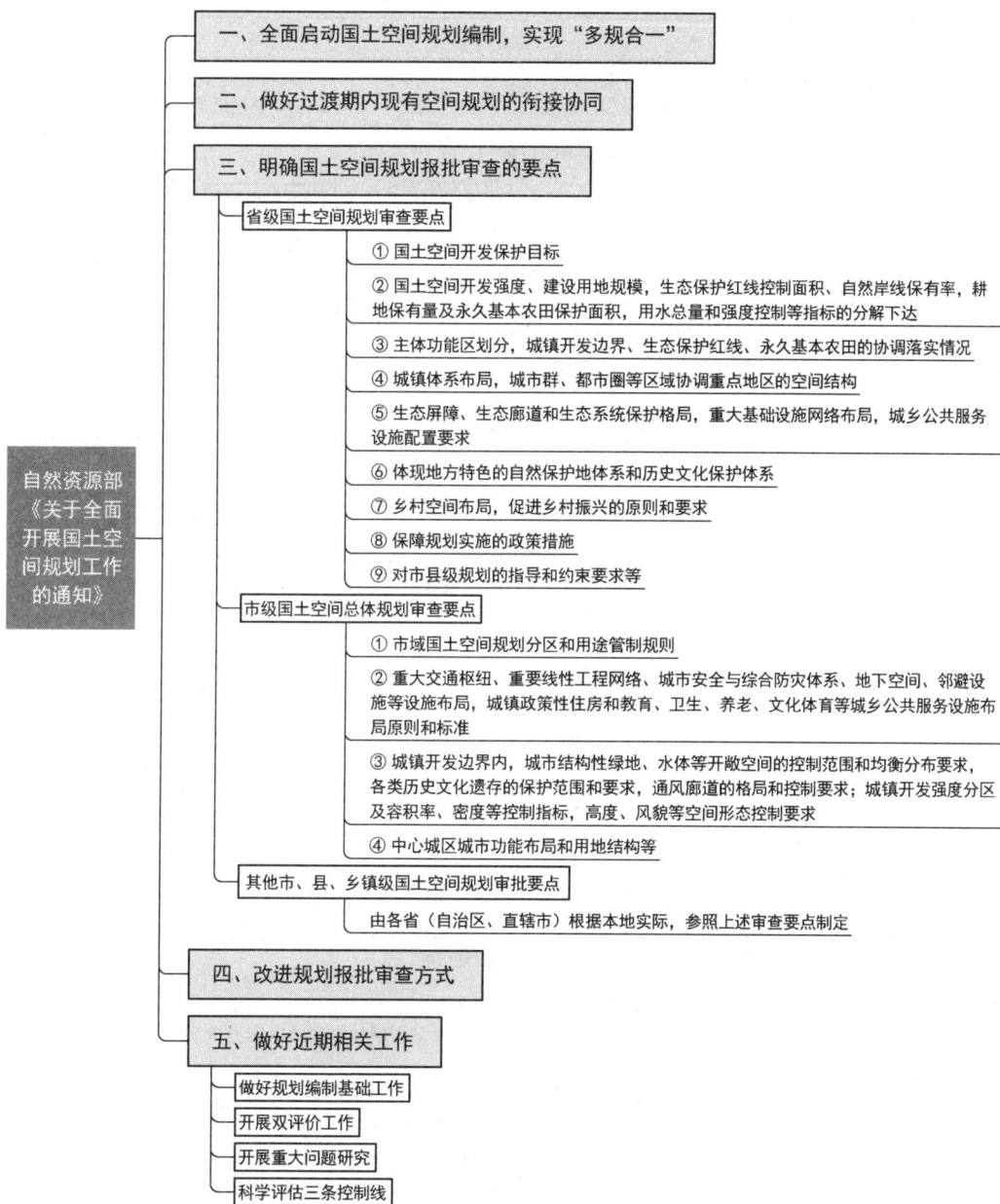

自然资源部《关于全面开展国土空间规划工作的通知》内容框架

（三）国土空间规划的修改

掌握修改总体规划和详细规划所遵循的原则与程序见（表 3-8-6）。

修改程序   表 3-8-6

规划类型	修改程序
总体规划	① 修改前，组织编制机关应当对原规划的实施情况进行总结，并向原审批机关报告。 ② 修改涉及城市、镇总体规划强制性内容的，应当先向原审批机关提出专题报告，经同意后，方可编制修改方案。 ③ 修改后依据各类型规划对应的审批程序报批。 总体规划修改的一般程序 根据《市级国土空间总体规划编制指南（试行）》，市级国土空间总体规划的强制性内容应包括： ⓐ 约束性指标落实及分解情况，如生态保护红线面积、用水总量、永久基本农田保护面积等； ⓑ 生态屏障、生态廊道和生态系统保护格局，自然保护地体系； ⓒ 生态保护红线、永久基本农田和城镇开发边界三条控制线； ⓓ 涵盖各类历史文化遗存的历史文化保护体系，历史文化保护线及空间管控要求； ⓔ 中心城区范围内结构性绿地、水体等开敞空间的控制范围和均衡分布要求； ⓕ 城乡公共服务设施配置标准，城镇政策性住房和教育、卫生、养老、文化体育等城乡公共服务设施布局原则和标准； ⓖ 重大交通枢纽、重要线性工程网络、城市安全与综合防灾体系、地下空间、邻避设施等设施布局
乡规划 村庄规划	① 修改乡规划、村庄规划的，依照其审批程序报批。 ② 乡、镇人民政府组织编制乡规划、村庄规划，报上一级人民政府审批。 ③ 村庄规划在报送审批前，应当经村民会议或者村民代表会议讨论同意
控制性详细规划	① 组织编制机关应当对修改的必要性进行论证，征求规划地段内利害关系人的意见，并向原审批机关提出专题报告，经原审批机关同意后，方可编制修改方案。 ② 规划方案公告 30 日听取公众意见，论证会听取专家意见，报送规划方案附意见及意见采纳情况。 ③ 经本级人民政府批准后，报本级人民代表大会常务委员会和上一级人民政府备案。 ④ 控制性详细规划修改涉及城市总体规划、镇总体规划强制性内容的，应当按法律规定的程序先修改总体规划。 控制性详细规划修改的一般程序

190

规划类型	修改程序
修建性详细规划	① 经依法审定的修建性详细规划、建设工程设计方案的总平面图不得随意修改。 ② 确需修改的，城乡规划主管部门应当采取听证会等形式，听取利害关系人的意见。 ③ 因修改给利害关系人合法权益造成损失的，应当依法给予补偿。 注意： （a）修建性详细规划的修改必须符合控制性详细规划要求，不得涉及控制性详细规划的修改。 （b）经批准的修建性详细规划在实施或部分实施时，尤其是出售和设施开始使用后，其修改必将对相关人群造成影响

第九节　国土空间规划的实施管理

一、考查要点

国土空间规划的实施管理主要考查规划实施管理流程及相关要求和规划行政许可的变更。答题过程中需明确题目所考查的是实施管理中哪项内容，并根据其对应的内容要求或程序步骤进行回答（图 3-9-1）。

相关真题：2011-05、2012-06、2017-05、2018-06、2019-06、2021-06、2022-06

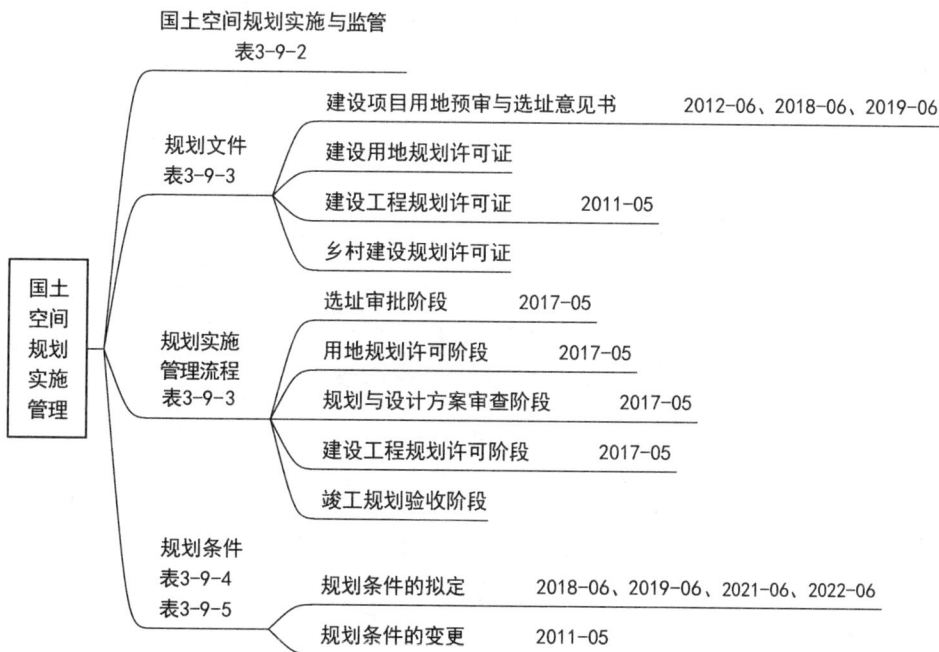

图 3-9-1　国土空间规划的实施管理考查要点

二、历年考点分布

近年来，规划的实施管理的考查形式主要有四种：一是规划条件的拟定（补充），二是建设项目规划与设计方案审查，三是实施管理流程，四是行政许可变更（规划条件的变更）。表 3-9-1 汇总 2011 年起历年具体的考查内容。

国土空间规划的实施管理历年考点分布 表 3-9-1

分类	2011-05	2012-06	2017-05	2018-06	2019-06	2020-06	2021-06	2022-06
提问形式	是否；理由；若可＋工作程序/若不可＋是否	选址工作＋遵循原则	规划程序；事项	提意见	说明考虑方面＋理由	是否＋哪些涉及＋理由	考虑内容	补充规划条件
回答形式	判断＋解析；判断＋背书	背书	背书	背书	背书＋解析	判断＋政策分析	背书	背书
考查对象	规划条件、文件《建筑用地规划许可证》、程序	选址＋规划文件《选址意见书》	历史保护＋规划程序	规划文件《选址意见书》	规划条件	农用地转用与土地征收	规划设计条件	规划设计条件
所在地区	县城	历史文化名城	历史文化名镇	省会城市	某市	—	某市	文创、科创园
建设用地或项目	二类居住用地	历史专题博物馆	环境综合整治	高层住院楼	市级博物馆	省级高速公路	二级加油加氢站	商务金融、居住混合用地
建设性质	—	新建	拆除＋新建	扩建	新建	新建	新建	新建
关键信息	北：北山风景区；南：南湖；东西：R2	近代重大历史事件	核心保护区拆除危房（非历史建筑）	保留门诊楼和住院楼	文保单位	省重点交通项目	商业中心总建筑面积5万 m^2	沿江地标
	建筑高度15m，容积率1.5，建筑密度35%	规划管理人员	核心保护区新建公益性服务设施	新建高层住院楼	文保单位建设控制地带	国有林场	办公楼总建筑面积3万 m^2	滨江绿带
	宋代墓葬：县级文保单位	—	—	新建停车场	山景公园、河流	纳入河道管理的河滩	住宅楼总建筑面积7000 m^2	滨江大道
	保护范围，建设控制地带	—	—	已搬迁和拆除的学校用地范围界线	居住、小学、商业	村庄	涉河段堤防设计标准为4级	主干路、支路
	保护范围G1	—	—	住宅区	观景亭	永久基本农田	施工工地	规划过江隧道
	容积率调整为1.6，其他条件不变	—	—	现状出入口	主干路、次干路、支路	一般农用地	有轨电车线/地铁线	保留历史建筑

分类	2011-05	2012-06	2017-05	2018-06	2019-06	2020-06	2021-06	2022-06
关键信息	—	—	—	主干路、支路	市政配套设施满足要求	—	有轨电车站/地铁出入口	公园绿地
	—	—	—	基础设施满足配套	—	—	路灯开关房	水系
	—	—	—	—	—	—	公交停靠站	—
	—	—	—	—	—	—	主干路、次干路	—

三、评析要点

(一) 相关规范标准

★所涉及的相关规范标准

1. 《中共中央 国务院关于建立国土空间规划体系并监督实施的若干意见》（中发〔2019〕18号）（必看）；

2. 《自然资源部关于以"多规合一"为基础推进规划用地"多审合一、多证合一"改革的通知》（自然资规〔2019〕2号）（必看）；

3. 《城乡规划法》（2019年修订）（必看）；

4. 《城市规划实务》教材（2011年版）P51~109（必看）；

5. 《城市规划编制办法》（2005年）；

6. 《城市、镇控制性详细规划编制审批办法》（2010年）；

7. 《建设用地容积率管理办法》（2012年）。

(二) 国土空间规划实施监督体系（表3-9-2）

国土空间规划实施与监管　　　　　　　　　　　　　　　　　　表3-9-2

内容	说明
强化规划权威	规划一经批复，任何部门和个人不得随意修改、违规变更，防止出现换一届党委和政府改一次规划。 下级国土空间规划要服从上级国土空间规划，相关专项规划、详细规划要服从总体规划；坚持先规划后实施，不得违反国土空间规划进行各类开发建设活动；坚持"多规合一"，不在国土空间规划体系之外另设其他空间规划。 相关专项规划的有关技术标准应与国土空间规划衔接。 因国家重大战略调整、重大项目建设或行政区划调整等确需修改规划的，须先经规划审批机关同意后，方可按法定程序进行修改。 对国土空间规划编制和实施过程中的违规、违纪、违法行为，要严肃追究责任

内容	说明
改进规划审批	按照谁审批谁监管的原则，分级建立国土空间规划审查备案制度。 精简规划审批内容，管什么就批什么，大幅度缩减审批时间。 减少需报国务院审批的城市数量，直辖市、计划单列市、省会城市及国务院指定城市的国土空间总体规划由国务院审批。 相关专项规划在编制和审查过程中应加强与有关国土空间规划的衔接及"一张图"的核对，批复后纳入同级国土空间基础信息平台，叠加到国土空间规划"一张图"上
健全用途管制制度	以国土空间规划为依据，对所有国土空间分区、分类实施用途管制。 在城镇开发边界内的建设，实行"详细规划＋规划许可"的管制方式；在城镇开发边界外的建设，按照主导用途分区，实行"详细规划＋规划许可"和"约束指标＋分区准入"的管制方式。 对以国家公园为主体的自然保护地、重要海域和海岛、重要水源地、文物等实行特殊保护制度。因地制宜制定用途管制制度，为地方管理和创新活动留有空间
监督规划实施	依托国土空间基础信息平台，建立健全国土空间规划动态监测评估预警和实施监管机制。 上级自然资源主管部门要会同有关部门组织对下级国土空间规划中各类管控边界、约束性指标等管控要求的落实情况进行监督检查，将国土空间规划执行情况纳入自然资源执法督察内容。 健全资源环境承载能力监测预警长效机制，建立国土空间规划定期评估制度，结合国民经济社会发展实际和规划定期评估结果，对国土空间规划进行动态调整完善
推进"放管服"改革	以"多规合一"为基础，统筹规划、建设、管理三大环节，推动"多审合一""多证合一"。 优化现行建设项目用地（海）预审、规划选址以及建设用地规划许可、建设工程规划许可等审批流程，提高审批效能和监管服务水平

（三）规划实施管理的总流程

掌握规划实施管理的总流程，关注国土空间规划相关改革（表 3-9-3）。

规划实施管理的总流程相关要求　　　　表 3-9-3

分类	相关要求
"一书三证"制度	"一书三证"： 《建设项目用地预审与选址意见书》《建设用地规划许可证》《建设工程规划许可证》《乡村建设规划许可证》
总流程	① 选址审批阶段 自然资源主管部门统一核发《建设项目用地预审与选址意见书》。 （a）涉及新增建设用地 用地预审权限在自然资源部的，建设单位向地方自然资源主管部门提出用地预审与选址申请，由地方自然资源主管部门受理；经省级自然资源主管部门报自然资源部通过用地预审后，地方自然资源主管部门向建设单位核发《建设项目用地预审与选址意见书》。 用地预审权限在省级以下自然资源主管部门的，由省级自然资源主管部门确定《建设项目用地预审与选址意见书》办理的层级和权限。 （b）使用已经依法批准的建设用地的（不办理用地预审，办理规划选址） 由地方自然资源主管部门对规划选址情况进行审查，核发《建设项目用地预审与选址意见书》。 ② 用地规划许可阶段 自然资源主管部门统一核发新的《建设用地规划许可证》。

分类	相关要求
总流程	（a）以划拨方式取得国有土地使用权的 建设单位向所在地的市、县自然资源主管部门提出建设用地规划许可申请，经有建设用地批准权的人民政府批准后，市、县自然资源主管部门向建设单位同步核发《建设用地规划许可证》《国有土地划拨决定书》。 （b）以出让方式取得国有土地使用权的 市、县自然资源主管部门依据规划条件编制土地出让方案，经依法批准后组织土地供应，将规划条件纳入国有建设用地使用权出让合同。建设单位在签订国有建设用地使用权出让合同后，市、县自然资源主管部门向建设单位核发《建设用地规划许可证》。 ③ 规划与设计方案审查阶段 需要进行修建性详细规划方案审查的，先对修建性详细规划方案进行审查，然后再对建设工程设计方案进行审查；无须或已完成修建性详细规划方案审查的，可直接对建设工程设计方案进行审查。 ④ 工程规划许可阶段 申请《建设工程规划许可证》。 ⑤ 竣工规划验收阶段 申请《建设工程竣工规划验收合格证》，并进行资料备案。在建设项目竣工验收阶段，将自然资源主管部门负责的规划核实、土地核验、不动产测绘等合并为一个验收事项

（四）规划条件的拟定

掌握规划条件的拟定阶段及其内容的关键点。规划条件作为用地规划许可的核心内容和国有土地使用权出让合同的重要组成部分，涉及建设项目开发强度等多项规划指标。同时，建设项目规划与设计方案审查主要是审查建设项目是否符合规划条件（表3-9-4）。

规划条件的拟定　　　　　　　　表3-9-4

分类	相关要求
拟定内容	① 用地情况：用地性质、边界范围（包括代征道路及绿地的范围）和用地面积。 ② 开发强度：总建筑面积、人口容量、容积率、建筑密度、绿地率、建筑高度等。 ③ 退让间距：退让"四线"（红、绿、蓝、紫）、建筑间距、日照标准、与周边用地和建筑的关系协调。 ④ 交通组织：道路开口位置、交通线路组织、主要出入口、与城市交通设施的衔接、地面和地下停车场（库）的配置及停车位数量和比例。 ⑤ 配套设施：文化、教育、卫生、体育、市场、管理等公共服务设施和给排水、燃气、热力、电力、电信等市政基础设施。 ⑥ 城市设计：建筑形态、尺度、色彩、风貌、景观、绿化以及公共开放空间和城市雕塑环境景观等要求。 ⑦ 公共安全：防洪、抗震、人防、消防等公共安全的要求。 ⑧ 特殊要求：如地段内需保留和保护的建筑和遗迹、古树名木，地下空间开发和利用，其他特殊审批程序要求等。 规划条件分为规定性和指导性条件 规定性条件：包括用地范围、土地性质、开发强度、环境指标中的绿地率、建筑间距和日照标准、交通组织、相邻关系、市政设施、公共设施、"四线"管制、公共安全等。 指导性条件：包括人口容量、环境指标中的绿化覆盖率和空地率、环境景观、城市设计等

（五）行政许可变更（规划条件的变更）

掌握规划条件变更的相关要求及程序。规划条件一般情况不得变更，确需变更的，必须由相关单位向规划主管部门提出申请并说明变更理由，并依法按程序办理（表3-9-5）。

规划条件变更程序   表3-9-5

程序	内容要求
变更要求	① 因城乡规划修改造成地块开发条件变化的。 ② 因城乡规划基础设施、公共服务设施和公共安全设施建设需要导致已出让或划拨地块的大小及相关建设条件发生变化的。 ③ 国家和省、自治区、直辖市的有关政策发生变化的。 ④ 法律、法规规定的其他条件
变更程序	 规划条件变更流程图

注：根据地方规定需要进行专家咨询论证的，建设项目规划条件变更应当组织专家咨询论证后方能向规划主管部门申请变更。

第十节 国土空间规划的监督检查与法律责任

一、考查要点

国土空间规划的监督检查与法律责任主要考查各种类型的违法行为及其处理措施和处罚程序。答题过程中需明确案件中的违法主体及违法事实，指出相应的处理办法和处罚程序（图 3-10-1）。

相关真题：2011-07、2012-07、2013-07、2014-07、2017-07、2018-07、2019-07、2021-07、2022-07

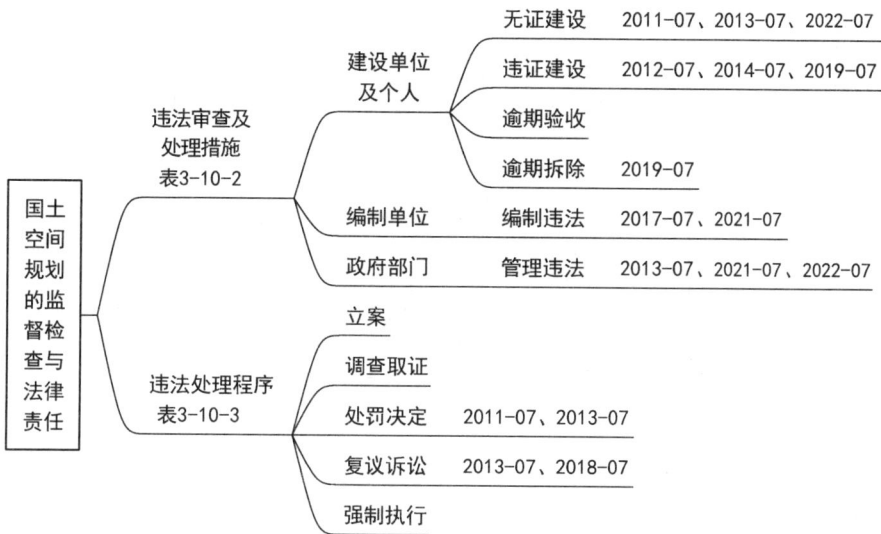

图 3-10-1 国土空间规划的监督检查与法律责任考查要点

二、历年考点分布

国土空间规划的监督检查与法律责任是常考题，除了 2020 年没考，每年必考。具体涉及违法建设行为及其处罚措施、行政处罚决定书内容、行政处罚程序。表 3-10-1 汇总 2011 年起历年具体的考查内容。

国土空间规划的监督检查与法律责任历年考点分布　　　　　表 3-10-1

分类	2011-07	2012-07	2013-07	2014-07	2017-07	2018-07	2019-07	2021-07	2022-07
提问形式	问题	违法行为；处理	[限定范围]问题＋原因；能否	违反法规＋规定；处理	是否；理由＋处理	可以吗；原因；措施	违法行为；部门；是否＋原因；处理	问题＋理由；处理	问题＋理由；部门
回答形式	找茬＋指正	找茬；背书	找茬＋解析；（送分）判断＋背书	背书＋解析；背书	（送分）判断；背书	（送分）判断；背书	找茬；背书；（送分）判断＋解析；背书	背书	找茬＋解析＋背书
类型细分	执法文书	违法建设	违法建设＋执法程序	违法建设	违法编审	执法程序	违法建设	违法编审	违法建设

分类	2011-07	2012-07	2013-07	2014-07	2017-07	2018-07	2019-07	2021-07	2022-07
考查对象	违法建设行政处罚决定书	经营用房	厂房	棚户区改造商住楼	镇控制性详细规划	行政复议	临时建筑	历史文化名镇保护规划	宅基地
特殊区位	—	—	—	历史文化名城/历史文化街区	—	—	—	—	
关键信息	行政处罚决定书内容	绿化隔离地区	2月申请《建设用地规划许可证》	保护区(规划紫线)	申请丙级资质期间	3月10日收《行政处罚决定书》不服	批准临建800m²,实测建成900m²	2018年2月公布历史文化名镇,2019年5月编制完成	邻县村民
	—	植物栽培基地	4月建设,7月竣工,8月申请验收	建控地带限高	签订镇控规合同	一周后区政府申请行政复议,未被受理	租赁商场,为期2年	镇人民政府委托编制	村委会申请宅基地
	—	擅自建设经营用房	8月收《行政处罚决定书》	北侧已有6层楼居住小区	提交控规方案	6月10日市政府申请行政复议,未被受理	告知限期拆除并罚款	乙级城乡规划资质设计单位编制	村委会同意
	—	9月行政复议,规划局不予处理		层高增加50cm,楼高增加3m	—	—	拒绝拆除并未缴纳罚款	县人民政府批准保护规划	新建住宅

三、评析要点

(一)相关规范标准

★所涉及的相关规范标准

1.《中共中央 国务院关于建立国土空间规划体系并监督实施的若干意见》（中发〔2019〕18号）（必看）；

2.《自然资源部办公厅关于国土空间规划编制资质有关问题的函》（自然资办函〔2019〕2375号）（必看）；

3.《自然资源部办公厅关于加强国土空间规划监督管理的通知》（自然资办发〔2020〕27号）（必看）；

4.《城乡规划法》（2019年修订）（必看）；

5.《土地管理法》（2019年修订）；

6.《土地管理法实施条例》（2021年修订）；

7.《城市房地产管理法》（2019年修订）；

8.《城乡规划编制单位资质管理规定》；

9.《文物保护法》（2017 年修订）；

10.《历史文化名城名镇名村保护条例》（2017 年修订）；

11.《行政复议法》（2017 年修订）（必看）；

12.《行政诉讼法》（2017 年修订）；

13.《行政许可法》（2019 年修订）；

14.《行政处罚法》（2021 年修订）。

（二）加强国土空间规划监督管理

2020 年 5 月自然资源部办公厅发布《关于加强国土空间规划监督管理的通知》（自然资办发〔2020〕27 号），明确建立健全国土空间规划"编""审"分离机制，建立规划编制、审批、修改和实施监督全程留痕制度。同时要求，规划审查应充分发挥规划委员会的作用，实行参编单位专家回避制度，推动开展第三方独立技术审查；规划修改必须严格落实法定程序要求，深入调查研究，征求利害关系人意见，组织专家论证，实行集体决策（图 3-10-2）。

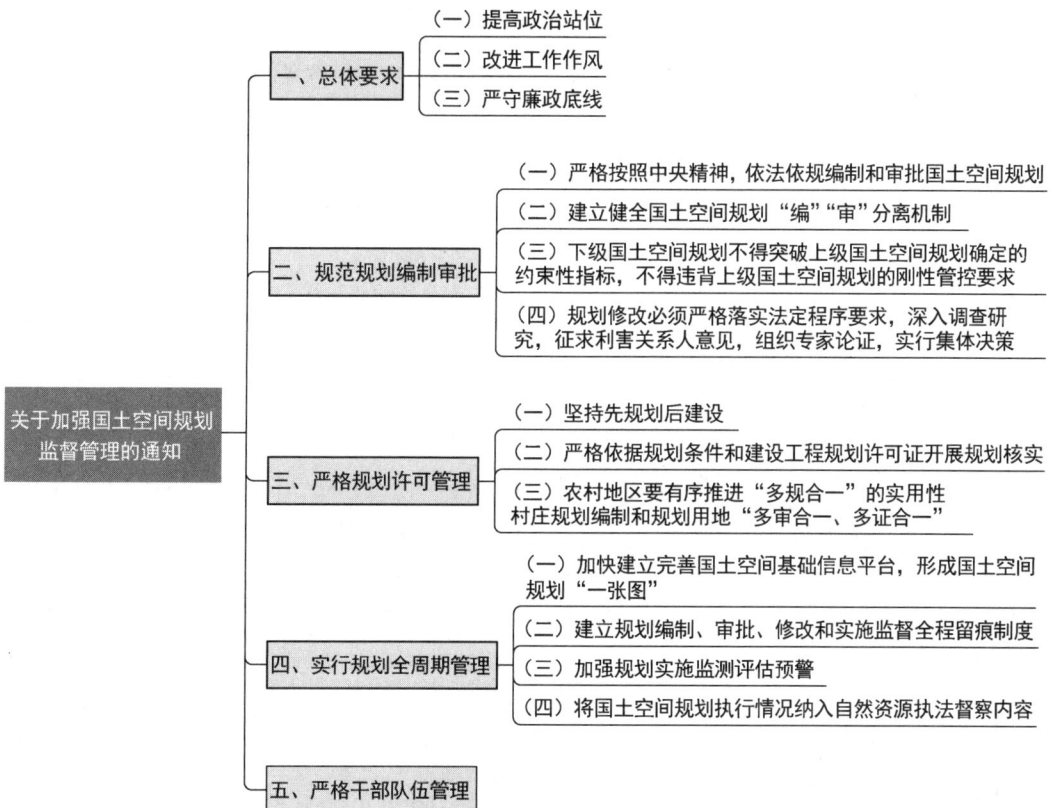

图 3-10-2 《关于加强国土空间规划监督管理的通知》内容框架

（三）违法审查及处理措施

掌握针对不同违法主体、违法情况的处理措施（表 3-10-2）。

违法主体	违法行为	处理措施
建设单位或个人	**无证建设** ① 在未取得《建设用地规划许可证》和经批准的临时用地上进行永久性建设。 ② 未取得《建设工程规划许可证》的建设工程。 ③ 未取得《乡村建设规划许可证》的建设工程（包括宅基地建设）。 ④ 未经批准的临时建设工程。 **违证建设** ① 未按照《建设工程规划许可证》的规定或擅自变更批准的规划设计图纸的建设工程。 ② 未按照批准内容进行临时建设的工程	《城乡规划法》第六十四条： 未取得《建设工程规划许可证》或者未按照《建设工程规划许可证》的规定进行建设的，由县级以上地方人民政府城乡规划主管部门责令停止建设； 尚可采取改正措施消除对规划实施的影响的，限期改正，处建设工程造价百分之五以上、百分之十以下的罚款； 无法采取改正措施消除影响的，限期拆除，不能拆除的，没收实物或者违法收入，可以并处建设工程造价百分之十以下的罚款
		《城乡规划法》第六十五条： 在乡、村庄规划区内未依法取得《乡村建设规划许可证》或未按照《乡村建设规划许可证》的规定进行建设的，由乡、镇人民政府责令停止建设、限期改正；逾期不改正的，可以拆除
		《城乡规划法》第六十六条： 建设单位或者个人有下列行为之一的，由所在地城市、县人民政府城乡规划主管部门责令限期拆除，可以并处临时建设工程造价一倍以下的罚款： ① 未经批准进行临时建设的。 ② 未按照批准内容进行临时建设的。 ③ 临时建筑物、构筑物超过批准期限不拆除的
	逾期验收 逾期未报送竣工验收资料	《城乡规划法》第六十七条： 建设单位未在建设工程竣工验收后六个月内向城乡规划主管部门报送有关竣工验收资料的，由所在地城市、县人民政府城乡规划主管部门责令限期补报；逾期不补报的，处一万元以上五万元以下的罚款
	逾期拆除 临时建筑物、构筑物超过批准期限不拆除	《城乡规划法》第六十八条： 城乡规划主管部门作出责令停止建设或者限期拆除的决定后，当事人不停止建设或者逾期不拆除的，建设工程所在地县级以上地方人民政府可以责成有关部门采取查封施工现场、强制拆除等措施
编制单位	**编制违法** 规划编制单位无资质、超资质范围编制规划或不按照编制主体、范围编制规划	《城乡规划法》第六十二条： 城乡规划编制单位有下列行为之一的，由所在地城市、县人民政府城乡规划主管部门责令限期改正，处合同约定的规划编制费一倍以上二倍以下的罚款；情节严重的，责令停业整顿，由原发证机关降低资质等级或者吊销资质证书；造成损失的，依法承担赔偿责任。 ① 超越资质等级许可的范围承揽城乡规划编制工作的。 ② 违反国家有关标准编制城乡规划的。 未依法取得资质证书承揽城乡规划编制工作的，由县级以上地方人民政府城乡规划主管部门责令停止违法行为，依照前款规定处以罚款；造成损失的依法承担赔偿责任。 以欺骗手段取得资质证书承揽城乡规划编制工作的，由原发证机关吊销资质证书，依照本条第一款规定处以罚款；造成损失的，依法承担赔偿责任

违法主体	违法行为	处理措施
政府部门	管理违法 城乡规划行政主管部门违反职责和权限，不按照法律、法规、规章规定批准的建设项目	《城乡规划法》第五十八条： 　对依法应当编制城乡规划而未组织编制，或者未按法定程序编制、审批、修改城乡规划的，由上级人民政府责令改正，通报批评；对有关人民政府负责人和其他直接责任人员依法给予处分
		《城乡规划法》第五十九条： 　城乡规划组织编制机关委托不具有相应资质等级的单位编制城乡规划的，由上级人民政府责令改正，通报批评；对有关人民政府负责人和其他直接责任人员依法给予处分
		《城乡规划法》第六十条： 　镇人民政府或者县级以上人民政府城乡规划主管部门有下列行为之一的，由本级人民政府、上级人民政府城乡规划主管部门或者监察机关依据职权责令改正，通报批评；对直接负责的主管人员和其他直接责任人员依法给予处分。 　① 未依法组织编制城市的控制性详细规划、县人民政府所在地镇的控制性详细规划的。 　② 超越职权或者对不符合法定条件的申请人核发《选址意见书》《建设用地规划许可证》《建设工程规划许可证》《乡村建设规划许可证》的。 　③ 对符合法定条件的申请人未在法定期限内核发《选址意见书》《建设用地规划许可证》《建设工程规划许可证》《乡村建设规划许可证》的。 　④ 未依法对经审定的修建性详细规划、建设工程设计方案的总平面图予以公布的。 　⑤ 同意修改修建性详细规划、建设工程设计方案的总平面图前未采取听证会等形式听取利害关系人的意见的。 　⑥ 发现未依法取得规划许可或者违反规划许可的规定在规划区内进行建设的行为，而不予查处或者接到举报后不依法处理的
		《城乡规划法》第六十一条： 　县级以上人民政府有关部门有下列行为之一的，由本级人民政府或者上级人民政府有关部门责令改正，通报批评；对直接负责的主管人员和其他直接责任人员依法给予处分。 　① 对未依法取得《选址意见书》的建设项目核发建设项目批准文件的。 　② 未依法在国有土地使用权出让合同中确定规划条件或者改变国有土地使用权出让合同中依法确定的规划条件的。 　③ 对未依法取得《建设用地规划许可证》的建设单位划拨国有土地使用权的

(四) 违法处罚程序

掌握违法处罚的相关程序及行政处罚决定书的相关要求见表 3-10-3。相关行政处罚的工作流程图及文书模板见附录。

违法处罚程序相关要求 表 3-10-3

步骤	相关要求
立案	① 一经发现违法建设，应及时向违法建设单位下达《停工通知书》，责令违法建设停止施工，听候处理。 ② 将违法建设活动的项目名称、具体位置、建设规模、发现时间、《停工通知书》送达时间等——记录在案，并据违法事实报请有关领导批准立案
调查取证	① 由两位执法人员共同进行。 ② 应到违法建设现场对违法建设进行调查询问、收集证据、记录。 ③ 告知违法者的有关人员他们应有的权利，如陈述权、申辩权等
作出处罚决定（行政处罚决定书）	① 根据影响城乡规划情况，依据有关法律、法规和规章的规定，根据违法建设事实、情节，城乡规划行政主管部门的执法人员经过分析和判断，提出对违法建设处理的初步意见，形成报告。 ② 在作出处罚决定之前，应将处罚理由、依据、违法事实、拟作出何种处罚等情况告知违法者，并告知其陈述权、申辩权和要求听证权，还应告知其在接到处罚决定之后，对处罚决定不服的，有申请行政复议权和向人民法院提起诉讼的权利。 ③ 行政处罚决定书 所包含内容： （a）行政处罚决定书的标题、编号。 （b）受罚单位的名称或者个人姓名，单位法定代表人姓名、职务、详细地址和违法建设的详细地址。 （c）违法建设（违法施工、违法设计）事实和对城乡规划的影响。 （d）违法建设违反规划法律、法规、规章的具体条款。 （e）行政处罚决定依据的法律、法规、规章名称和具体条款。 （f）行政处罚的具体罚种；如处以罚款的，应明确说明到指定银行在规定时间内缴纳罚款，逾期不缴纳的追加处罚款；如需要拆除的，应明确说明拆除的期限。 （g）告知受罚单位或者个人受行政处罚后有申请行政复议和向人民法院提起行政诉讼的权利。 （h）告知受罚单位或个人，如不享有权利，也不执行决定，城乡规划行政主管部门有申请人民法院强制执行的权利。 （i）作出具体行政行为的行政机关署名，并加盖行政机关公章。 （j）作出处罚决定的日期（应为行政机关批准行政处罚决定书的日期）
送达	处罚决定书按有关规定送达违法建设单位或个人，并经签字，注明送达日期，送达方式按一般要求办理
复议或诉讼	① 行政复议申请 （a）时间：公民、法人或者其他组织认为具体行政行为侵犯其合法权益的，可以自知道该具体行政行为之日起 60 日内提出行政复议申请；但是法律规定的申请期限超过 60 日的除外。 （b）对象： ·对县级以上地方各级人民政府工作部门的具体行政行为不服的，由申请人选择，可以向该部门的本级人民政府申请行政复议，也可以向上一级主管部门申请行政复议。 ·对地方各级人民政府的具体行政行为不服的，向上一级地方人民政府申请行政复议。 ·对国务院部门或者省、自治区、直辖市人民政府的具体行政行为不服的，向作出该具体行政行为的国务院部门或者省、自治区、直辖市人民政府申请行政复议。 ② 行政诉讼申请 （a）法律、法规规定应当先向行政复议机关申请行政复议、对行政复议决定不服再向人民法院提起行政诉讼的。 （b）行政复议机关决定不予受理或者受理后超过行政复议期限不作答复的，公民、法人或者其他组织可以自收到不予受理决定书之日起或者行政复议期满之日起十五日内，依法向人民法院提起行政诉讼
执行或申请法院强制执行	① 违法建设单位或个人，收到城乡规划行政主管部门行政处罚后应主动执行。 ② 如不主动执行，执法人员应督促其执行。 ③ 如对城乡规划行政主管部门的处罚决定，违法者既不申请复议，也不履行处罚决定，又不向人民法院起诉，说明违法者已经放弃了应有的权利，由作出处罚决定的城乡规划行政主管部门向人民法院申请强制执行

附录1 自然资源部立案查处自然资源违法行为工作流程图

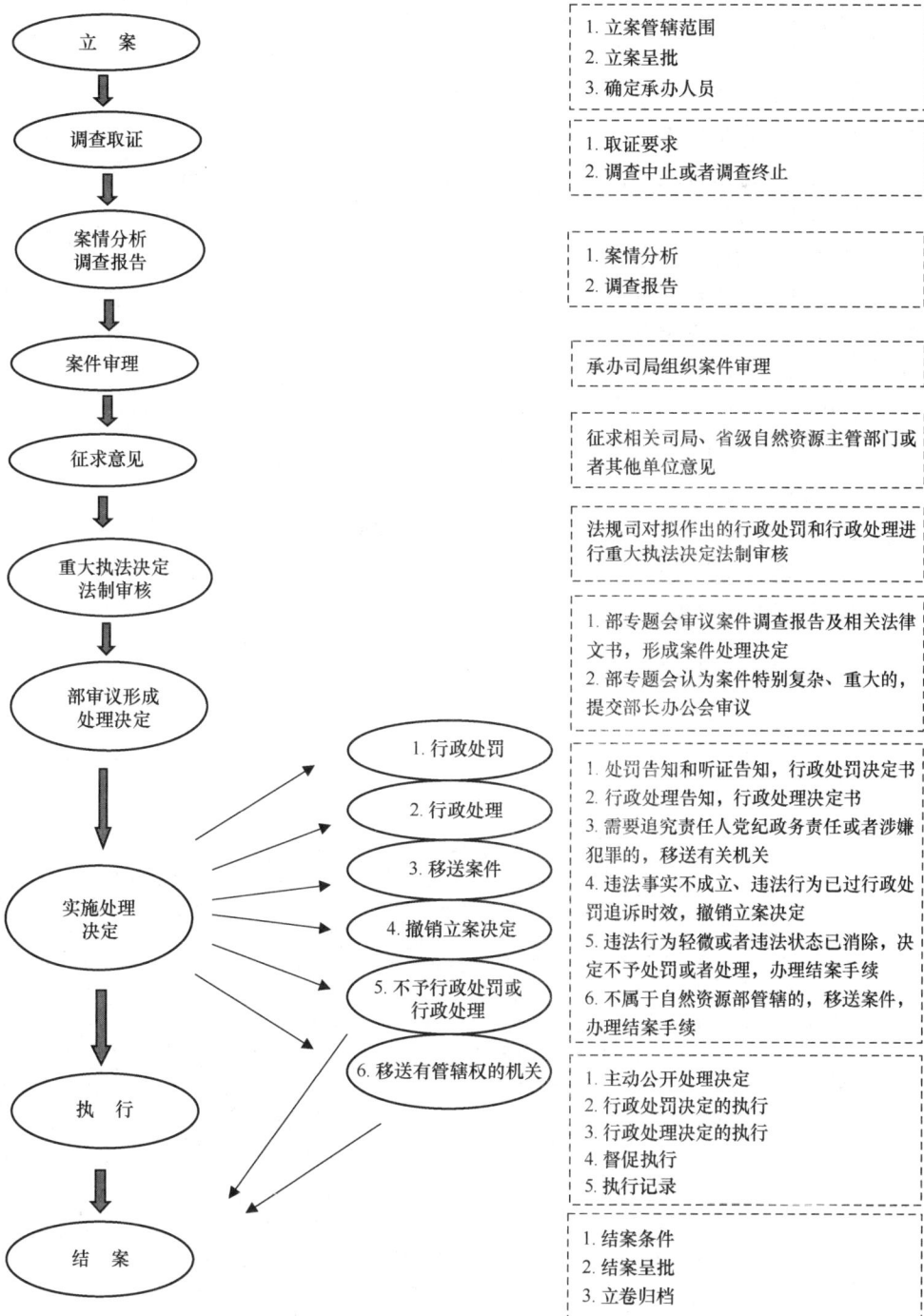

立案
1. 立案管辖范围
2. 立案呈批
3. 确定承办人员

↓

调查取证
1. 取证要求
2. 调查中止或者调查终止

↓

案情分析 调查报告
1. 案情分析
2. 调查报告

↓

案件审理
承办司局组织案件审理

↓

征求意见
征求相关司局、省级自然资源主管部门或者其他单位意见

↓

重大执法决定 法制审核
法规司对拟作出的行政处罚和行政处理进行重大执法决定法制审核

↓

部审议形成 处理决定
1. 部专题会审议案件调查报告及相关法律文书，形成案件处理决定
2. 部专题会认为案件特别复杂、重大的，提交部长办公会审议

↓

实施处理决定

→ 1. 行政处罚
→ 2. 行政处理
→ 3. 移送案件
→ 4. 撤销立案决定
→ 5. 不予行政处罚或行政处理
→ 6. 移送有管辖权的机关

1. 处罚告知和听证告知，行政处罚决定书
2. 行政处理告知，行政处理决定书
3. 需要追究责任人党纪政务责任或者涉嫌犯罪的，移送有关机关
4. 违法事实不成立、违法行为已过行政处罚追诉时效，撤销立案决定
5. 违法行为轻微或者违法状态已消除，决定不予处罚或者处理，办理结案手续
6. 不属于自然资源部管辖的，移送案件，办理结案手续

↓

执行
1. 主动公开处理决定
2. 行政处罚决定的执行
3. 行政处理决定的执行
4. 督促执行
5. 执行记录

↓

结案
1. 结案条件
2. 结案呈批
3. 立卷归档

附录 2 相关法律文书格式模板

1. 立案呈批表
2. 不予立案呈批表
3. 接受调查通知书
4. 中止调查决定呈批表
5. 终止调查决定呈批表
6. 违法案件调查报告
7. 违法案件审理记录
8. 违法案件处理决定呈批表
9. 撤销立案决定呈批表
10. 行政处罚告知书
11. 行政处罚听证告知书
12. 行政处罚决定书
13. 行政处理告知书
14. 行政处理决定书
15. 问题线索移送书
16. 涉嫌犯罪案件移送书
17. 履行行政处罚决定催告书
18. 强制执行申请书
19. 执行记录
20. 结案呈批表

1. 立案呈批表

案　由				
当事人	姓名 （名称）		联系电话	
	住址 （地址）		邮　编	
线索来源				
主要违法 事　实				
承办处室 意　见	签名：　　　　　　　　　　　　　　　年　月　日			
承办司局 意　见	签名：　　　　　　　　　　　　　　　年　月　日			
相关司局 意　见				
自然资源部 负责人 意　见	签名：　　　　　　　　　　　　　　　年　月　日			

2. 不予立案呈批表

案　　由				
当事人	姓名 （名称）		联系电话	
	住址 （地址）		邮　编	
线索来源				
核查情况及不予立案的理由				
承办处室 意　见	签名：　　　　　　　　　　　　　　　年　月　日			
承办司局 意　见	签名：　　　　　　　　　　　　　　　年　月　日			
相关司局 意　见				
自然资源部 负责人 意　见	签名：　　　　　　　　　　　　　　　年　月　日			

3. 接受调查通知书

编号：＿＿＿＿＿＿＿

＿＿＿＿＿＿＿（单位/个人）：

你（单位）＿＿＿＿＿＿＿＿＿＿＿＿＿＿＿＿＿＿＿＿＿＿＿

＿＿＿＿＿（填写当事人违法的时间、地点和具体违法行为内容）＿＿＿的行为，涉嫌违反了

＿＿＿＿（填写认定违法所依据的法律法规名称及条款）＿＿＿的规定。请你（单位）于＿＿＿＿年

＿＿＿月＿＿日前携带下列材料到＿＿＿＿＿＿＿＿＿＿＿＿＿接受调查。

1. ＿＿＿＿＿＿＿＿＿＿＿＿＿＿＿＿＿＿＿＿＿＿＿＿＿＿＿

2. ＿＿＿＿＿＿＿＿＿＿＿＿＿＿＿＿＿＿＿＿＿＿＿＿＿＿＿

3. ＿＿＿＿＿＿＿＿＿＿＿＿＿＿＿＿＿＿＿＿＿＿＿＿＿＿＿

......

联系人：＿＿＿＿＿＿＿

电　话：＿＿＿＿＿＿＿

地　址：＿＿＿＿＿＿＿

（自然资源部印章）

年　月　日

4. 中止调查决定呈批表

案件名称		案件来源	
立案时间		编　号	
当事人		联系电话	
中止调查的 理由及建议	承办人员签名：　　　　　　　　　　　　　　　年　月　日		
承办司局 意　见	签名：　　　　　　　　　　　　　　　　　　　年　月　日		
相关司局 意　见			
自然资源部 负责人 意　见	签名：　　　　　　　　　　　　　　　　　　　年　月　日		

5. 终止调查决定呈批表

案件名称		案件来源	
立案时间		编　号	
当事人		联系电话	
终止调查的 理由及建议	承办人员签名：　　　　　　　　　　　　　　　年　月　日		
承办司局 意　见	签名：　　　　　　　　　　　　　　　年　月　日		
相关司局 意　见			
自然资源部 负责人 意　见	签名：　　　　　　　　　　　　　　　年　月　日		

6. 违法案件调查报告

一、标题
关于（违法主体）×××违法（违规）问题×××的调查报告。

二、首部

（一）案由。（一句话概述违法主体实施的违法行为）

（二）调查机关。（写明调查机关全称）

（三）办案人员。（写明姓名、所在单位及担任职务、执法证号）

（四）调查时间。（写明具体到年、月、日的调查起止时间）

（五）当事人基本情况。（当事人为自然人的，写明姓名、性别、年龄、身份证号、所在单位及担任职务等；当事人为法人的，写明单位名称、单位类型、法定代表人姓名等；违法主体包含多个自然人或法人的，写明与本案的关系）

三、正文

（一）调查情况。（写明线索来源、线索核查情况、立案调查工作开展情况等）

（二）基本事实。（写明当事人实施违法行为的时间、地点、经过、手段、违法所得、造成后果等基本事实。上述内容，应当客观、真实、全面，重点突出，详述主要情节、证据和关联关系，并附相关证明材料作为本报告附件。有法定从轻、减轻、免除、从重行政处罚情节的，说明上述情节）

（三）案件定性。（认定调查发现存在的主要问题，对案件的法律适用进行分析，明确认定当事人违法的法律依据以及违反的具体法律法规，提出认定违法行为性质的建议）

（四）其他需要说明的问题。（包括且不限于当事人对违法行为的认识态度、陈述意见和采取的整改行动等）

（五）处理建议。（援引相关法律法规的具体条文，认定相关责任，分别提出对人、对事的具体处理建议。拟提出对违法行为作出从轻、减轻、免除或从重处罚的建议，综合考虑当事人违法行为的性质、情节、社会危害程度及其主观过错情况等，阐明理由。拟作出行政处罚的，应当写明行政处罚的种类、幅度或者数额等）

四、尾部
办案人员逐一签名，并注明落款日期。

五、附件
证据清单，列明案件调查报告涉及的证据材料。（包括能够证明案件事实的书证、物证、证人证言、视听资料、计算机数据、当事人陈述、鉴定结论、勘验笔录、现场笔录等）

（承办司局名称）

年　月　日

7. 违法案件审理记录

案件名称及编号：_____

时　　间：_____地　　点：_____

主 持 人：_____

记 录 人：_____

审理人员：_____

列席人员：_____

案件承办人员：_____

审理记录：_____

_____

_____

......

审理意见：_____

_____

_____

......

参加会议人员签名：

8. 违法案件处理决定呈批表

案件名称				案件来源	
立案时间				编　　号	
当 事 人	姓名 （名称）			联系电话	
	住址 （地址）			邮　　编	
主要违法事实 及案件定性					
处理建议	承办人员签名：　　　　　　　　　　　　　　年 月 日				
承办司局 意　见	签名：　　　　　　　　　　　　　　　　　年 月 日				
重大执法决定 法制审核 意　见					
部审议意见					
自然资源部 负责人 意　见	签名：　　　　　　　　　　　　　　　　　年 月 日				

附：《违法案件调查报告》

9. 撤销立案决定呈批表

案件名称		案件来源	
立案时间		编　号	
当事人		联系电话	
主要事实及撤销立案决定理由			
承办人员意见	承办人员签名：　　　　　　　　　　年　月　日		
承办司局意见	签名：　　　　　　　　　　　年　月　日		
部审议意见			
自然资源部负责人意见	签名：　　　　　　　　　　　年　月　日		

10. 行政处罚告知书

编号：＿＿＿＿＿＿

＿＿＿＿＿＿（单位/个人）：

你（单位）＿＿＿＿＿＿＿＿＿＿＿＿＿＿＿＿＿＿＿＿＿

＿＿＿（填写当事人违法的时间、地点和具体违法行为内容）＿＿＿的行为，违反了＿＿＿（填写认定违法所依据的法律法规名称及条款）＿＿＿的规定。根据＿＿＿（填写处罚依据的法律法规名称及条款）＿＿＿的规定，我部拟对你（单位）作出如下行政处罚：

1. ＿＿＿＿＿＿＿＿＿＿＿＿＿＿＿＿＿＿＿＿＿＿＿＿＿

2. ＿＿＿＿＿＿＿＿＿＿＿＿＿＿＿＿＿＿＿＿＿＿＿＿＿

3. ＿＿＿＿＿＿＿＿＿＿＿＿＿＿＿＿＿＿＿＿＿＿＿＿＿

......

根据《中华人民共和国行政处罚法》第三十一条、第三十二条和《自然资源行政处罚办法》第二十七条的规定，如你（单位）对我部上述认定的违法事实、处罚依据及处罚内容等持有异议，可以在接到本告知书之日起三个工作日内向我部提出书面陈述或者申辩意见，或者到我部＿＿（填写具体地点）＿＿进行陈述和申辩。逾期不提出的，视为放弃陈述和申辩权利。

联系人：＿＿＿＿＿＿

电　话：＿＿＿＿＿＿

地　址：＿＿＿＿＿＿

（自然资源部印章）

年　月　日

11. 行政处罚听证告知书

编号：＿＿＿＿＿＿＿＿

＿＿＿＿＿＿＿＿（单位/个人）：

你（单位）＿＿＿＿＿＿＿＿＿＿＿＿＿＿＿＿＿＿＿＿＿＿＿＿＿＿＿＿＿＿＿

＿＿＿＿＿＿（填写当事人违法的时间、地点和具体违法行为内容）＿＿的行为，违反了＿＿

＿（填写认定违法所依据的法律法规名称及条款）＿＿的规定。根据＿＿（填写处罚依据的法律

法规名称及条款）＿＿＿＿的规定，我部拟对你（单位）作出如下行政处罚：

1. ＿＿＿＿＿＿＿＿＿＿＿＿＿＿＿＿＿＿＿＿＿＿＿＿＿＿＿＿＿＿＿＿＿＿＿＿＿

2. ＿＿＿＿＿＿＿＿＿＿＿＿＿＿＿＿＿＿＿＿＿＿＿＿＿＿＿＿＿＿＿＿＿＿＿＿＿

3. ＿＿＿＿＿＿＿＿＿＿＿＿＿＿＿＿＿＿＿＿＿＿＿＿＿＿＿＿＿＿＿＿＿＿＿＿＿

••••••

根据《中华人民共和国行政处罚法》第四十二条和《自然资源行政处罚办法》第二十八条的规定，你（单位）享有要求举行听证的权利。如要求举行听证，请在接到本告知书之日起三个工作日内向我部提出申请。逾期不提出的，视为放弃听证权利。

联系人：＿＿＿＿＿＿＿＿

电　话：＿＿＿＿＿＿＿＿

地　址：＿＿＿＿＿＿＿＿

（自然资源部印章）

年　月　日

12. 行政处罚决定书

编号：＿＿＿＿＿＿＿＿

＿＿＿＿＿＿＿＿（单位/个人）：

我部于＿＿年＿＿月＿＿日对＿＿＿＿＿＿＿＿＿＿＿一案立案调查。经查，你（单位）＿＿（填写当事人违法的时间、地点和具体违法行为内容）＿＿＿的行为，违反了（填写认定违法所依据的法律法规名称及条款）＿＿＿＿＿＿的规定。

上述违法事实有下列证据证实：

1. ＿＿＿＿＿＿＿＿＿＿＿＿＿＿＿＿＿＿＿＿＿＿＿＿＿＿＿＿＿＿＿＿＿

2. ＿＿＿＿＿＿＿＿＿＿＿＿＿＿＿＿＿＿＿＿＿＿＿＿＿＿＿＿＿＿＿＿＿

3. ＿＿＿＿＿＿＿＿＿＿＿＿＿＿＿＿＿＿＿＿＿＿＿＿＿＿＿＿＿＿＿＿＿

……

我部已于＿＿年＿＿月＿＿日依法向你（单位）进行了告知（听证告知），你（单位）＿＿＿（填写是否进行陈述、申辩、听证及意见采纳情况）＿＿＿＿＿＿＿＿＿＿＿＿＿＿＿＿＿＿＿＿＿。

根据＿＿＿（填写处罚依据的法律法规名称及条款）＿＿＿＿＿的规定，决定处罚如下：

1. ＿＿＿＿＿＿＿＿＿＿＿＿＿＿＿＿＿＿＿＿＿＿＿＿＿＿＿＿＿＿＿＿＿

2. ＿＿＿＿＿＿＿＿＿＿＿＿＿＿＿＿＿＿＿＿＿＿＿＿＿＿＿＿＿＿＿＿＿

3. ＿＿＿＿＿＿＿＿＿＿＿＿＿＿＿＿＿＿＿＿＿＿＿＿＿＿＿＿＿＿＿＿＿

……

行政处罚履行方式和期限：＿＿

本决定送达当事人，即发生法律效力。

你（单位）如不服本处罚决定，可以在收到本处罚决定书之日起60日内向＿＿＿＿＿申请行政复议，或者＿＿＿（月）日内直接向＿＿＿＿＿＿＿人民法院提起诉讼。逾期不申请行政复议，不提起行政诉讼，又不履行本行政处罚决定的，我部将依法申请人民法院强制执行。

联系人：＿＿＿＿＿＿＿＿

电　话：＿＿＿＿＿＿＿＿

地　址：＿＿＿＿＿＿＿＿

（自然资源部印章）

年　月　日

13. 行政处理告知书

编号：＿＿＿＿＿＿＿＿＿

＿＿＿＿＿＿＿＿＿（单位/个人）：

你（单位）＿＿＿＿＿＿＿＿＿＿＿＿＿＿＿＿＿＿＿＿＿＿＿＿＿＿

＿＿＿＿＿＿（填写当事人违法的时间、地点和具体违法行为内容）＿＿＿＿ 的行为，违反了＿＿

＿（填写认定违法所依据的法律法规名称及条款）＿＿ 的规定。根据＿＿（填写处罚依据的法律

法规名称及条款）＿＿＿＿ 的规定，我部拟对你（单位）作出如下行政处理：

1.＿＿＿＿＿＿＿＿＿＿＿＿＿＿＿＿＿＿＿＿＿＿＿＿＿＿＿＿＿＿＿＿＿＿

2.＿＿＿＿＿＿＿＿＿＿＿＿＿＿＿＿＿＿＿＿＿＿＿＿＿＿＿＿＿＿＿＿＿＿

3.＿＿＿＿＿＿＿＿＿＿＿＿＿＿＿＿＿＿＿＿＿＿＿＿＿＿＿＿＿＿＿＿＿＿

……

如你（单位）对我部上述认定的违法事实、处理依据及处理内容等持有异议，可以在接到本告知书之日起三个工作日内向我部提出书面陈述或者申辩意见，或者到我部＿＿（填写具体地点）＿＿ 进行陈述和申辩。逾期不提出的，视为放弃陈述和申辩权利。

联系人：＿＿＿＿＿＿＿＿

电　话：＿＿＿＿＿＿＿＿

地　址：＿＿＿＿＿＿＿＿

（自然资源部印章）

年　月　日

14. 行政处理决定书

编号：＿＿＿＿＿＿

＿＿＿＿＿＿（单位/个人）：

我部于＿＿年＿＿月＿＿日对＿＿＿＿＿＿＿＿一案立案调查。经查，你（单位）＿＿＿＿＿＿＿＿＿＿＿＿＿＿＿＿＿＿＿＿＿

＿＿＿＿＿（填写当事人违法的时间、地点和具体违法行为内容）＿＿＿的行为，违反了

＿＿＿＿＿（填写认定违法所依据的法律法规名称及条款）＿＿＿的规定。

上述违法事实有下列证据证实：

1. ＿＿＿＿＿＿＿＿＿＿＿＿＿＿＿＿＿＿＿＿＿＿＿＿＿＿＿＿＿

2. ＿＿＿＿＿＿＿＿＿＿＿＿＿＿＿＿＿＿＿＿＿＿＿＿＿＿＿＿＿

3. ＿＿＿＿＿＿＿＿＿＿＿＿＿＿＿＿＿＿＿＿＿＿＿＿＿＿＿＿＿

......

我部已于＿＿年＿＿月＿＿日依法向你（单位）进行了告知，你（单位）＿＿（填写是否进行陈述、申辩及意见采纳情况）＿＿＿＿＿＿＿＿＿＿＿＿＿＿＿＿＿＿。

根据＿＿（填写处罚依据的法律法规名称及条款）＿＿＿的规定，决定处理如下：

1. ＿＿＿＿＿＿＿＿＿＿＿＿＿＿＿＿＿＿＿＿＿＿＿＿＿＿＿＿＿

2. ＿＿＿＿＿＿＿＿＿＿＿＿＿＿＿＿＿＿＿＿＿＿＿＿＿＿＿＿＿

3. ＿＿＿＿＿＿＿＿＿＿＿＿＿＿＿＿＿＿＿＿＿＿＿＿＿＿＿＿＿

......

联系人：＿＿＿＿＿＿

电　话：＿＿＿＿＿＿

地　址：＿＿＿＿＿＿

（自然资源部印章）

年　月　日

218

15. 问题线索移送书

编号：_____

____(纪检监察机关)____：

我部于____年____月____日对_____一案立案调查，调查发现该案中以下人员_____涉嫌违纪违法（或职务犯罪）问题。

根据_____的规定，现将该案有关材料移送你单位，依法依纪追究相关人员党纪政务或刑事责任。

附件：1. 案件调查报告

2. 相关证据材料

联系人：_____

电　话：_____

地　址：_____

（自然资源部印章）

年　月　日

16. 涉嫌犯罪案件移送书

编号：＿＿＿＿＿＿＿＿

＿＿＿＿（公安机关）＿＿＿：

我部于＿＿＿年＿＿＿月＿＿＿日对＿＿＿＿＿＿＿一案立案调查，调查发现＿＿＿＿＿＿＿＿＿＿＿＿＿＿＿＿＿＿＿＿的行为涉嫌触犯《中华人民共和国刑法》＿＿＿＿＿＿＿＿＿＿＿＿＿＿＿的规定。

根据＿＿＿＿＿＿＿＿＿＿＿＿＿＿＿＿＿＿＿＿＿＿＿＿＿＿＿＿＿的规定，现将该案移送你单位处理。处理情况请告知我部。

附件：1. 案件调查报告

2. 相关证据材料

联系人：＿＿＿＿＿＿＿＿

电　话：＿＿＿＿＿＿＿＿

地　址：＿＿＿＿＿＿＿＿

（自然资源部印章）

年　月　日

17. 履行行政处罚决定催告书

编号：＿＿＿＿＿＿＿

＿＿＿＿＿＿＿＿＿（单位/个人）：

你（单位）＿＿＿＿＿＿＿＿＿＿＿＿＿＿＿＿＿＿＿＿＿＿＿＿＿＿＿＿＿

＿＿＿＿＿＿＿（填写当事人违法的时间、地点和具体违法行为内容）＿＿＿的行为，违反了

＿＿＿＿＿＿（填写认定违法所依据的法律法规名称及条款）＿＿＿＿的规定。根据＿＿（填

写处罚依据的法律法规名称及条款）＿＿＿＿的规定，我部已于＿＿年＿＿月＿＿日

作出《行政处罚决定书》（＿文号＿），并于＿＿年＿＿月＿＿日向你（单位）送达。

你（单位）至今尚未履行＿＿＿＿＿＿＿＿＿＿＿＿＿＿（写明未履行处罚的具体内容）

的行政处罚。依照《中华人民共和国行政强制法》第五十四条之规定，我部现催告你（单

位）自觉履行。

本催告书送达十日后，如你（单位）仍未履行，我部将向＿＿＿＿＿＿人民法院申

请强制执行。

联系人：＿＿＿＿＿＿

电　话：＿＿＿＿＿＿

地　址：＿＿＿＿＿＿

（自然资源部印章）

年　月　日

18. 强制执行申请书

编号：＿＿＿＿＿＿

＿＿＿＿＿＿人民法院：

　　＿＿＿＿＿（填写当事人及违法事实）＿＿＿＿＿＿

的行为，违反了＿＿＿＿（填写认定违法所依据的法律法规名称及条款）＿＿＿＿ 的规定。

我部已依法立案查处，于＿＿ 年＿＿ 月＿＿ 日将《行政处罚决定书》（＿＿文号＿＿ ）

送达当事人，并于＿＿ 年＿＿ 月＿＿ 日催告当事人履行。现法定履行期限已满，当事人

拒不履行＿＿＿＿（未履行处罚的具体内容）＿＿＿＿ 的行政处罚。根据《中华人民

共和国行政处罚法》第五十一条及＿＿＿＿ 的规定，特申请你院依法强制执行。申请强制

执行内容如下：

1. ＿＿＿＿＿＿＿＿＿＿＿＿＿＿＿＿＿＿＿＿＿＿＿＿＿＿＿

2. ＿＿＿＿＿＿＿＿＿＿＿＿＿＿＿＿＿＿＿＿＿＿＿＿＿＿＿

3. ＿＿＿＿＿＿＿＿＿＿＿＿＿＿＿＿＿＿＿＿＿＿＿＿＿＿＿

　　……

联系人：＿＿＿＿＿＿

电　话：＿＿＿＿＿＿

地　址：＿＿＿＿＿＿

签发人：（自然资源部负责人签名）　　　　　　（自然资源部印章）

年　 月　 日

19. 执行记录

案件名称及编号：＿＿＿＿＿＿＿＿＿＿＿＿＿＿＿＿＿＿＿＿＿＿＿＿＿＿

当事人：＿＿＿＿＿＿＿＿＿＿＿＿＿＿＿＿＿＿＿＿＿＿＿＿＿＿＿＿＿＿

行政处罚（或者行政处理）决定内容：＿＿＿＿＿＿＿＿＿＿＿＿＿＿＿＿＿

＿＿＿＿＿＿＿＿＿＿＿＿＿＿＿＿＿＿＿＿＿＿＿＿＿＿＿＿＿＿＿＿＿＿＿

＿＿＿＿＿＿＿＿＿＿＿＿＿＿＿＿＿＿＿＿＿＿＿＿＿＿＿＿＿＿＿＿＿＿＿

＿＿＿＿＿＿＿＿＿＿＿＿＿＿＿＿＿＿＿＿＿＿＿＿＿＿＿＿＿＿＿＿＿＿＿

......

执行记录：＿＿＿＿＿＿＿＿＿＿＿＿＿＿＿＿＿＿＿＿＿＿＿＿＿＿＿＿＿

＿＿＿（写明：1. 当事人自行履行情况；2. 督促履行情况；3. 是否存在终结执行的情

况；4. 申请法院强制执行情况等）＿＿＿＿＿＿＿＿＿＿＿＿＿＿＿＿＿＿＿

＿＿＿＿＿＿＿＿＿＿＿＿＿＿＿＿＿＿＿＿＿＿＿＿＿＿＿＿＿＿＿＿＿＿＿

＿＿＿＿＿＿＿＿＿＿＿＿＿＿＿＿＿＿＿＿＿＿＿＿＿＿＿＿＿＿＿＿＿＿＿

......

记录人（签名）：＿＿＿＿＿＿＿

年　月　日

20. 结案呈批表

案件名称		案件来源	
立案时间		编　号	
当事人		联系电话	
案　件 简要情况			
行政处罚或 行政处理 决定内容			
执行情况			
承办人员 意　见	承办人员签名：　　　　　　　　　　　　　年 月 日		
承办司局 意　见	签名：　　　　　　　　　　　　　　　　　年 月 日		
自然资源部 负责人 意　见	签名：　　　　　　　　　　　　　　　　　年 月 日		